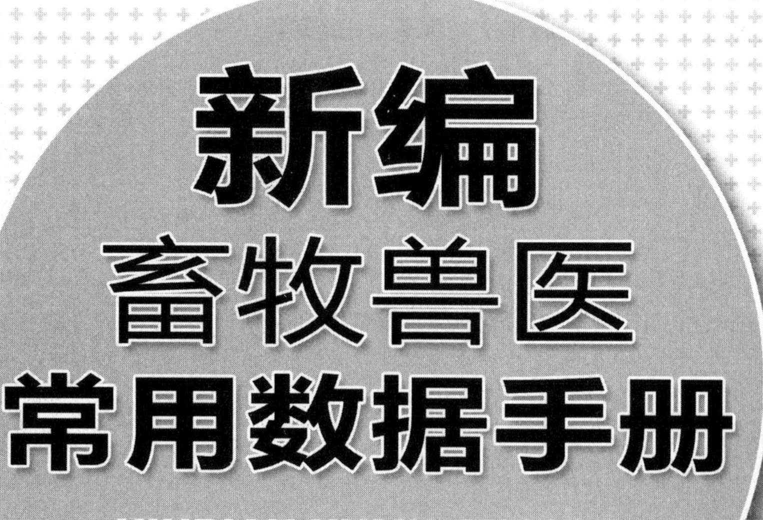

新编畜牧兽医常用数据手册

XINBIAN XUMU SHOUYI CHANGYONG SHUJU SHOUCE

◎ 王文三 / 编著

中国农业出版社

图书在版编目（CIP）数据

新编畜牧兽医常用数据手册/王文三编著.—北京：中国农业出版社，2016.4
ISBN 978-7-109-21464-4

Ⅰ.①新… Ⅱ.①王… Ⅲ.①畜牧学—手册②兽医学—手册 Ⅳ.①S8-62

中国版本图书馆 CIP 数据核字（2016）第 032799 号

中国农业出版社出版
（北京市朝阳区麦子店街 18 号楼）
（邮政编码 100125）
责任编辑 肖 邦 黄向阳

中国农业出版社印刷厂印刷 新华书店北京发行所发行
2016 年 4 月第 1 版 2016 年 4 月北京第 1 次印刷

开本：787mm×1092mm 1/16 印张：18.25
字数：430 千字
定价：68.00 元
（凡本版图书出现印刷、装订错误，请向出版社发行部调换）

本书使用说明

1. 我国幅员辽阔、各地畜牧业发展很不均衡，部分地区畜牧业已经发展到机械化、立体化、现代化生产阶段，另有一部分地区仍存在小规模饲养，因此有些小规模生产数据本书仍予保留。

2. 部分内容内涵不易理解，为了便于使用，作者作了必要注解。

3. 因尚未发现更新的替代资料，部分数据资料年代较久，供读者参考使用。

4. 未标明范围的数量性状数据，如畜禽的体长或体重等都为统计平均值。

5. 标明“羊”的数据是指包括绵羊和山羊的平均数据；标明“牛”的数据是指黄牛的数据，而不包括水牛和牦牛的数据。

本书使用说明

前　言

为了适应现代畜牧业生产的需求，在学习、借鉴有关资料的基础上，笔者编撰了本书。本书的主要编写目的是把畜牧、兽医生产中的专业技术以表格和数据的形式进行汇总，以便读者查找和使用。本书具有如下特点：

1. 资料完善、数据实用，内容涵盖畜牧生产的各个领域。数据表达 300 多张。

2. 资料中的数据相对恒定，保持 30～40 年不变。因此，一些变动较大的数据未编入，如饲养标准等。

3. 强调数据的实用性，尽量避免繁琐和重复，按照标准化、规范化的要求对内容进行了归类。

4. 部分数据资料在一定程度上反映了 20 世纪我国畜牧科研与生产的发展历程，是研究我国畜牧业发展史不可缺少的资料。

本书是作者经多年收集、整理，参阅大量国内外文献资料，经过浓缩、提炼、创新汇集而成。技术内容都以表格形式表述，不便制成表格的数据都编成了补充数据条文，便于读者查阅，可作为畜牧兽医工作者、农牧院校相关专业师生的参考工具书。

本书引用文献较多，限于篇幅未能一一列出，在此谨向原作者一并表示诚挚的谢意！同时要感谢的，还有我的亲人和朋友，他们对书稿的抄写、录入、整理做了大量的工作，提供了热情的帮助。

由于作者水平有限，本书缺漏在所难免，希望广大读者批评指正，以利完善。

编　者

2016 年 1 月 24 日

目　录

第一章　畜禽生理生化数据

表 1-1　畜禽生理常数表一

畜别	体温（℃）	脉搏（次/分）	呼吸（次/分）	血压（毫米汞柱*）		
				收缩压	舒张压	脉压
马	37.5～38.5	26～42	8～16	100～120	35～50	65～70
骡	38.0～39.0	26～42	8～16	100～120	35～50	65～70
驴	37.5～38.5	42～54				
牛	37.5～39.5	40～80	10～30	110～130	30～50	80
羊	38.0～40.0	70～80	12～20	100～120	50～65	50～55
骆驼	36.0～38.5	32～52	5～12	130～155	50～75	80
猪	38.0～40.0	60～80	10～20	135～155	30～40	90～100
犬	37.5～39.0	80～130	10～30	100～140		
猫	38.0～39.5	110～130	20～30			
兔	38.5～39.5	120～140	50～60			
鸡	40.0～42.0	120～200	15～30			
鸭	41.0～43.0	120～200	15～18			
鹅	40.0～45.0	120～160	9～10			
水牛	37～38.5	30～50	10～50			
鹿	37.5～38.6	36～78	8～16			
牦牛	36.7～39.7	40～80	10～30			

注：血压指的是动脉压。

表 1-2　畜禽生理常数表二

畜别	红细胞生活时间（天）	白细胞生活时间（天）	家畜的肌肉数（对）	水占体重比例（%）	家畜肋骨数（对）
马	4～120	1～4	200～250	65	18
牛	4～120	1～4	200～250	65	13
羊	4～120	1～4	200～250	65	13
猪	4～120	1～4	200～250	65	14

注：鸡的红细胞生活 28 天。

资料来源：江西农学院《家畜生理学》（人民教育出版社，1960），薄聚有《食用动物解剖组织生理学（修订版）》（1984）。

*：毫米汞柱是非法定计量单位，1 毫米汞柱≈133 帕。

表 1-3 马驹生理常数表（2 日龄至 2 月龄）

脉搏数（次/分）	呼吸数（次/分）	体温（℃）	红细胞数（万个/毫米³）	白细胞数（万个/毫米³）	血沉（毫米）			
					15 分钟	30 分钟	45 分钟	60 分钟
60～89	20～60	38.6～39.2	718～920	0.81～0.97	10～20	20～40	40～50	50～60

资料来源：中国人民解放军兽医大学《兽医基础教材》（1970）。

表 1-4 各种畜禽血液生理常数表

畜别	血液量占体重比例（%）	血液 pH	血液凝固时间（分，25℃）	红细胞数（万个/毫米³）	白细胞数（万个/毫米³）	血红蛋白含量（%）		每百毫升血液中血红蛋白质量（克）	每百毫升血的碱贮量（毫克）	血小板含量（万个/毫米³）
						平均	变动范围			
马	9.8	7.40	11.5	850	0.8	80	50～110	13.6	540～580	20.0～90.0
牛	8.0	7.50	6.5	600	0.82	65	56～74	11.0	460～540	26.0～71.0
绵羊	8.10	7.49	2.5	600～1 100	0.82	68	54～80	11.6	460～520	17.0～98.0
山羊	8.10	7.65	2.5	1 440	0.96	63	45～81	10.7	380～520	31.0～102.0
猪	4.6	7.47	3.5	600～800	1.48	60	51～69	10.6		13.0～45.0
犬	6.4	7.40	2.5	650	0.94	80	65～95	13.6		38.3
猫	5.4		3.0	590	1.2	65	47～83	11.0		43.0
兔	5.45	7.58	4.0	580	0.8	69	51～87	11.7		30.2
鸡	8	7.42	4.5	320～350	3.0	75	51～99	12.7		2.0～4.1
鹅	8			340	3.08	95	80～110	16.1		4.0～12.0
鸭	8			280				13.5（北京鸭）		
骆驼				1 300	1.6	90	66～114	15.2	700～780	36.7～79.0
北方鹿					0.8					
水牛				600	0.88	49	28～70	8.3		31.1～39.1
牦牛					0.94	57	36～78	96	520～620	
驴				650	0.80					40
骡				620	0.73					

注：血红蛋白含量使用沙利（SahLi）比色法测定。

资料来源：江西农学院《家畜生理学》（人民教育出版社，1960），沈阳农学院畜牧兽医系《畜牧生产技术手册》（1978），史言《兽医临床诊断学》（农业出版社，1980）。

表 1-5　各种畜禽每立方毫米血液中白细胞数量

单位：个

畜禽种类	白细胞总量	嗜碱性粒细胞	嗜酸性粒细胞	中性粒细胞				淋巴细胞	单核细胞
				幼稚型	杆状核型	分叶核型	全量		
马	8 768	61	369		323	4 351	4 674	3 383	262
牛	7 620	60	350		500	1 750	2 250	4 400	500
骆驼	16 437	54	952	102	2 032	6 248	8 382	6 524	500
水牛	8 826	70	850		350	3 100	3 450	4 000	450
牦牛	9 555	100	500	30	325	2 600	2 955	5 600	400
驴	8 016	40	704	8	200	1 840	2 048	4 880	344
骡	7 500	37.5	300		225	4 275	4 500	2 250	225
鹿	7 556	60	400	12	240	4 520	4 772	2 400	24
绵羊	8 250	32	384		77	2 700	2 777	4 820	235
山羊	9 700	80	300		140	4 000	4 140	4 800	380
猪	14 747	192	560	280	610	5 760	6 650	6 900	325
犬	9 230	90	550		270	5 400	5 670	2 200	650
猫	17 964	45	810	45	810	11 430	12 285	4 590	216
兔	7 660	200	80		400	2 280	2 680	4 500	150
鸡	31 050	200	3 600				7 800	17 400	1 800

注：①根据 B. H. HKNTNH 综合资料整理，略有修改，仅供参考。

②各种家畜、家禽的白细胞数量摘自北京农业大学兽医系家畜解剖教研组编《家畜组织学与胚胎学》。

资料来源：各种家畜、家禽白细胞数量摘自北京农业大学兽医系家畜解剖教研组《家畜组织学与胚胎学》。

表 1-6　成年健康畜禽各类白细胞的比例（%）

畜别	各种白细胞的百分比						
	嗜碱性粒细胞	嗜酸性粒细胞	中性粒细胞			淋巴细胞	单核细胞
			幼稚型	杆状核型	分叶核型		
马	0.6	4.0		4.0	48.4	40.0	3.0
牛	0.7	7.0		6.0	25.0	54.3	7.0
猪	1.4	4.0	2.1	3.0	40.0	48.6	3.0
绵羊	0.6	4.5		1.2	33.0	57.7	3.0
山羊	1.0	2.0			49.0	42.0	6.0
鹿	0.5	4.0	0.15	2.5	64.0	27.5	1.5
水牛	0.8	10.0		4.2	35.0	45.0	5.0
牦牛	1.2	5.2	0.25	3.8	27.8	57.7	4.3

（续）

畜别	各种白细胞的百分比						
	嗜碱性粒细胞	嗜酸性粒细胞	中性粒细胞			淋巴细胞	单核细胞
			幼稚型	杆状核型	分叶核型		
犬	1.0	6.0		3.0	58.0	25.0	7.0
兔	2.5	1.0		5.0	30.5	59.0	2.0
鸡	4.0	4.0		1.0	25.0	53.0	6.0
鹅	2.0	3.5		6.5	30.0	54.0	4.0
骆驼	0.3	6.0	0.6	12.5	38.0	39.3	3.0
驴	0.5	8.8	0.1	2.5	25.3	60.05	4.3
骡	0.5	4.0	0	3.0	58	31.8	3.0

资料来源：江西农学院《家畜生理学》（人民教育出版社，1960）。

表 1-7　各种家畜红细胞沉降速度（魏氏法测定）

单位：毫米

时间	马	驴	牛	水牛	绵羊	山羊	猪	犬	兔	鸡	骡
15 分钟	38.0	32	0.1	9.8	0.2	0	3.0	0.2	0	1～4	23
30 分钟	49.0	75	0.25	30.8	0.4	0.1	8.0	0.9	0.3	8～12	47
45 分钟	60.0	96.7	0.40	65	0.6	0.3	20.0	1.7	0.9	15～20	52
60 分钟	64.0	110.7	0.58	91.6	0.8	0.6	30.0	2.5	1.5	20～30	54

资料来源：史言《兽医临床诊断学》（农业出版社，1980）。

表 1-8　各种家畜各段肠管的长度

畜别	肠段	占肠总长的比例（%）	长度的绝对值（米）	畜别	肠段	占肠总长的比例（%）	长度的绝对值（米）
马	小肠	75	22.44	犬	小肠	85	4.14
	盲肠	4	1.00		盲肠	2	0.08
	小结肠	11	3.39		结肠	13	0.60
	大结肠	10	3.08		合计	100	4.82
	合计	100	29.91				
牛	小肠	81	46.00	猫	小肠	83	1.72
	盲肠	2	0.88		大肠	17	0.35
	小结肠	17	10.18		合计	100	2.07
	合计	100	57.06				

（续）

畜别	肠段	占肠总长的比例（%）	长度的绝对值（米）	畜别	肠段	占肠总长的比例（%）	长度的绝对值（米）
羊	小肠	80	26.20	兔	小肠	61	3.56
	盲肠	1	0.36		盲肠	11	0.61
	结肠	19	6.17		结肠	28	1.65
	合计	100	32.73		合计	100	5.82
猪	小肠	78	18.29				
	盲肠	1	0.23				
	结肠	21	4.99				
	合计	100	23.51				

资料来源：阿·秋秋妮科娃《饲料生产手册》，入编于王文三、许乃谦《畜牧兽医常用数据手册》（辽宁人民出版社，1982）。

表 1-9　各种家畜胃肠容积

畜别	消化管名称	占总容积的比例（%）	绝对容积（升）	畜别	消化管名称	占总容积的比例（%）	绝对容积（升）
马	胃	8.5	17.96	犬	胃	62.3	4.33
	小肠	30.2	63.82		小肠	23.3	1.62
	盲肠	15.9	33.54		盲肠	1.3	0.09
	大结肠	38.4	81.25		结肠及直肠	13.1	0.91
	结肠及直肠	7.0	14.77		合计	100.0	6.95
	合计	100.0	211.34				
牛	胃	70.8	252.5	猫	胃	69.5	0.341
	小肠	18.5	66.0		小肠	14.6	0.114
	盲肠	2.8	9.90		大肠	15.9	0.124
	结肠及直肠	7.9	28.0		合计	100.0	0.579
	合计	100.0	356.4				
羊	胃	66.9	29.6	猪	胃	29.2	8.00
	小肠	20.4	9.0		小肠	33.5	9.20
	盲肠	2.3	1.0		盲肠	5.6	1.55
	结肠及直肠	10.4	4.6		结肠及直肠	31.7	8.70
	合计	100.0	44.2		合计	100.0	27.45

资料来源：阿·秋秋妮科娃《饲料生产手册》，入编于王文三、许乃谦《畜牧兽医常用数据手册》（辽宁人民出版社，1982）。

表 1-10　各种畜禽与消化有关的生理常数

畜别	肠与体长的比例	每昼夜唾液分泌量（升）	每昼夜排粪次数	饲料通过消化道的时间	胃容积（升）	肠的总面积（米^2）
马	12∶1	40	10～12	进食后 2～3 天开始排，3～4 天排完	6～15	12
牛	20∶1	60	10～20	7～10 天后排完	140～230	17
羊	27∶1	8～10	10～20		30	
猪	14∶1	15	10～15	进食后 18～24 小时开始排，12 小时排完	5～8	2.8
犬	6∶1		2～3	12～15 小时		0.52
猫	4∶1		2～3			0.13
鸡	6∶1			20 小时		
鸭	4～5∶1					
鹅	4～5∶1					

资料来源：本表主要根据江西农学院《家畜生理学》（人民教育出版社，1960）及沈阳农学院畜牧兽医系《畜牧生产技术手册》（1978）有关资料编制而成。

表 1-11　家畜全身骨块数目

畜别	头骨	脊柱					肋骨	胸骨节片	前肢骨	后肢骨	总计
		颈 C	胸 T	腰 L	荐 S	尾 Y					
猪	32	7	14	6～7	4	20～23	28～30	6	80	82	281～288
牛	31	7	13	6	5	18～20	26	7	50	52	215～217
山羊	31	7	13	6～7	4	12～17	26	6～7	48	46	199～206
绵羊	31	7	13	6～7	4	5～24	26	6～7	48～46	46	191～213
马	31	7	18	6	5	17～18	36	7	40～42	42～44	209～214
骡	31	7	18	6	5	16～17	36	7	40～42	42～44	206～213
兔	31	7	12	7	4	16	24	6	90	78	275
犬	31	7	8	8	5	0	26	8	80	76～84	271～282

资料来源：薄聚有《食用动物解剖组织生理学（修订版）》（1984）。

表 1-12　各种家畜心脏的生理数据

畜别	心脏重量（克）	心冠状沟沿纵沟到心尖的距离（厘米）	冠状沟周长（厘米）	右心房壁厚（厘米）	左心房壁厚（厘米）	房中隔厚（厘米）	右心室壁厚（厘米）	左心室壁厚（厘米）	室中隔厚（厘米）
马	2 460～3 660，平均 3 194	18～28，平均 20	44.7～68，平均 53	0.4～1.0，平均 0.6	0.8～1.8，平均 1.0	0.5～1.2，平均 0.8	1.0～4.0，平均 2.5	3.5～5.5，平均 4.75	3.5

（续）

畜别	心脏重量（克）	心冠状沟沿纵沟到心尖的距离（厘米）	冠状沟周长（厘米）	右心房壁厚（厘米）	左心房壁厚（厘米）	房中隔厚（厘米）	右心室壁厚（厘米）	左心室壁厚（厘米）	室中隔厚（厘米）
牛	2 000～3 500	15～24，平均 17	37～51.8，平均 40	0.4～0.5	0.5～0.8	0.4～0.5	1.4～1.5	2.4～3.5	2.5～3.5
猪（12 月龄以上）	440	8～12.5，平均 10	20～24，平均 21.7	0.15	0.1～0.3	0.1	0.9	2.0	2.0

资料来源：江本修《家畜病理解剖学》（科学出版社，1961）。

表 1-13　各种家畜肾脏的大小

畜别		长（厘米）	宽（厘米）	厚（厘米）	重量（克）
马	右肾	12～20	6.5～17	3～7	270～850（平均 508）
	左肾	14～22	5～15	3～7	300～700（平均 485）
牛		20～25	10～12	4～7	500～1 200（平均 865）
猪		12	5～6	2～3	100～250（平均 165）
绵羊及山羊		5～8	2～3.5	2～2.5	25～40（平均 32）
犬		6～11	3～5	3～3.5	15～75（平均 45）
猫		3.5～4.0	2.5～3.0	1.5～1.8	20

注：内脏器官大小数据对于诊断疾病，计算产品数量有参考意义。
资料来源：江本修《家畜病理解剖学》（科学出版社，1961）。

表 1-14　各种家畜脾脏的大小

单位：厘米

畜别	长度	宽度	厚度
马	40～60	15～25	2～3
牛	40～50	10～15	2～3
绵羊及山羊	6～10	4～8	1～1.5
猪	30～45	6～8	1～2
犬	10～20	3～6	0.5～1.5

资料来源：江本修《家畜病理解剖学》（科学出版社，1961）。

表 1-15 各种动物主要脏器重量表

单位：克

脏器		马	牛	猪	羊	犬	象	骆驼
脾脏		1 350	500～1 000	150～300	120～150	68	3 000	500
肝脏		5 000	4 500～6 500	1 000～2 500	700～900	720	12 000～20 000	5 000
肾脏	右	500	600	200～250	50～100	52	5 000	600
	左	490	600			52	4 500	600
副肾	右	15	13				85	35
	左	14	13				80	30
胰脏		370	300	100～150	100～150		2 000	300
心脏		3 500	2 000～3 500	440	220～240	126	18 850	3 000
肺脏		4 500	3 000～4 000	400～650	250～400	250	30 000	6 000
甲状腺	右	8	8				85	25
	左	9	8				85	25
脑		610	410～530	100～145	130	70～150	4 500～8 000	400

资料来源：薄聚有《食用动物解剖组织生理学（修订版）》（1984）。

表 1-16 动物血浆总蛋白、白蛋白、球蛋白和纤维蛋白原含量

动物	血浆总蛋白（克/分升）	白蛋白（克/分升）	球蛋白（克/分升）	纤维蛋白原（毫克/分升）	白蛋白/球蛋白
猪	8.7（7.9～10.3）	3.8（2～4.6）	4.9（3.9～8.2）	254±30	0.82（0.24～1.16）
鸡	3.4～4.4	2.1～3.5			0.58～1.3
鸭	7.0～8.9	3.4～3.9	4.0～4.6		0.89～0.94
牛	8.2（7.3～9.5）	4.1（3.5～4.5）	4.1（3.3～5.6）	720	1.0（0.69～1.34）
绵羊	7.4～7.5			360	
山羊	7.5			600	
马	8.4（7.2～10.6）	3.0（1.9～4.3）	4.5（3.2～8.3）	340	0.65（0.28～1.36）
猫	6.8（5.4～8.0）	3.7（3.4～4.2）	3.1（2～3.8）	310±120	1.24（0.96～1.7）
小鼠	5.5（5.2～5.7）	1.68（1.6～1.7）	3.8（3.5～4.1）		0.44（0.4～0.48）
大鼠	7.2（6.9～7.6）	3.1（2.8～3.5）	4（3.3～5）		0.8（0.5～1.06）
豚鼠	5.4（5.0～5.6）	3.2（2.8～3.9）	2.2（1.8～2.5）		1.47（1.11～2.3）

资料来源：陈焕春、文心田、董常生《兽医手册》（中国农业出版社，2013）。

第二章　畜禽品种数据

第一节　各种畜禽生长发育、生产性能标准

表 2-1　各种马匹的体尺、体重

品种	体高（厘米）		体长（厘米）		胸围（厘米）		管围（厘米）		体重（千克）		备注
	公	母	公	母	公	母	公	母	公	母	
阿哈捷金	154.4	152.7	154.2	154.2	167.0	165.1	18.9	18.1			
顿　河	160.4	156.2	161.7	159.4	181.7	186.5	20.6	19.3			
卡巴金	153.1	147.1	157.7	152.6	177.7	175.5	19.6	18.6			
奥尔洛夫	160.9	157.4	161.9	159.7	183.1	183.4	20.3	19.5			
阿尔登	150.0	145.3	159.0	155.0	197.0	183.6	21.6	20.6	500～550		大型阿尔登马高150～160 厘米，小型 143～145 厘米
富拉基米尔	160.6	156.3	164.7	162.5	196.4	182.0	24.0	23.0	700	550	
蒙古马	127.0～139.0		136（公）		149.0		16.0～17.0		263～356		
阿拉伯马	143.3～154.4								363～454		
河　曲	126～142		136～142		188.6		16.5～20.0		350.0～450.0		
岔　口	132.9	130.0	135.3	136.2	159.8	158.7	18.5	17.2	310.2	303.9	
西南马	105.0～135.0		117		121.0～147.0		14.5	18.0	155.0～300.0		
哈萨克	136.0	132.7	144.8	141.5	172.2	167.2	18.8	18.9	360		
伊　犁	147.5	142.2	152.3	147.5	176.9	172.1	19.9	18.6	350～450		
焉耆马	141.1	136.9	144.5	142.0	166.6	158.5	18.4	17.5	400		
三河马	146.2	141.1	151.1	147.6	167.9	165.5	19.5	18.4	319.0	375.0	体高 145～155 厘米
苏纯血	159.1	157.3	157.7	156.3	178.3	178.4	19.6	18.9	500.0	460.0	体高 160 厘米以上

资料来源：谢成侠、沙风苞《养马学》（江苏人民出版社，1962），田家良《马、驴、骡饲养管理》（金盾出版社，2007）。

表 2-2　几个主要肉用牛品种各年龄体重

单位：千克

品种	初生重		周岁重	成年体重	
	公	母		公	母
夏洛来牛	45	42	511	1 086	812

（续）

品种	初生重		周岁重	成年体重	
	公	母		公	母
利木赞牛	36	35	450	950	600
曼安茹牛	45	40	600	1 250	900
林肯红牛	—	—	493～343*	1 273	818
西门塔尔牛	45	44	454	1 100	670
海福特牛	34	32	410～426	1 000～1 160	550～680
安格斯牛	29	27	420～442	—	—

*：公牛 493 千克，母牛 343 千克，为 400 日龄的体重。

资料来源：摘自《国外畜牧生产水平和科学进展》，入编于王文三、许乃谦《畜牧兽医常用数据手册》（辽宁人民出版社，1982）。

表 2-3　乳用牛体尺、体重生产性能数据表

品种	体高（厘米）		体长（厘米）		胸围（厘米）		体重（千克）		生产性能		屠宰率（%）
	公	母	公	母	公	母	公	母	年产乳量（千克）	乳脂率（%）	
乳用荷斯坦牛	145	134	190	170	226	195	900～1 200	650～750	9 777	3.66	
兼用型荷斯坦牛		120		150		197	900～1 100	550～700	4 500～6 000	3.9～4.5	
中国荷斯坦牛 北方	155	135	200	160	240	200	1 100	600	6 359	3.56	
中国荷斯坦牛 南方		132		170		196		586	6 359	3.56	
娟姗牛		120～122		130～140		154	650～750	340～450	3 000～4 000	5～7	
爱尔夏牛		128		169（体斜长）		189	800	550	5 448	3.9	
更赛牛							750	500	6 659	4.49	我国纯种牛已经绝迹

资料来源：昝林森《牛生产学（第二版）》（中国农业出版社，2011）。

表 2-4　兼用牛体尺、体重生产性能数据表

品种	体高（厘米）		体长（厘米）		胸围（厘米）		体重（千克）		生产性能		屠宰率（%）
	公	母	公	母	公	母	公	母	年产乳量（千克）	乳脂率（%）	
西门塔尔牛	142～150	134～142					1 000～1 300	600～800	3 500～4 500	3.64～4.13	公牛：65，母牛：53～55

（续）

品种	体高（厘米）		体长（厘米）		胸围（厘米）		体重（千克）		生产性能		屠宰率（%）
	公	母	公	母	公	母	公	母	年产乳量（千克）	乳脂率（%）	
丹麦红牛	148	132					1 000～1 300	650	6 712	4.31	54～57
三河牛	156.8	131.8	205.5（体斜长）	167.8（体斜长）	240.1	192.5	1 050	547.9	3 600	4.1	53.11
中国草原红牛	137.3	124.2	177.5（体斜长）	147.4（体斜长）	213.3	181.0	760	453	1 800～2 000		52.7
中国西门塔尔牛		133.6		156.6（体斜长）		187	1 100～1 200	550～600	2 000～5 000	4.0～4.2	58.01
新疆褐牛		121.8					950.8	430.7	200～3 506	4.03～4.08	50.5
契安尼娜牛			150～170				24 月龄 1 000	800～900			
婆罗门牛（含瘤牛血）							770～1 100	450～500	育肥期日增重 800 克		70

注：婆罗门牛适宜与我国南方黄牛杂交。

资料来源：昝林森《牛生产学（第二版）》（中国农业出版社，2011）。

表 2-5　肉用牛体尺、体重生产性能数据表

品种	体高（厘米）		体长（厘米）		胸围（厘米）		体重（千克）		生产性能		屠宰率（%）
	公	母	公	母	公	母	公	母	年产乳量（千克）	乳脂率（%）	
海福特牛	134.4	126.0	169.3	152.9	211.6	192.2	850～1 100	600～700	1 100～1 800		60～65
短角牛	140	130	166.0	155.04	210.0	195	900～1 000	600～700	1 800～3 500	3.95	65
利木赞	140	130	169.17	149.87	220	194.75	950～1 200	600～800	1 200	5	67.5
夏洛来牛	142	132	180	165	244	203	1 100～1 200	700～800	1 700～1 800	4.0～4.7	60～70
和牛（产于日本）							800	500	肉质优良		
安格斯牛	130	118					800～900	500～600	育肥期日增重 700～900 克		60～65
皮埃蒙特牛（产于意大利，具有双肌性状）	150	136					1 100	500～600	3 500	4.17	68.23

资料来源：昝林森《牛生产学（第二版）》（中国农业出版社，2011）。

表 2-6　黄牛体尺、体重、生产性能数据表

品种		体尺、体重										生产性能			
		体高（厘米）		体长（厘米）		胸围（厘米）		管围（厘米）		体重（千克）		年产奶量（千克）	乳脂率（%）	屠宰率（%）	最大挽力占体重百分比（%）
		公	母	公	母	公	母	公	母	公	母				
秦川牛		141.46	124.51	160.47	140.35	200.47	170.84	22.37	16.83	594.5	381.2	715.8		58.28	71～77
鲁西牛		146.3	123.6	169.0	138.3	206.4	168.0	21.0	16.2	644.4	365.7			58.1	
延边牛		130.6	121.8	151.8	141.2	186.7	171.4	19.9	16.7	480	380	500～700	5.8	57.7	67～84
蒙古牛	森林草原地区		122.7		142.9		172.0		17.2		269～518	500～700	5.2	51.5	96
	典型草原地区		112.6		134.4		167.1		15.9		285～350	500～700	5.2	51.5	
	半荒漠地区		109.1		125.7		156.5		14.8		290～320	500～700	5.2	51.5	
复洲牛		148.0	129.0	185.0（体斜长）	151.4（体斜长）	221.0	181.8			764.0	432.0			50.7	公牛 55.8，母牛 62.4
温岭高峰牛（瘤牛型品种）		128.2	114.2	145.8（体斜长）	127.8（体斜长）	176.5	156.3	18.6	15.9	423.0	289.5			51.04	阉牛 95.3，母牛 75.3
云南高峰牛（中国瘤牛的分支）		115.6	107.0	129.6（体斜长）	115.0（体斜长）					301.6	213.7			52.3	

注：云南高峰牛耐炎热、潮湿，抗蜱。

资料来源：昝林森《牛生产学（第二版）》（中国农业出版社，2011）。

表 2-7　我国水牛体尺及生产性能

牛别	性别	体尺（厘米）			体重（千克）	生产性能			
		体高	体长	胸围		年产乳量（千克）	乳脂率（%）	屠宰率（%）	耕挽力
海南水牛	公	120～145	129～170	171～190	310～650	1 500～2 000	8～12	35～50	每日能耕地 3～5 亩*，挽运 500 千克，日行25～30 千米
	母	120～135	136～170	149～185	300～600				
湖南水牛	公	130～136	138～160	194～199	400～700			39.7	挽力 134～198 千克，日耕浅水田 4～8 亩。负重 200 千克，行 4 千米，需时 75 分钟
	母	120～136	131～156	175～214	340～640				
广东水牛	公	—	—	—	—				
	母	130	150	180～200	510	540	10～15		
四川水牛	公	125	115	190	300～600				深水田平均每小时能耕 304 米^2
	母	120	102	183	300～580				

资料来源：《畜牧与兽医》（1957 年第 1 期）。

表 2-8　中国驴种的体尺、体重数据

名称	产地	体高（厘米）		体长（厘米）		胸围（厘米）		管围（厘米）		体重（千克）	
		公	母	公	母	公	母	公	母	公	母
关中驴	陕西关中平原	133.2	130.0	135.4	130.3	145.0	143.2	17.0	16.5	290.0	256.1
德州驴	山东沿渤海各县	136.4	130.1	136.4	130.8	149.2	143.4	16.5	16.2	266.0	245.0
晋南驴	山西省	134.3	130.7	132.7	131.5	142.5	143.7	16.2	14.9	249.4	256.3
广灵驴	山西东北部	138.4	134.1	138.5	131.6	147.2	146.9	17.8	15.7	305.3	234.0
佳米驴	陕西、山西	125.8	120.9	127.2	122.7	136.0	134.6	16.6	14.8	217.9	205.8
泌阳驴	河南西南部	119.5	119.2	118.0	119.8	129.7	129.6	15.0	14.3	189.6	188.9
庆阳驴	甘肃省庆阳地区	127.5	122.5	129.6	121.0	134.1	130.0	15.5	14.6		
淮阳驴	河南省	123.4	123.1	125.1	125.2	131.4	133.6	15.5	14.7	223.0	229.9
新疆驴	喀什、和田	102.2	99.8	105.5	102.5	109.7	108.3	13.3	12.8		
	青海	104.9	101.6	105.8	102.5	113.7	112.0	13.7	12.2		
	库车	107.2	107.9	108.7	109.6	115.2	117.9	14.7	14.5		
	河西走廊	101.8	101.4	109.5	106.9	112.8	114.4	13.9	13.1		
西南驴	云南各地	93.6	92.5	92.2	93.7	104.3	107.8	12.2	12.0		
	甘孜、阿坝、凉山	90.8	92.7	94.4	96.6	99.6	103.5	11.8	11.8		
	日喀则、山南	93.6	93.3	96.2	96.0	105.8	107.1	12.4	12.3		

* ：亩是非法定计量单位。1 亩≈666.7 米^2。

（续）

名称	产地	体高（厘米）		体长（厘米）		胸围（厘米）		管围（厘米）		体重（千克）	
		公	母	公	母	公	母	公	母	公	母
华北驴	黑龙江	103.1	101.4	106.5	105.2	112.8	112.6	13.4	12.4		
	吉林通榆、洮南	103.7	100.8	108.5	107.0	117.1	114.7	13.5	12.8		
	陕西榆林	107.7	107.0	109.2	109.7	117.9	117.2	13.6	13.4		
	河北涉县	102.4	102.5	101.7	101.1	115.9	113.7	13.9	13.7		
	山东临沂、沂水、莒县	108.0	109.8	107.0	108.0	115.8	118.0	12.7	12.3		
	安徽阜阳	108.5	106.6	111.4	109.7	117.3	117.4	12.9	12.4		

注：表中数据均为统计平均数。

资料来源：侯文通、侯宝申《驴的养殖与肉用》（金盾出版社，2002）。

表 2-9　中国驴种的繁殖、役用、产肉等性能的基本数据

名称	性成熟		配种年龄		终生产驹数（头）	役用性能				产肉性能	
						最大挽力		挽曳力	驮运力	净肉率（%）	屠宰率（%）
	公	母	公	母		公	母				
关中驴	1.5 岁		3 岁	3 岁	5～8	246.6 千克，占体重 93%	230.9 千克，占体重 87%	690 千克	149.3～150 千克		39.32～40.38
德州驴	12～15 月龄		2.5 岁		10	170～175 千克，占体重 75%		750 千克			
晋南驴	8～12 月龄		2.5～3 岁	3 岁		238 千克，占体重 93.7%		500 千克	80～100 千克	40.25	51.5
广灵驴					10	258 千克，占体重 84.6%				30.6	45.1
佳米驴	2 岁		3 岁		10	213.8 千克	173.8 千克			35	49.2
泌阳驴	1～1.5 岁		2.5～3 岁			205 千克，占体重 104%	185 千克，占体重 77.8%			34.9	48.3
庆阳驴	1 岁		2～2.5 岁	2 岁					75～90 千克		
淮阳驴						280 千克	174 千克			32.3	50
新疆驴	1 岁		2～3 岁	2 岁				560～700 千克	50～70 千克	31.23	36.38～48.2
西南驴			2～2.5 岁				300～500 千克	50～70 千克	30～34	45～50	
华北驴						133 千克，占体重 77%～89%	123 千克	500～700 千克	75 千克	33.30	41.70

资料来源：侯文通、侯宝申《驴的养殖与肉用》（金盾出版社，2002）。

表 2-10　主要猪种的生产性能及发育情况

品种	成年体重（千克）	生产性能						屠宰时体重（千克）
		平均产仔数（头）	初生重（千克）	泌乳量（千克）	断乳重（千克）	育肥成绩		
						日增重（千克）	屠宰率（%）	
民猪	大型 150～180	14.0	0.80	60.78	12.23	0.60	81.2	125～160
	中型 140～150	9.2	0.82	60.78	12.23	0.61	80.8	90～125
	小型 70～80（10～12 月龄）	8.7	0.79	60.78	12.23	0.43	84.0	75～80
大围子猪	100～122	13.0～20.0	0.90	65.2	10.0	0.5～0.75	66～73	80～110
金华猪	150	11.92～14.25	0.7～0.8	36.0～55.0	10.0～12.0	0.75	70～80	
荣昌猪	110～170（母 3 岁以上）	9.0	0.75	42.9	10.0～12.5	0.623	73.62	100
哈尔滨白猪	公 150～200 母 130～180	10	1.00	55.3～69.2	10.0～15.0	0.526～0.627	78.0	100
新金猪	公 200 母 160～200	8.9	1.20	62.9	15.0	0.516	80	125
内江猪	120～250	10.5～20.0	0.69	29.1～37.8	10～15.0	0.226～0.404	79	
宁乡猪	公 112.86 母 93.1	8～11.5	0.88～10.80	27.92～56.26	9.0～11.8	0.578	70.30	68.75
三江白猪	公 250～300 母 200～250	9～13			60 日龄窝重 160 千克	0.600		90
湖北白猪	公 250～300 母 200～250	9.5～12				0.600～0.650	75	90
浙江中白猪		9～12				0.520～0.600	73	90

注：表中所列猪种均为国家级品种，地方猪种另表说明。

资料来源：王文三、许乃谦《畜牧兽医常用数据手册》（辽宁人民出版社，1982）。

表 2-11　猪地方品种基本概况

品种	产地及特点	当时种群数量	成年猪体重（千克）	生产性能						屠宰体重（千克）
				平均产仔数（头）	初生重（千克）	泌乳力（千克）	断乳重（千克）	育肥成绩		
								日增重（克）	屠宰率（%）	
八眉猪	产于甘肃省平凉、庆阳。适应性强，耐粗饲	18 万头	大八眉母猪67～137.80，二八眉母猪 34.92～120.03	10～12					二八眉猪 62.09	二八眉猪 75～85
槐猪	福建章平和上杭等地。早熟、易肥、肉嫩味美，屠宰率高	有 40 万头，种猪 5 万头	公猪 75.80，母猪 82.80	8	0.5～0.75		8～10	200～351	74.90	73.76
滇南小耳猪	云南南部。早熟、易肥、屠宰率高、肉质好	80 万头	大型公猪 85.3，母猪112.7；小型公猪 43.9，母猪 69.5	7.3～12.09	0.5～0.75	28～45	小型猪 4～5，大型猪 7～9		小型猪 74.38，大型猪 74.69	
陆川猪	广西的陆川、合浦，广东的高州等地。早熟、易肥	有母猪 10 万头	公猪 87.3，母猪 79	11.5	0.56	33.9	8.27	328	68.87	适宜体重 70
大花白猪	广东珠三角地区。早熟、易肥、繁殖力高。小时就开始沉积脂肪	中心区有母猪 2 万头	公猪 133.3，母猪 110.8	13.2	0.72	42.25		239～243	68.79～69.49	（供烤乳猪用）6～9

（续）

品种	产地及特点	当时种群数量	成年猪体重（千克）	生产性能						屠宰体重（千克）
				平均产仔数（头）	初生重（千克）	泌乳力（千克）	断乳重（千克）	育肥成绩		
								日增重（克）	屠宰率（%）	
监利猪	湖北江汉平原。适应性强	有母猪10万头		10.7	0.83	44.1	10.33	241～284	67	70
赣中南花猪	赣江中游丘陵地区	仅兴国县就有3.5万头，母猪2 500头	公猪116.00，母猪103.7	9.47～9.6	0.87～1.05	32.2～46.2	10.05～12.53	416	75.04	85.16
皖南花猪	黄山以南，天目山以西。耐粗饲，适应性强	仅休宁歙县就有母猪9 000头	公猪78.28，母猪60.97	8～14	0.50～0.77	30	6.83	150～250	62.9	67.1
三江黑猪	赣东和浙西	4万头	公猪77.93，母猪69.29	6.9～11.6	0.68		10.5	244～292	70～75	60～80
曲海猪	江苏省高沙地区。性成熟早、产仔多、肉质好、泌乳力高	仅海安县就有母猪万头以上	母猪107.2	7.6～14.1	0.62～0.79		7.91	334～371	65～66	适宜屠宰75～80
太湖猪	长江下游太湖流域。产仔多、肉质好，世界产仔最多的猪	仅嘉定、金山、武进县，有母猪7万头	公猪140，母猪67.85～91.25	11.93～14.95	0.93～0.95	57.98～59.25	13.26～14.78	322～338	梅山猪屠宰率66.76%	
莆田猪	福建省莆田县。耐粗饲、早熟、易肥	仅莆田县就有母猪3万头		5～11	0.90	37.4	2.5～13.5	242	67	58～93

（续）

品种	产地及特点	当时种群数量	成年猪体重（千克）	生产性能						屠宰体重（千克）
				平均产仔数（头）	初生重（千克）	泌乳力（千克）	断乳重（千克）	育肥成绩		
								日增重（克）	屠宰率（%）	
关岭猪	贵州省关岭县	有6万头，母猪7 000头	公猪150，母猪170	7.8～10.4	0.63～0.77	27～41.2	7.9～9.7	348	69.13	75～90
合作猪（黑错猪）	产于甘肃甘南藏族自治州的合作等地。小型原始猪，适用于腌制腊肉，鬃毛长硬	有1.4万头，仅夏河县就有母猪1 700头	公猪28.5，母猪32.5	2～10	0.25～0.50	4.6～7.1	2.0～3.7		65	放牧饲养2年35～40千克，最好的屠宰率为65%
北京黑猪	北京市的双桥及北郊农场。体质好，生长快	核心群有母猪1 000头	12月龄时，公猪180.8、母猪110.7	9.69～11.52		45.61～56.8	13.38～16.99	607～635	74	100
新淮猪	江苏省淮阳地区，适应性强，产仔数多，耐粗		公猪230～250，母猪180～190	8.8～11.65	7.70～11.58（初生窝重）	32.46～49.63		551	72.55	87.88
上海白猪	上海市郊区。生长较快，抗病力强	有母猪16 000头	公猪253.3，母猪183.3	8.48～12.53	0.95～1.01	40.09～54.25	13.73～15.13	346～528	64.3～68.8	适宜屠宰体重75～105
伊犁白猪	新疆伊犁、哈萨克自治州	仅伊犁地区就有白猪5万头，母猪约6 000头	公猪193.3，母猪133.8	活产仔数：9.7	1.0	27.4～55.6	7.8	312	70～73	93～100
成华猪	成都平原。早熟、易肥	可繁母猪7万头，公猪2 000头	公猪121.0，母猪121.8	9.02～10.44	0.76～0.88	20日龄窝重为33.51	9.73～12.32	254～532	69.1～72.0	75～80

（续）

品种	产地及特点	当时种群数量	成年猪体重（千克）	生产性能						屠宰体重（千克）
				平均产仔数（头）	初生重（千克）	泌乳力（千克）	断乳重（千克）	育肥成绩		
								日增重（克）	屠宰率（%）	
雅南猪	四川盆地西部丘陵地区。体型较大、增重快，屠宰率高	有种猪7万头	公猪95～135，母猪74.43～156	8.05～12.44	0.69～0.73	20日龄窝重为27.70	8.35～9.35	287～497	72.8	94.6～99.9
乌金猪	云南、贵州、四川三省乌蒙山区和大、小凉山地区。适于放牧	有种猪30万头	公猪48.24～125.3，母猪69.52～98.85	8～10	0.50～0.70	15～20	8.26～9.29	263～379	70	120～160
香猪	贵州高原到广西盆地，河谷。早熟、肉质鲜美、增重慢	仅黔东南就有香猪3万头，母猪8 000	公猪12月龄体重为10.6千克，母猪38.8	4.50～6.50	0.5	16.30	3.86	100～257	65.35	适于30～40千克屠宰，适于做乳猪的猪种
藏猪	西藏，四川西部，云南西北部。适应于高寒和放牧。瘦肉率高，占胴体的40%～50%	40万头，能繁母猪6万头	公猪6月龄体重为10.71千克，母猪2岁35～53	5.56～7.00	0.5	20日龄窝重为15.85	3～5	50～120	56～75	58～107
蓝塘猪	广东紫金县。早熟、易肥，杂交优势显著	4.5万头	公猪59.7～127.00，母猪85.5	11～12	0.4～1.0	31.15～42.83	10～15	398	65.45	71.12
屯昌猪	海南省屯昌县。早熟、脂肪型	18万头，母猪2万头	公猪71.30，母猪85.56	10～16	0.5～0.7	34.50		295～341	70	47～97

（续）

品种	产地及特点	当时种群数量	成年猪体重（千克）	生产性能						屠宰体重（千克）
				平均产仔数（头）	初生重（千克）	泌乳力（千克）	断乳重（千克）	育肥成绩		
								日增重（克）	屠宰率（%）	
东山猪	广西全州，湖南零陵。耐粗、抗病强	有可繁母猪1万头	公猪110.9，母猪103.7	8.1～10.1	0.47～0.65	26.15～35.35	7.89～8.61	230～371	71.1	70
桃源黑猪	主要产于湖南省桃源县。耐粗饲	1.7万头，母猪约为3 500头	公猪87.30，母猪94.00	6.5～12.40	0.74～0.80	19.55～35.51	7.22～7.17	354～414	75.74	适宜屠宰体重为75～80
圩猪	安徽芜湖地区。早熟	1.5万头		9.35～13.00	公猪0.72±0.5，母猪0.81±0.03	20日龄22.4±1.17～29.25±1.63	7.49～7.88	244	68.30	79.96
山猪	江苏、安徽两省的丘陵地区。耐粗，繁殖力高，肉质好	有繁殖母猪15万头	公猪125.0	10.2～17.0	0.61～0.84	20日龄33.1～38.45	9.10	410.0	70.1	79.9
闽北花猪	福建北部山区，早熟、皮薄、肉质嫩、屠宰率高		公猪78.10，母猪83.90	8.6	0.66～0.86	30日龄29.8～38.7	9.1～9.5	212～367	75.16	75千克时适合屠宰
东串猪	江苏省长江下游北岸	有可繁殖2万头	公猪166.30，母猪141.70	10.39～15.45		20日龄（窝重）34.24～44.88		335～359	66.92～67.30	150～200

（续）

品种	产地及特点	当时种群数量	成年猪体重（千克）	生产性能						屠宰体重（千克）
				平均产仔数（头）	初生重（千克）	泌乳力（千克）	断乳重（千克）	育肥成绩		
								日增重（克）	屠宰率（%）	
台湾猪	台湾省。耐粗、抗病力强、繁殖力高、肉味美、积累体脂力强	台湾猪包括3个猪种共8万头，种猪5万头		12	0.60～0.80		7～9	332～334	81.9	90
黑花猪	黑龙江嫩江和齐齐哈尔郊区	母猪3 000头	公猪247.50，母猪171.10	8.8～10.5				422～573	71.1～75.9	89～110
赣州白猪	江西省赣州市郊。耐粗饲、屠宰率高、抗逆性强	约4万头	公猪125.84～177.20，母猪102.54～108.75	11	0.90	35.60		300～450	71.40	83～93.5
福州黑猪	福州市郊区。繁殖性能好	有母猪约9 000头	公猪185～190，母猪150～180	9.49～18.75	0.99～1.10	20日龄36.42±1.92～42.21±1.56	12.26～13.10	400～500	72	81～92

（续）

品种	产地及特点	当时种群数量	成年猪体重（千克）	生产性能						屠宰体重（千克）
				平均产仔数（头）	初生重（千克）	泌乳力（千克）	断乳重（千克）	育肥成绩		
								日增重（克）	屠宰率（%）	
沂蒙黑猪	山东临沂地区北部	可繁母猪为6万头，公猪1 000头，育种群1 200头	公猪165～199，母猪130～154.33	8.77～10.81	0.82～0.85	20日龄25.70±0.62～34.10±0.64	11.88～14.09	430～453	74.0～76.2	92.5～96.5
崂山猪	山东崂山、即墨。耐粗、抗病力强、繁殖力高	总数约8万头，母猪6 000头	公猪183.78，母猪112.25	9～10	1～1.5			424～483	72.73	93～98
泛农花猪	河南省黄泛农场。耐粗饲	有基础母猪1 500头	公猪217.5，母猪187.5	10.0～10.53	1.16～1.24	52.46～53.0	12.57～13.88	517～561	70～75	83.5～103.2
芦白猪	河北省芦白农场。有较高的育肥性能	有母猪1 500头	公猪280，母猪205	9.81～12.98	1.18～1.22	56.62～66.39	17.29～18.72	489～660	71.46～75.69	适宜体重为100～115

注：没有标明时间的泌乳力均为30日龄窝重。

资料来源：中国猪种编写组《中国猪种（一）》（上海人民出版社，1976）、李炳坦《中国猪种（二）》（上海科学技术出版社，1982）。

表 2-12　国外引进猪种基本概况

品种	产地及特点	成年猪体重（千克）	生产性能						屠宰体重（千克）
			平均产仔数（头）	初生重（千克）	泌乳力（千克）	断乳重（千克）	育肥成绩		
							日增重（克）	屠宰率（%）	
大白猪（大约克夏）	原产地英国的约克郡及其邻近地区	公猪 300～400，母猪 200～300	12.5	1.0～1.2		断乳窝重 50～60	公：892，母：855	71～73	90
长白猪（兰得瑞斯）	丹麦，瘦肉型	公猪 350～400，母猪 250～300	11.8	1.32		15.70	655～680	75.8～80	90
杜洛克猪	美国，瘦肉型	公猪 300～420，母猪 250～370	8～9			断乳窝重 35～45	761	76	100
汉普夏猪	美国，瘦肉型	公猪 315～410 母猪 250～340	9～10				公：845 母：731	71～75	90
皮特兰猪	比利时，瘦肉型，易发生应激综合征（PSS）		10.2				750	76	90～100

资料来源：张长兴、杜垒《猪标准化生产技术》（金盾出版社，2008）。

表 2-13　绵羊生产性能概况

品种	生产方向及特点	成年体重（千克）		产毛量（千克）		细度（支纱）	净毛率（%）	屠宰率（%）	产羔率（%）	生理及生产性能特点
		公	母	公	母					
新疆细毛羊	细毛羊	88.0～143.0	48.6～94.0	11.57～21.2	5.24～12.9	64	49.8～54	49.47～51.39	130	
中国美利奴羊	细毛羊	70	40	净毛量55	净毛量3.0	64	55	43.4～43.9	120	
东北细毛羊	细毛羊	83.7	45.4	13.4	6.1	60～64	35～40	43.6～52.4	111～125	
敖汉细毛羊	细毛羊	91	50	16.2	6.9	60～64	34	41.4～46	132.75	
青海高原半细毛羊	半细毛羊	70.1	35.0	5.98	3.10	56～58	60.8	48.69		
凉山半细毛羊	半细毛羊	83.6	45.2	6.49	3.96	48～50	66.7	50.7	105.7	
云南半细毛羊	半细毛羊	65	47	6.55	4.84	48～50		55.76	106～118	
阿勒泰肉用细毛羊	肉用（肌肉呈大理状）	107.4	55.5	5.12	2.2	64	71.2	56.7	128～152	
中国卡拉库尔羊	羔皮羊	77.3	46.3	3.0	2.0		65.0	51.0	105～115	
蒙古羊	粗毛羊	47～99.7	32～54.2	1.5～2.2	1～1.8			54.3	94	
西藏羊	粗毛羊	52	45	1～1.5	1～1.5		70	43.0～50.18	70～80	
哈萨克羊	粗毛	60.34	44.90	2.03	1.88		57.8～68.9	45.5	101.95	
小尾寒羊		94.1	48.7	3.5	2.1		63.0		270	产羔率高
同羊		44.0	36.2	1.40	1.20	60	55.35	57.64	105	尾重达3～23千克
湖羊	羔皮	42～50	32～45	1.7～1.2	1.7～1.2		50	54～56（成年母羊）	229	我国特有的羔皮用绵羊品种
和田羊	地毯毛	38.95	33.76	1.62	1.22		78.52	37.2～42.0	101.52	

（续）

品种	生产方向及特点	成年体重（千克）		产毛量（千克）		细度（支纱）	净毛率（%）	屠宰率（%）	产羔率（%）	生理及生产性能特点
		公	母	公	母					
滩羊	裘皮	47.0	35.0	1.6～2.65	0.7～2.0		65	40.0～45.0	101.0～103.0	我国特有的裘皮用绵羊品种
岷县黑裘皮羊	裘皮	31.1	27.5	0.75	0.75			44.2		墨色二毛皮著称
贵德里裘皮羊	裘皮	56.0	43.0	1.8	1.6		70	43～46	101.0	墨色二毛皮著称
大尾寒羊	羔皮、二毛皮	72.0	52.0	3.30	2.70		45～63	54.76	185～205	尾重达10～35千克

资料来源：赵有璋《羊生产学（第二版）》（中国农业出版社，2012）。

表 2-14　国外绵羊生产性能概况

品种	生产方向及特点	成年体重（千克）		产毛量（千克）		细度（支纱）	净毛率（%）	屠宰率（%）	产羔率（%）	生理及生产性能特点
		公	母	公	母					
澳洲美利奴羊（细毛型）	细毛	60～70	34～42	7.5～8	4.5～5	64～66	63～68		103	
苏联美利奴羊	细毛	100～110	55～58	16～68	6.5～7	64	38～40			
高加索细毛羊	细毛	90～100	50～55	12～14	6.0～6.5	64	40～42		130～140	
斯塔夫洛波尔羊	细毛	110～116	50～55	6.5～7.0	6.5～7.0	64			120～135	
考力代羊	半细毛	85～105	65～80	10～12	5～6	50～56	60～65	50～55	110～130	
无角陶赛特羊	肉用	90～110	65～75		2.3～2.7	56～58	60～65		110～130	生产反季节性羊肉的专门化品种
罗曼诺夫羊	裘皮	60～70	40～50	1.5～2.5	1.2～1.6	60～90微米			250～300	产羔率高达250%～300%
茨盖羊	半细毛	80～90	50～55	6～8	3.5～4.0	46～56	50	50～55	115～120	

（续）

品种	生产方向及特点	成年体重（千克）		产毛量（千克）		细度（支纱）	净毛率（%）	屠宰率（%）	产羔率（%）	生理及生产性能特点
		公	母	公	母					
卡拉库尔羊	羔皮、乳用	60～90	45～70	3.0～3.5	2.5～3.0			50	105～115	
德拉斯代羊	地毯毛	66～80	50～60	5～7	5～7				90～120	地毯毛专用品种
德克寒尔羊	肉用	115～130	75～80	3.4～4.5	3.4～4.5	46～56	60	55～60	150～160	肥羔生产的父系羊
布鲁拉美利奴羊										繁殖率高，一胎平均可产羔2.29个，排卵最大值11个

资料来源：赵有璋《羊生产学（第二版）》（中国农业出版社，2012）。

表 2-15　山羊生产性能概况

品种	生产方向及特点	成年体重（千克）		产毛量（千克）		细度（支纱）	净毛率（%）	屠宰率（%）	产羔率（%）	生理及生产性能特点
		公	母	公	母					
中卫山羊	羔皮	30～40	25～35	250～500克，产绒100～150克	200～400克，产绒120克			40～45	103	
济宁青山羊	羔皮	30	26	300克，产绒50～150克	200克，产绒25～50克			42.5	293.65	
辽宁绒山羊	羊绒	53.5	44.0	产绒600克	产绒400克	绒毛细度17微米	净绒率70%	50	120～130	
内蒙古白绒山羊	羊绒	45～52	30～45	产绒400克	产绒350克		净绒率72.0%	40～50	100～105	
西藏山羊	粗毛	24.2	21.4	418克	339克			43～48	110～135	
南江黄羊	肉用	66.87±5.03	45.64±4.48					55.65	205.42	

（续）

品种	生产方向及特点	成年体重（千克）		产毛量（千克）		细度（支纱）	净毛率（%）	屠宰率（%）	产羔率（%）	生理及生产性能特点
		公	母	公	母					
成都麻羊	奶、肉、皮兼用	43.0	32.6			产奶 150～250 千克	乳脂率 6%～8%	54	210	
建昌黑山羊	皮用	31	28.9				净肉率 38.2%	51.4	116.0	
关中奶山羊	奶用	78.6	44.7			产奶 735.5 千克	乳脂率 3.6%～3.8%	46	184.3	
崂山奶山羊	奶用	95.7	54.92			产奶 626.9 千克	乳脂率 3.73%			170.3
雷州山羊	肉用、毛用	54.0	47.7					50～60	150～200	耐湿热
长江三角洲白山羊	肉用、毛用	28.6	18.4					51.7	228.5	生产笔料毛的独特品种

资料来源：赵有璋《羊生产学》（中国农业出版社，2002）。

表 2-16　引入我国的外国山羊生产性能概况

品种	生产方向及特点	成年体重（千克）		产毛量（千克）		净毛率（%）	屠宰率（%）	产羔率（%）
		公	母	公	母			
萨能山羊	奶用	75～95	50～65			产奶量 400～1 000 千克	乳脂率 3.8%～4.0%	繁殖率 160%～220%
吐根堡山羊	奶用	60～80	45～55			产奶量 687～842 千克	乳脂率 3.3%～4.4%	173.4
安哥拉山羊	产马海毛	50～70	36～42	3.5～6.0	2.5～3.5	65～85		100～110
波尔山羊	肉用	75～101.4	50～80.5			产奶量 361 千克	屠宰率 56%～60%	175～250

资料来源：赵有璋《羊生产学》（中国农业出版社，2002）。

表 2-17　各种鸡的体重及生产性能概况

品种	原产地	体重（千克）		产卵数（枚）	卵重（克）	开产日龄（日龄）	半净膛屠宰率（%）
		公	母				
婆罗门鸡	—	5.5	4.75				
大骨鸡	辽宁	3～3.5	2.5	97～160	61.9～82.5	240～270	
寿光鸡	山东	3～3.5	1.75～2.5	50～60	58.9～62.0	210～240	
浦东鸡	上海	3～4	2.5～3.0	100～130	57.9	210～240	
萧山鸡	浙江	3.5	2.5	130～150	50～55	180～210	
桃源鸡	湖南	4～4.5	3～3.5	100～120	50～55	195～225	82.06～84.90
来航鸡	意大利	2.25～2.5	1.75～2.00	214	55～60	150～165	
俄罗斯鸡	苏联	2.8～3.1	2.1～2.2	210～320			
狼山鸡	江苏	3.5～4.0	2.5～3.00	120	55～60	195～210	
芦花鸡	美国	4.25	3.5	170～180	51～54	180～210	
洛岛红鸡	美国	3.5～3.8	2.5～3.0	179	60	180～210	
澳洲黑鸡	澳大利亚	3.75	2.5～3.0	196	59.2	180～210	
丝羽乌骨鸡	江西	1.25～1.5	1～1.25	80	40～42	165～180	84.18～88.35
北京油鸡	北京	2～2.5	1.7～2	120～160	56～60	240～300	
惠阳鸡	广东	2～2.5	1.5～2	100～120	45～55	150～165	
固始鸡	河南	1.9～3.5	1.2～2.4	96～160	48～60	165～270	80.16～81.76
仙居鸡	浙江	1.2～1.5	0.8～1.0	200	40～45	150～180	
白洛克鸡	美国	4～5	3～4	120～150	55～60	180～210	
考尼什鸡	英国	4.5～5	3.5～4	100～120	50～57	210～270	
清远麻鸡	广东	2.18	1.75	70～80	46.6		
武定鸡	云南	3.05	2.10	90～130	50		
茶花鸡	云南			70	38.2		77.64～80.56

资料来源：王文三、许乃谦《畜牧兽医常用数据手册》（辽宁人民出版社，1982）。

表 2-18　国外速生型肉用杂交鸡体重及生产性能数据表

品种	父母代种鸡生产性能						仔鸡生产数据	
	体重（千克）		产卵数（枚）	卵重（克）	开产日龄（日龄）	淘汰周龄（周）	体重（千克）	料肉比
	公	母						
爱拔益加（AA鸡）（美国）			191		175	66	63 日龄体重 3.51	63 日龄 2.28∶1

（续）

品种	父母代种鸡生产性能						仔鸡生产数据	
	体重（千克）		产卵数（枚）	卵重（克）	开产日龄（日龄）	淘汰周龄（周）	体重（千克）	料肉比
	公	母						
艾维茵（美国）			194.8				63日龄 体重3.364	63日龄2.27∶1
红布罗（加拿大）			185		168～175		62日龄 体重2.20	62日龄2.25∶1
罗斯1号（英国）			170		168	64	63日龄 体重2.92	63日龄2.28∶1
狄高（澳大利亚）			191		175	64	56日龄 体重2.532	56日龄2.07∶1
哈巴德 （哈巴德公司育成）			180		175	64	63日龄 体重2.25	63日龄2.40∶1
塔特姆（美国）			174				63日龄 体重2.808	63日龄2.15∶1
D型矮洛克 （法国）	20周龄体重 1.58～ 1.72千克		170～176		175		56日龄 体重1.90	56日龄2.32∶1

资料来源：张敏红《肉鸡无公害综合饲养技术》（中国农业出版社，2003）。

表2-19　雏鸡发育标准

单位：克

周龄	卵用鸡		卵肉兼用鸡	
	公	母	公	母
2	98	90	98	90
4	215	180	220	190
6	380	385	450	390
8	550	530	660	580
10	880	700	920	810
12	1 020	830	1 340	1 030
14	1 230	970	1 630	1 145
16	1 420	1 080	1 800	1 300
18	1 600	1 275	2 075	1 500
20	1 795	1 330	2 300	1 680
22	1 955	1 500	2 450	1 840
24	2 075	1 620	2 585	1 950

资料来源：武云峰《简明畜牧手册》（内蒙古人民出版社，1974）。

表 2-20 鸡标准体重参考表

单位：克

轻型鸡		轻型鸡		肉用型鸡（白洛克母鸡）	
周龄	体重	周龄	体重	周龄	体重
1	75～80	11	850～905	出壳时	38
2	130～135	12	920～980	4	480
3	200～205	13	995～1 060	8	1 020
4	280～285	14	1 070～1 135	12	1 490
5	365～373	15	1 142～1 202	16	1 850
6	450～500	16	1 210～1 270	20	2 030
7	520～530	17	1 275～1 330		
8	602～620	18	1 340～1 400		
9	685～705	19	1 410～1 430		
10	768～810	20	1 500～1 550		

资料来源：本溪县农业中心《农业技术培训手册》(2009)、同禄云《畜牧兽医常用数值手册》(陕西科学技术出版社，1982)。

表 2-21 来航鸡体重和胫部长度

周龄	4	6	8	10	12	18
平均体重（克）	293.97	434.12	607.15	787.89	946.30	1 206.10
平均胫长（毫米）	52.5	63.8	72.8	80.6	84.6	84.7

注：①胫部长度即指跖骨的长度，习惯上叫胫长，现统称为跖长。部位是跖关节到脚底（第 3～4 趾间）的垂直距离，跖长指标是衡量家禽生长发育的重要指标。

②一般在 4～6 周龄检测。测定时要求体重、跖长在标准上下 10%的范围内，至少 80%符合要求。

资料来源：孙茂红、范佳英《蛋鸡养殖新概念》(中国农业大学出版社，2010)。

表 2-22 雏鸡群整齐度表示方法的换算

变异系数（%）	5	6	7	8	9	10	11
进入平均值 10%范围内的个体比例（%）	96	90	85	79	73	68	64

注：变异系数在 9～10 为合格，在 7～8 为较好。

资料来源：孙茂红、范佳英《蛋鸡养殖新概念》(中国农业大学出版社，2010)。

表 2-23 各种鸭、鹅生产性能概况

品种	产地	体重（千克）		平均产卵数（枚）	卵重（克）	成熟期（日龄）
		公	母			
北京鸭	北京	3～4	2.5～3.5	120～180	85～90	180

（续）

品种	产地	体重（千克）		平均产卵数（枚）	卵重（克）	成熟期（日龄）
		公	母			
高邮鸭 金定鸭	江苏高邮 福建龙溪	3.5～4 1.76	3～3.5 1.73	160～200 250～280	70～80 70～80	120（善产双黄蛋） 110～160
番鸭	南美洲	3.5～4.5	2.5～3.5	40		210
印度跑鸭	印度	2.00	1.75	160～170	70～80	
康贝尔鸭	英国			100～150	70	126～140
中国鹅	中国	5～6	4.5～5.0	60～70	150～160	200～240
狮头鹅	广东	10～12	9～10	25～35	180～200	210～240
阳江鹅	广东阳江	4.5～5.5	3.5～4.5	30～40		160～180
乌鬃鹅	广东清远	3.0～3.5	2.5～3.0	30～35	145	140～160
溆浦鹅	湖南溆浦	6～7	5～6	24～55	212.5	210
太湖鹅	太湖地区	3.5～4.5	3.25～4.25	60～70	120.5～160.5	150～240
莱茵鹅	德国莱茵州	5～6	4.5～5			
朗德鹅	法国	7～8	6～7		肥肝重 700～800 克	生产肥肝的专用品种
樱桃谷鸭	英国	4～4.5	3.5～4		屠宰率 72.55%	著名的肉用品种
狄高鸭	澳大利亚	成年体重 3.5 千克				182

资料来源：王文三、许乃谦《畜牧兽医常用数据手册》（辽宁人民出版社，1982），黄世仪《鸡、鸭、鹅饲养新技术》（金盾出版社，2010），鸭、鹅养殖专著等。

表 2-24　我国地方优良鸭种简介表

品种	类型	产地	外貌特征	成熟期（日龄）	成鸭体重（千克）		年产蛋量（枚）	特性
					公	母		
建昌鸭	兼用	四川建昌	体躯平直，呈稍短的长方形，头骨突出，尾部丰满，羽毛有黄褐麻色、黑灰色、瓦灰色等	180～200	2.2～2.6	2～2.5	150 以上，蛋重平均 74.5 克	产肉多，易育肥，肉质好，肝脏特大，羽毛质量好
香山鸭（中山鸭）	兼用	广东中山	体型中等，体躯宽短而下垂，脚短，母鸭羽毛呈褐黑斑，如麻雀毛色，嘴、脚为橘黄色，公鸭羽毛类似高邮公鸭，嘴铅青色，脚黑色	120～130	17.5～2	1.45～1.8	190～230，蛋重 64～74 克	早熟、肉质良好，易于育肥（宜于腌制腊鸭）

（续）

品种	类型	产地	外貌特征	成熟期（日龄）	成鸭体重（千克）		年产蛋量（枚）	特性
					公	母		
东莞鸭	兼用	广东东莞	体型大于中山鸭，母鸭羽毛为黑麻色，前胸有白毛，称“白嗉窝”，公鸭头颈黑翠，背羽灰黑，脚黑，嘴铅青色	120～140	1.9～2.1	1.5～1.9	180～220，蛋重65～75克	走动灵活而持久，宜于放牧，善于觅食，食量较大，耐粗饲
五通鸭	兼用	广西临桂	体型中等，羽毛多为黑麻和黄麻两色，腹羽为白色，黑麻鸭，嘴脚黑色；黄麻鸭，嘴脚为红黄色	130～150	1.3～1.9（平均1.6）	1.3～1.5（平均1.4）	160～200，蛋重61.5～73克	
固始鸭	兼用	河南固始	体型较大，颈细长，背宽而平，体躯呈狭长方形，羽毛颜色分为棕黄色（大红袍），黑麻色及枯黄色，颜面呈粉白色，故名“白脸鸭”	180～200	1.75～2.0	1.5～2.5	100～140，蛋重63～72克	体质强健，易育肥
三穗鸭	蛋用	贵州镇远	头较平，颈细长，体长而宽，脚中等长，母鸭臀宽而圆，公鸭略尖，毛色以豆青麻黄为主，其次为黑白、瓦灰色，公鸭嘴为青黄色，头黑，颈有白圈，背灰，腹白，脚红黄色	120日龄左右	1.4	1.35	250左右，蛋重63克	耐粗饲，适于放牧，产蛋量高
萧山鸭	蛋用	浙江萧山、诸暨等地	体小结实而狭长，前胸小，臀部大，母鸭羽毛多呈雀灰色，颈项有白羽圈，腹臀腿羽白色。公鸭头颈羽呈黑紫色金属光泽，颈项有白羽圈，往下至腹部羽毛棕色，臀腿白毛，嘴橘黄色	100～115	1.6（平均）	1.65	225～270	走动活泼，觅食力强，食量不大，产蛋率高
荆江鸭	蛋用	湖北荆江地区	头较小，眼大明显，颈长而灵活，体躯长，肩稍狭，背平直，向后倾斜，腹部深，喙和蹠橙黄色，上喙为石青色，羽毛以麻黄色居多，头部多为黄色，颈以下黄褐相间	100日龄左右	1.3～1.6	1.3～1.5	200左右，蛋重60～65克	体小结实，活泼，觅食力强，产蛋量较多，成熟期早

（续）

品种	类型	产地	外貌特征	成熟期（日龄）	成鸭体重（千克）		年产蛋量（枚）	特性
					公	母		
绍鸭	蛋用	浙江绍兴	体形小巧、体躯细长，母鸭羽毛红棕带有黑点雀斑的红麻色。两翅镜羽呈翠色或翠蓝色，通称红毛绿翼梢，胸腹羽毛绿色；嘴豆黑色、嘴橘黄色、脚呈橘黄色。公鸭头、颈和尾羽呈黑绿色体羽与母鸭相同	130～150	1.30	1.25	250～300，蛋重59～63克	体型小，产蛋高，生长快，成熟早，适应性强，性温驯适宜圈养

数据来源：华南农学院畜牧兽医系《养鸭》（科学技术出版社，1978）。

第二节　各种家畜年龄鉴别

表 2-25　各种家畜的恒齿种类及数目

家畜种类	门齿		犬齿		前臼齿		后臼齿		总计
	上	下	上	下	上	下	上	下	
马	6	6	2	2	6	6	(6)	(6)	40
牛	0	8	0	0	6	6	(6)	(6)	32
绵羊	0	8	0	0	6	6	(6)	(6)	32
山羊	0	8	0	0	6	6	(6)	(6)	32
猪	6	6	2	2	6	6	(8)	(8)	44
兔	4	2	0	0	6	4	(6)	(6)	28

注：1. 带括弧的表示不生乳齿，而直接生出恒齿的。

2. 骆驼的齿式为门齿上（2）、下（6），犬齿上（2）、下（2），前臼齿上（6）、下（4），臼齿上（6）、下（6）。共 34 颗。

3. 母马、母骡、母驴没有犬齿，永久齿共 36 枚。

4. 牦牛、水牛的齿或与黄牛同。

资料来源：阿·秋秋妮科娃《饲料生产手册》，入编于王文三、许乃谦《畜牧兽医常用数据手册》（辽宁人民出版社，1982）。驼的齿式引自赵兴绪、张通《骆驼养殖与利用》（金盾出版社，2002）。

表 2-26　马匹年龄鉴别表

	6岁	7岁	8岁	9岁	10岁	11岁	12岁	13岁	14岁	15岁	16～18岁	19岁以后
黑窝的变化	下门齿黑窝消失	下中间齿黑窝消失	下隅齿黑窝消失	上门齿黑窝消失	上中间齿黑窝消失	上隅齿黑窝消失						
齿坎痕的变化				下门齿坎痕变小呈三角形	下门齿坎痕为圆形，下中间齿坎痕为卵圆形		齿坎痕接近咬面的后缘，下门齿坎痕消失。	下中间齿坎痕消失	下隅齿坎痕消失或近于消失	下隅齿坎痕完全消失	上切齿坎痕消失	
咬面变化	呈横椭圆形	呈椭圆形	门齿已形成圆形		下门齿咬面形成圆形	下隅齿近于圆形	所有切齿都呈圆形	圆形	门齿呈三角形	咬面呈三角形	呈三角形向横三角发展	横三角形
上下切齿接触吻合情况	垂直	垂直	垂直	垂直	渐倾斜				切齿排列变为一字形	上下切齿接触成锐角	锐角	锐角
齿星出现	出现下门齿齿星				下中间齿齿星呈椭圆形	下隅齿出现齿星	下门齿齿星位于门齿中央			代替坎痕位于齿面中央		
燕尾出现		上隅齿燕尾形成	燕尾明显	第一燕尾消失		上隅齿纵沟出现	第二次燕尾出现			第二次燕尾消失		

注：五岁前容易鉴别，故省略。
资料来源：谢成侠、沙风苞《养马学》（江苏人民出版社，1962）。

表 2-27　牛的切齿随年龄变化的平均期

变化标志	门齿	内中齿	外中齿	隅齿
乳切齿透露	出生时或出生 2～3 周内			
乳切齿磨灭	1～1.5 月	2 月龄	2.5 月龄	3 月龄
齿冠减低	由 10 月龄到 1.5 岁			
乳切齿更换和长齐	1.2～2 岁	2.5～3 岁	3～3.5 岁	3.5～4 岁
乳切齿前沿磨损	2～2.5 岁	3～3.5 岁	3.5～4 岁	4.5～5 岁
所有的齿面磨损	6～7 岁	8 岁	9 岁	10 岁
出现四角形磨损面	8 岁	9 岁	10 岁	11 岁
倒转卵圆形磨损面	12 岁	13 岁	14 岁	15 岁

资料来源：武云峰《简明畜牧手册》(内蒙古人民出版社，1974)。

表 2-28　水牛年龄鉴别表

牙齿的情况	年龄（岁）
永久钳齿出生	3～3.5
永久内中间齿生出	3.5～4.5
永久外中间齿生出	4.5～5.5
永久隅齿生出	5.5～6.5
全部门齿内侧呈现黑色，钳齿呈现珠点	7
仅外中间齿和隅齿内侧留有黑色，内中间齿呈现珠点	8
仅隅齿内留有黑色，外中间齿呈现珠点	9
隅齿内侧存留黑色很少，外中间齿呈双珠	10
隅齿内侧黑色仅留痕迹，即将消失	11
全部门齿内侧呈白色，黑色消失	12～13

资料来源：王文三、许乃谦《畜牧兽医常用数据手册》(辽宁人民出版社，1982)，范德路《中国水牛的年龄鉴别》(中国畜牧杂志，1963 年第 4 期)。

表 2-29　牦牛门齿的变化及其相应年龄

门齿变化	年龄（岁）	
	牦牛	黄牛
第一对乳门齿出生	出生后 2～7 日龄	出生前或生后
第四对乳门齿出生	50 日龄	21 日龄
四对乳门齿长齐	9 月龄	4～5 月龄

（续）

门齿变化	年龄（岁）	
	牦牛	黄牛
乳门齿齿冠变短	2～2.5	1.3～1.5
第一对永久门齿出生	2.5～3	2～2.5
第二对永久门齿出生	3～4	3～3.5
第三对永久门齿出生	4.5～5.5	4～4.5
第四对永久门齿出生	6～7	5～5.5
第一对门齿磨蚀呈长方形	8	6
第二对门齿磨蚀呈长方形	9～10	7
第三对门齿磨蚀呈长方形	11～12	8
第四对门齿磨蚀呈长方形	13～14	9
第一、二对门齿磨蚀呈近圆形	15～17	10～11
第三、四对门齿磨蚀呈近圆形	17～19	12～13
永久门齿仅剩齿根并有脱落	20 岁以上	14～15

资料来源：张容昶、胡江《牦牛生产技术》（金盾出版社，2002）。

表 2-30　猪齿更换表

齿别		乳齿期				换齿期			
		出生时	4 周龄	6～8 周龄	3 个月	6 个月	9 个月	12 个月	18 个月
门齿	钳齿		(4)	(4)	(4)	(4)	(4)	四	四
	中间齿				(4)	(4)	(4)	(4)	四
	隅齿	(4)	(4)	(4)	(4)	(4)	四	四	四
犬齿		(4)	(4)	(4)	(4)	(4)	四	四	四
臼齿	前臼四			(4)		四	四	四	四
	前臼三		(4)	(4)	(4)	(4)	(4)	四	四
	前臼二		(4)	(4)	(4)	(4)	(4)	四	四
	前臼一				(4)	(4)	四	四	四
	后臼一					四	四	四	四
	后臼二						四	四	四
	后臼三								四
总计		8	20	24	28	36	40	40	44

注：括号内的阿拉伯数字，代表乳齿数，汉字数字代表永久齿数目。

资料来源：常宗会《中国养猪法》（畜牧兽医图书出版社，1957）。

表 2-31 绵羊的年龄鉴定

年龄	臼齿	切齿	齿数
幼羔			
1周	一	门齿露出	2
3～4周	第一、二、三前臼齿露出	其余的切齿露出	20
3个月	第一臼齿露出	—	24
9个月	第二臼齿露出	—	28
成年羊			
1～1.5岁	第三臼齿露出	门齿更换	32
1.5～2岁	第一、二、三前臼齿更换	内中齿更换	32
2.25～2.75岁	—	外中齿更换	32
3～3.75岁	—	隅齿更换	32

资料来源：沈阳农学院畜牧兽医系《畜牧生产技术手册》(1978)。

表 2-32 山羊的年龄鉴别

年龄	齿的变化
初生至8日龄	乳切齿6枚
1月龄	乳切齿8枚
15～18月龄	乳钳齿更换
24～27月龄	内中间齿更换
3岁	外中间齿更换
4岁	隅齿更换
5岁	4对切齿高度相同而整齐，俗称“齐口”
6岁	钳齿齿面磨平，近似圆形
7岁	钳齿及内中间齿齿面磨平成圆形，同时牙根互相分开
10岁	全部永久齿齿面磨成圆形，且变细小，牙间隙距离变大，以手触之，动摇不固
15岁	两钳齿分离而形成大的缺口，隅齿变为尖锐如犬齿状

资料来源：同禄云《畜牧兽医常用数值手册》(陕西科学技术出版社，1982)。

第三章　饲料与营养

第一节　畜禽饲草饲料

表 3-1　易于青贮的牧草和饲料作物

牧草名称	收获时的营养期	含水率(%)	最低需要含糖量(%)	实际含糖量(%)	过剩含糖量(%)
饲用西瓜	块茎及时收获	90	0.52	3.61	3.09
饲用甜菜茎叶		80	1.22	3.46	2.24
食用甜菜茎叶		80	1.35	3.09	1.74
饲用胡萝卜		80	0.82	2.06	1.24
食用胡萝卜		80	0.67	3.32	2.66
冬油菜茎叶		80	1.39	5.34	2.95
芜菁茎叶		80	1.65	3.05	1.40
箭舌豌豆—燕麦混播牧草	开花期	75	2.00	2.00	0
豌　豆	开花前	80	1.62	1.93	0.31
蓿根高粱	开花前	70	0.95	1.31	0.35
埃及高粱	抽穗初	70	1.07	2.01	0.94
菊　芋		75	1.01	4.77	3.76
席　草	开花前	75	0.46	0.45	0
食用甘蓝		85	0.63	3.36	2.73
饲用甘蓝		85	1.33	2.13	0.80
红三叶	开花期	70	1.37	1.90	0.59
红三叶再生草	—	80	0.94	1.44	0.50
蚕　豆	豆荚成熟期	74	1.49	4.35	2.85
玉　米	乳熟期	80	1.07	2.41	1.34
玉　米	蜡熟期	75	1.07	3.40	2.13
饲用羽扇豆	始花期	84	1.80	2.20	0.90
燕　麦	—	70	2.03	3.58	1.55
苔　属	开花期	70	1.14	1.13	0.01

（续）

牧草名称	收获时的营养期	含水率（%）	最低需要含糖量（%）	实际含糖量（%）	过剩含糖量（%）
紫花豌豆	—	75	1.26	1.47	0.21
向日葵	30%开花	80	2.45	2.96	0.51
向日葵	50%开花	75	2.77	4.07	1.30
向日葵	75%开花	70	2.75	4.65	1.90
伏地肤	乳熟期	60	0.86	1.35	0.49
冬油菜	花枝形成前	75	2.14	5.60	3.46
冬油菜再生草	—	80	1.73	2.82	1.09
草地牧草再生草	—	75	0.61	1.97	1.36
高　粱	蜡熟期	80	0.95	3.13	2.17
饲用南瓜	—	90	0.88	1.98	1.10
兵　豆	开花期	80	0.74	1.16	0.42

数据来源：同禄云《畜牧兽医常用数值手册》（陕西科学技术出版社，1982）。

表 3-2　不能青贮的牧草和饲料作物

牧草名称	收获时的营养期	含水率（%）	最低需要含糖量（%）	实际含糖量（%）	不足含糖量（%）
番茄茎叶	及时收获	70	1.50	1.15	0.35
水　蓼	开花期	75	1.72	0.37	1.35
荨　麻	开花前	75	1.82	1.14	0.68
稗	完全开花	70	2.31	0.31	2.00
薄　荷	完全开花	70	0.68	0.67	0.01
沙燕麦	抽穗初	75	0.68	0.38	0.30
西瓜蔓	及时收获	70	5.51	2.21	3.30
甜瓜蔓	及时收获	70	6.49	2.30	4.18
南瓜蔓	及时收获	70	5.50	0.50	5.05
龙　蒿	开花前	75	1.75	0.85	0.90
甘　草	孕蕾期	75	3.36	0.24	3.12
甘　草	开花期	70	1.44	0.35	1.09

数据来源：同禄云《畜牧兽医常用数值手册》（陕西科学技术出版社，1982）。

表 3-3　难于青贮的牧草和饲料作物

牧草名称	收获时的营养期	含水率（%）	最低需要含糖量（%）	实际含糖量（%）	不足含糖量（%）
红　苋	始花期	75	2.17	1.40	0.77
红　苋	花末期	70	2.20	1.60	0.58
白　苋	始花期	75	1.53	1.27	0.26
黑　苋	全开花	70	2.49	2.18	0.31
箭舌豌豆	开花前	75	1.79	1.39	0.40
箭舌豌豆	全开花	75	2.21	1.42	0.79
白花草木樨	开花前	70	3.22	2.30	0.92
白花草木樨	始花期	70	2.96	2.03	0.93
野生黄花草木樨	乳熟期	70	1.19	1.00	0.19
野生白花草木樨	乳熟期	70	2.50	1.62	0.87
一年生草木樨	完熟期	70	1.70	1.02	0.68
野甘蓝	开花前	80	1.80	1.60	0.20
马铃薯茎叶	开花前	75	1.30	0.77	0.26
马铃薯茎叶	开花后	70	2.12	1.46	0.66
席　草	始花期	75	0.54	0.48	0.06
野生白三叶	花序形成	75	1.91	1.42	0.49
狭叶羽扇豆	始花期	75	2.55	2.41	0.14
野生黄花苜蓿	乳熟期	70	1.47	1.27	0.20
野生紫苜蓿	乳熟期	70	1.47	1.20	0.17
滨　藜	开花期	75	0.85	0.82	0.03
饲用粟	蜡熟期	70	2.81	1.77	1.04
直立蒿	花蕾形成	60	1.36	1.31	0.04
伏地肤	开花期	75	1.17	0.90	0.27

数据来源：同禄云《畜牧兽医常用数值手册》（陕西科学技术出版社，1982）。

表 3-4　家畜饲草用量的估算

畜别	每头每日用量（千克）		饲喂天数（天）	每头年需要量（千克）	注明
	范围	平均			
马	8～10	9	365	3 285	有放牧习惯者可适当减少
骡	8～10		365	3 285	
驴	4～5	45	365	1 642.5	
牛	11～13	12	365	4 380	

（续）

畜别	每头每日用量（千克）		饲喂天数（天）	每头年需要量（千克）	注明
	范围	平均			
猪	1.5～4	3	365	1 095	以糠计算
绵羊	2～3	2.5	180	450	计算半年
山羊	2～3	2.5	180	450	补饲量
水牛	11～16	13.5	365	4 927.5	
骆驼	16～22	19	365	6 935	
牦牛	—	12	150	1 800	冬季补饲

数据来源：同禄云《畜牧兽医常用数值手册》（陕西科学技术出版社，1982），笔者依据水牛、骆驼、牦牛等资料作了补充。

表 3-5　常用矿物质饲料的含量表

矿物质名称	矿物质饲料名称	化学式	矿物质含量
Ca	碳酸钙		40%Ca，0.02%Na
	石灰石		38%Ca，0.05%Na，0.01%F
Ca 和 P	骨粉		24%Ca，12.6%P，0.37%Na，0.05%F
	磷酸盐		39%Ca，14%P，0.3%Na，0.54%F
	去氟磷酸盐		30%～34%Ca，18%P，5.7%Na，0.16%F
	磷酸氢钙		18%～24%Ca，18.5%P，0.6%Na，0.14%F
	磷酸氢钙与磷酸二氢钙		16%～19%Ca，21%P，0.6%Na，0.2%F
	软性岩		17%Ca，9%P，0.1%Na，1.2%F
Na 和 Cl			39.3%Na，60.7%Cl
Fe	硫酸亚铁	$FeSO_4 \cdot H_2O$	32.9%Fe
	柠檬酸铁铵		16.5%～18.5%Fe
	延胡索酸亚铁	$FeO_4 \cdot H_2O_4$	32.9%Fe
	三氯化铁	$FeCl_3 \cdot 6H_2O$	20.7%Fe
	碳酸亚铁	$FeCO_3$	48.2%Fe
	三氧化二铁	Fe_2O_3	69.9%Fe
	一氧化铁	FeO	77.8%Fe
Se	亚硒酸钠	Na_2SeO_3	45.6%Se，26.6%Na
	硒酸钠	Na_2SeO_4	41.8%Se，24.3%Na
Cu	碱性碳酸铜	$CuCO_3Cu(OH)_2$	57.5%Cu
	氯化铜	$CuCl_2 \cdot 2H_2O$	37.3%Cu
	氢氧化铜	$Cu(OH)_2$	65.1%Cu
	硫酸铜	$CuSO_4 \cdot 5H_2O$	25.4%Cu
	氧化铜	CuO	79.9%Cu

（续）

矿物质名称	矿物质饲料名称	化学式	矿物质含量
Mn	碳酸锰	$MnCO_3$	47.8%Mn
	氯化锰	$MnCl_2 \cdot 4H_2O$	27.8%Mn
	氧化锰	MnO	77.4%Mn
	硫酸锰	$MnSO_4 \cdot 5H_2O$	22.7%Mn
	硫酸锰	$MnSO_4 \cdot H_2O$	32.5%Mn
Zn	碳酸锌	$5ZnO_2CO_3 \cdot 4H_2O$	56.0%Zn
	氯化锌	$ZnCl_2$	48.0%Zn
	氧化锌	ZnO	80.3%Zn
	硫酸锌	$ZnSO_4 \cdot 7H_2O$	22.7%Zn
	硫酸锌	$ZnSO_4 \cdot H_2O$	36.4%Zn
I	碘酸钙	$Ca(IO_3)_2$	65.1%I
	碘化钾	KI	76.4%I
	碘化亚铜	CuI	66.6%I
	原高碘酸钙	$Ca_5(IO_6)_2$	39.3%I

注：在工业级矿物质饲料中的真正的矿物质水是变化不定的。

表 3-6　饲料、饲料添加剂卫生指标（GB 13078—2001）

序号	卫生指标项目	产品名称		指标	试验方法	备注
1	砷（以总砷计）的允许量（每千克产品中），毫克	矿物饲料	石粉	≤2.0	GB/T 13079	
			磷酸盐	≤20.0		
			沸石粉、膨润土、麦饭石	≤10.0		
		饲料添加剂	硫酸亚铁、硫酸镁	≤2.0		
			硫酸铜、硫酸锰、硫酸锌、碘化钾、碘酸钙、氯化钴	≤5.0		
			氧化锌	≤10.0		
		饲料产品	鱼粉、肉粉、肉骨粉	≤10.0		
			猪、家禽配合饲料	≤2.0		
			牛、羊精料补充料	≤10.0		
			猪、家禽浓缩饲料			
			猪、家禽添加剂预混合饲料			
		添加有机胂的饲料产品*	猪、家禽配合饲料	不大于2毫克与添加的有机胂制剂标示值计算得出的砷含量之和		
			猪、家禽浓缩饲料	按添加比例折算后，应不大于相应猪、家禽配合饲料的允许量		
			猪、家禽添加剂预混合饲料			

（续）

序号	卫生指标项目	产品名称	指标	试验方法	备注
2	铅（以Pb计）的允许量（每千克产品中），毫克	生长鸭、产蛋鸭、肉鸭配合饲料	≤5	GB/T 13080	
		鸡配合饲料、猪配合饲料			
		奶牛、肉牛精料补充料	≤8		
		产蛋鸡、肉用仔鸡浓缩饲料	≤13		
		仔猪、生长育肥猪浓缩饲料			
		骨粉、肉骨粉、鱼粉、石粉	≤10		
		磷酸盐	≤30		
		产蛋鸡、肉用仔鸡复合预混合饲料	≤40		
		仔猪、生长育肥猪复合预混合饲料			
3	氟（以F计）的允许量（每千克产品中），毫克	鱼粉	≤500	GB/T 13083	
		石粉	≤2 000		
		磷酸盐	≤1 800		
		肉用仔鸡、生长鸡配合饲料	≤250		
		产蛋鸡配合饲料	≤350		
		猪配合饲料	≤100		
		骨粉、肉骨粉	≤1 800		
		生长鸭、肉鸭配合饲料	≤200		
		产蛋鸭配合饲料	≤250		
		牛（奶牛、肉牛）精料补充料	≤50		
		猪、禽添加剂预混合饲料	≤1 000		
		猪、禽浓缩饲料	按添加比例折算后，应不大于相应猪、禽配合饲料的允许量		
4	霉菌的允许量（每克产品中），霉菌数×10^3个	玉米	<40	GB/T 13092	限量饲用40～100，禁用>100
		小麦麸、米糠			限量饲用40～80，禁用>80
		豆饼（粕）、棉籽饼（粕）、菜籽饼（粕）	<50		限量饲用50～100，禁用>100
		鱼粉、肉骨粉	<20		限量饲用20～50，禁用>50
		鸭配合饲料	<35		
		猪、鸡配合饲料	<45		
		猪、鸡浓缩饲料			
		奶、肉牛精料补充料			

（续）

序号	卫生指标项目	产品名称	指标	试验方法	备注
5	黄曲霉毒素 B_1 允许量（每千克产品中），微克	玉米	≤50	GB/T 17480 或 GB/T 8381	
		花生饼（粕）、棉籽饼（粕）、菜籽饼（粕）			
		豆粕	≤30		
		仔猪配合饲料及浓缩饲料	≤10		
		生长育肥猪、种猪配合饲料及浓缩饲料	≤20		
		肉用仔鸡前期、雏鸡配合饲料及浓缩饲料	≤10		
		肉用仔鸡后期、生长鸡、产蛋鸡配合饲料及浓缩饲料	≤20		
		肉用仔鸭前期、雏鸭配合饲料及浓缩饲料	≤10		
		肉用仔鸭后期、生长期、产蛋鸭配合饲料及浓缩饲料	≤15		
		鹌鹑配合饲料及浓缩饲料	≤20		
		奶牛精料补充料	≤10		
		肉牛精料补充料	≤50		
6	铬（以 Cr 计）的允许量（每千克产品中），毫克	皮革蛋白粉	≤200	GB/T 13088	
		鸡、猪配合饲料	≤10		
7	汞（以 Hg 计）的允许量（每千克产品中），毫克	鱼粉	≤0.5	GB/T 13081	
		石粉	≤0.1		
		鸡配合饲料、猪配合饲料			
8	镉（以 Cd 计）的允许量（每千克产品中），毫克	米糠	≤1.0	GB/T 13082	
		鱼粉	≤2.0		
		石粉	≤0.75		
		鸡配合饲料、猪配合饲料	≤0.5		
9	氰化物（以 HCN 计）的允许量（每千克产品中），毫克	木薯干	≤100	GB/T 13084	
		胡麻饼、粕	≤350		
		鸡配合饲料、猪配合饲料	≤50		

（续）

序号	卫生指标项目	产品名称	指标	试验方法	备注
10	亚硝酸盐（以 $NaNO_2$ 计）的允许量（每千克产品中），毫克	鱼粉	≤60	GB/T 13085	
		鸡配合饲料、猪配合饲料	≤15		
11	游离棉酚的允许量（每千克产品中），毫克	棉籽饼、粕	≤1 200	GB/T 13086	
		肉用仔鸡、生长鸡配合饲料	≤100		
		产蛋鸡配合饲料	≤20		
		生长育肥猪配合饲料	≤60		
12	异硫氰酸酯（以丙烯基异硫氰酸酯计）的允许量（每千克产品中），毫克	菜籽饼、粕	≤4 000	GB/T 13087	
		鸡配合饲料	≤500		
		生长育肥猪配合饲料			
13	噁唑烷硫酮的允许量（每千克产品中），毫克	肉用仔鸡、生长鸡配合饲料	≤1 000	GB/T 13089	
		产蛋鸡配合饲料	≤500		
14	六六六的允许量（每千克产品中），毫克	米糠	≤0.05	GB/T 13090	
		小麦麸			
		大豆饼、粕			
		鱼粉			
		肉用仔鸡、生长鸡配合饲料	≤0.3		
		产蛋鸡配合饲料			
		生长育肥猪配合饲料	≤0.4		
15	滴滴涕的允许量（每千克产品中），毫克	米糠	≤0.02	GB/T 13090	
		小麦麸			
		大豆饼、粕			
		鱼粉			
		鸡配合饲料，猪配合饲料	≤0.2		
16	沙门氏杆菌	饲料	不得检出	GB/T 13091	

（续）

序号	卫生指标项目	产品名称	指标	试验方法	备注
17	细菌总数的允许量（每克产品中），细菌总数×10^6个	鱼粉	＜2	GB/T 13093	限量饲用2～5，禁用＞5

注：①所列允许量均为以干物质含量为88%的饲料为基础计算。

②浓缩饲料、添加剂预混合饲料添加比例与本标准备注不同时，其卫生指标允许量可进行折算。

*：系指国家主管部门批准允许使用的有机胂制剂，其用法与用量遵循相关文件的规定。添加有机胂制剂的产品应在标签上标示出有机胂准确含量（按实际添加量计算）。

表 3-7 稿秕类粗饲料产量的换算系数

种类	生产物	秸秆	秕壳
麦类、水稻等细茎作物	1	1.0～1.5	0.2～0.3
玉米、高粱等粗茎作物	1	1.5～2.0	
薯类	1	1.0	

数据来源：昝林森《牛生产学（第二版）》（中国农业出版社，2011）。

表 3-8 四种天然牧草草类营养成分表（%，全干物质基础）

科名	牧草名	生长地区	粗蛋白质	粗脂肪	粗纤维	无氮浸出物	灰分	钙	磷	原样水分
禾本科	冰草	甘肃	10.25	3.36	27.5	51.80	6.88	0.40	0.31	
	单穗长叶冰草	甘肃	14.16	3.29	32.9	42.00	6.98	0.48	0.10	
	草地莓蒸	甘肃	10.04	3.97	27.00	52.50	6.50	0.31	0.24	
	芨芨草	甘肃	21.00	4.52	28.16	39.50	6.79	0.30	0.20	
	紫穗羽茅	甘肃	16.92	2.64	31.60	43.05	5.75	0.26	0.17	
	羊胡子草	内蒙古	12.40	3.96	25.88	53.25	4.50	0.66	0.14	55.33
	鹅冠草	内蒙古	8.10	3.17	31.97	52.76	4.00	0.49	0.17	
	芦苇	内蒙古	11.40	3.33	30.92	42.38	11.90	0.38	0.34	
	芨芨草	内蒙古	14.21	2.97	31.52	45.10	6.20	0.60	0.23	63.11
	碱草	内蒙古	10.35	3.28	33.63	46.35	6.39	0.52	0.28	64.33

（续）

科名	牧草名	生长地区	粗蛋白质	粗脂肪	粗纤维	无氮浸出物	灰分	钙	磷	原样水分
豆科	杂花苜蓿	内蒙古	11.63	3.21	26.36	46.62	6.18	1.22	0.31	71.25
	胡枝子	内蒙古	14.63	3.05	23.66	53.10	4.76	1.59	0.19	60.78
	黄花草木樨	内蒙古	20.11	2.2	24.49	43.73	9.42	2.06	0.32	
	黄花苜蓿	内蒙古	17.75	1.93	27.53	44.64	8.15	2.61	0.29	75.05
菊科	野艾	内蒙古	18.05	4.78	28.06	42.37	6.74	1.52	0.41	69.5
	驼蒿	内蒙古	10.26	13.23	20.38	49.29	6.83	2.10	0.39	60.25
	香蒿	内蒙古	11.08	5.07	28.67	48.65	6.53	1.59	0.37	64.81
	奶子草	内蒙古	14.15	8.12	23.99	44.89	8.85	1.98	0.35	77.4
	骆驼蓬	甘肃	20.00	2.12	13.60	45.20	20.20	1.51	0.81	
莎草科	莎草	内蒙古	16.77	2.12	20.69	53.54	6.28	0.97	0.27	60.5
	莎草	内蒙古	13.16	2.56	25.04	50.10	7.85	0.98	0.31	72.22
	苔草	甘肃	19.84	3.95	25.12	43.30	7.75	0.39	0.25	

数据来源：许振英《家畜饲养学》（农业出版社，1982）。

表 3-9　各种秕壳的营养成分表（全干物质基础）

名称	每千克干物质消化能（兆焦）		每千克干物质可消化蛋白质（克）	粗纤维（%）	木质素（%）	灰分（%）	钙（%）	磷（%）
	牛	猪						
大豆荚皮	10.83	—	20.0	33.7	—	9.4	0.99	0.20
大豆皮	11.83	—	76.0	36.1	6.5	4.2	0.59	0.17
豌豆荚	12.50	—	63.0	35.6	0.6	5.3	—	—
燕麦颖壳	6.40	—	13.0	32.2	14.2	6.8	0.16	0.11
大麦皮壳	10.74	—	38.0	23.7	9.3	—	—	—
玉米蕊	9.66	2.68	−8.0	35.5	—	1.8	0.12	0.04
玉米苞皮	9.99	—	2.0	33.0	—	3.6	—	—
粟谷壳	2.51	3.44	8.0	51.8	—	10.8	—	—
稻谷壳	2.01	0.91	−3.0	44.5	21.4	19.9	0.09	0.08

数据来源：许振英《家畜饲养学》（农业出版社，1982）。

表 3-10 糟渣类蛋白质精料的营养成分表（全干物质基础）

营养成分	玉米酒糟	大麦酒糟	高粱酒糟	啤酒糟	酒精糟	玉米面筋	豆腐渣
干物质（%）	6.5	26.0	—	—	—	—	11.4
灰分（%）	4.9	3.1	5.0				5.3
粗纤维（%）	7.4	13.8	14.8	19.9	11.0	5.1	21.9
粗脂肪（%）	8.8	11.5	7.9	6.3	12.6	2.6	8.8
无氮浸出物（%）	49.3	39.6	42.6	47.9	44.3	45.9	34.2
粗蛋白质（%）	29.6	31.9	29.8	22.0	30.1	42.9	29.8
消化能							
牛（兆焦/千克）	16.05	12.58	3.12	2.86	3.09	3.65	—
羊（兆焦/千克）	16.55	12.87	3.62	—	—	—	—
猪（兆焦/千克）	16.09	13.17	4.03	3.06	3.25	3.86	15.84
Ca（%）	0.14					0.16	0.97
P（%）	0.82					0.51	0.40
维生素 B_2（毫克/千克）	3.2					1.7	1.5
维生素 B_1（毫克/千克）	1.9					2.2	6.2
赖氨酸（%）	0.91					0.82	
蛋氨酸（%）	0.48					1.10	

数据来源：许振英《家畜饲养学》（农业出版社，1982）。

表 3-11 秸秆类饲料的营养成分与营养价值（全干物质基础）

饲料	产奶净能（兆焦/千克）	增重净能（兆焦/千克）	消化能（兆焦/千克）	粗蛋白质（%）	粗纤维（%）	钙（%）	磷（%）
稻草	3.6～4.4	0.2～0.5	7.3	2.7～3.8	28.0～35.0	0.08～0.16	0.04～0.06
玉米秸	6.1～6.4	3.1～3.5	—	6.5	24.0～28.0	0.43	0.25
小麦秸	3.4	0.4	6.2	3.1～5.0	35.6～44.7	0.06～0.28	0.03～0.07
大麦秸	2.9～4.4	1.4	8.2	5.5～6.1	35.5～38.2	0.06～0.15	0.02～0.07
燕麦秸	7.7	1.8	—	7.5	28.4	0.18	0.01
谷草	4.3	1.2	8.3	5.0	35.9	0.37	0.03
高粱秸	4.6	1.6	8.1	3.9	35.6	—	—
大豆秸	2.9～3.0	—	8.2	5.1～9.8	48.0～54.0	1.33	0.22
豌豆秸	4.1	1.0～1.2	8.2	16.4	—	—	—

（续）

饲料	产奶净能（兆焦/千克）	增重净能（兆焦/千克）	消化能（兆焦/千克）	粗蛋白质（%）	粗纤维（%）	钙（%）	磷（%）
花生秸	5.0～5.6	2.1	—	12.0～14.3	24.6～32.4	2.69	0.04
甘薯藤	4.6	1.6	—	9.2	32.4	1.76	0.13

注：引自王成章、王恬，2003。

表 3-12　维生素添加剂的规格要求

种类	外观	含量	容重（克/毫升）	重金属（毫克/千克）	砷盐（毫克/千克）
维生素 A 乙酸酯	淡黄到红褐色球状颗粒	50 万国际单位/克	0.6～0.8	<50	<4
维生素 D_3	奶油色细粉	10 万～50 万国际单位/克	0.4～0.7	<50	<4
维生素 E 乙酸酯	白色或淡黄色细粉或球状颗粒	50%	0.4～0.5	<50	<4
维生素 K_3（MSB）	淡黄色粉末	50% 甲萘醌	0.55	<20	<4
维生素 K_3（MSBC）	白色粉末	25% 甲萘醌	0.65	<20	<4
维生素 K_3（MPB）	灰色到浅褐色粉末	22.5% 甲萘醌	0.45	<20	<4
盐酸维生素 B_1	白色粉末	98%	0.35～0.4	<20	—
硝酸维生素 B_1	白色粉末	98%	0.35～0.4	<20	—
维生素 B_2	橘黄色到褐色，细粉	96%	0.2	—	—
维生素 B_6	白色粉末	98%	0.6	<30	—
维生素 B_{12}	浅红色到浅黄色粉末	0.1%～1%	因载体不同而异	—	—
泛酸钙	白色到浅黄色粉末	98%	0.6	—	—
叶酸	黄色到浅黄色粉末	97%	0.2	—	—
烟酸	白色到浅黄色粉末	99%	0.5～0.7	<20	—
生物素	白色到浅褐色粉末	2%	因载体不同而异	—	—
氯化胆碱（液态制剂）	无色液体	70%、75%、78%	含 70%者为 1.1	<20	—
氯化胆碱（固态制剂）	白色到褐色粉末	50%	因载体不同而异	<20	—
维生素 C	无色结晶，白色到淡黄色粉末	99%	0.5～0.9	—	—

注：引自王成章，2005。

表 3-13　微量元素添加剂及其特性

种类	化合物	化学式	元素含量（%）	相对生物效价（RBV）（%）			特性分析
				禽	猪	反刍动物	
锌补充剂	碳酸锌	（$ZnCO_3$）	Zn 52.1	100	100	100	含 7 结晶水的硫酸锌和氧化锌常用。硫酸锌、碳酸锌、氧化锌生物学效价相同，但氧化锌不潮解，稳定性好
	氧化锌	（ZnO）	Zn 80.3	100	100	100	
	七水硫酸锌	（$ZnSO_4 \cdot 7H_2O$）	Zn 22.7	100	100	100	
	一水硫酸锌	（$ZnSO_4 \cdot H_2O$）	Zn 36.4	100	100	100	
铁补充剂	七水硫酸亚铁	（$FeSO_4 \cdot 7H_2O$）	Fe 20.1	100	100	100	硫酸亚铁最常用，生物学效价也最高，三价的铁效价比二价铁低，亚铁氧化后效价随之降低
	一水硫酸亚铁	（$FeSO_4 \cdot H_2O$）	Fe 32.9	100	92	—	
	六水氯化铁	（$FeCl_3 \cdot 6H_2O$）	Fe 20.7	44	100	80	
	一水碳酸亚铁	（$FeCO_3 \cdot H_2O$）	Fe 41.7	2	0～74	60	
	氧化铁	（Fe_2O_3）	Fe 57	2	0	10	
	柠檬酸铁	（$FeC_6H_5O_7$）	Fe 22.8	73	100	—	
	氯化亚铁	（$FeCl_2$）	Fe 44.1	98	—	—	
	硫酸铁	［$Fe_2(SO_4)_3$］	Fe 27.9	83	—	—	
铜补充剂	五水硫酸铜	（$CuSO_4 \cdot 5H_2O$）	Cu 25.4	100	100	100	含 5 结晶水的硫酸铜最常用。硫酸铜的相对生物学效价高于氧化铜、氯化铜与碳酸铜，但易潮解、结块
	碳酸铜	（$CuCO_3$）	Cu 51.4	100	<100	100	
	二水氯化铜	（$CuCl_2 \cdot 2H_2O$）	Cu 37.3	—	—	—	
	氯化铜	（$CuCl_2$）	Cu 64.2	100	100	<100	
	氧化铜	（CuO）	Cu 79.9	<100	<100	<100	
锰补充剂	一水硫酸锰	（$MnSO_4 \cdot H_2O$）	Mn 32.5	100	100	100	硫酸锰常用，且不潮解，稳定性好，生物学效价高；碳酸锰的生物学效价与之接近；氯化锰较差
	四水硫酸锰	（$MnSO_4 \cdot 4H_2O$）	Mn 24.6	100	—	—	
	二水氯化锰	（$MnCl_2 \cdot 2H_2O$）	Mn 33.9	100	—	100	
	四水氯化锰	（$MnCl_2 \cdot 4H_2O$）	Mn 27.8	100	—	—	
	碳酸锰	（$MnCO_3$）	Mn 47.8	90	100	—	
	氧化锰	（MnO）	Mn 77.4	90	100	—	
	二氧化锰	（MnO_2）	Mn 63.2	80	—	—	

（续）

种类	化合物	化学式	元素含量（%）	相对生物效价（RBV）（%）			特性分析
				禽	猪	反刍动物	
钴补充剂	七水硫酸钴	($CoSO_4 \cdot 7H_2O$)	Co 21.3	—	—	100	硫酸钴、碳酸钴、氯化钴均常用，且三者的生物学效价相似，但硫酸钴、氯化钴储藏太久易结块。碳酸钴可长期储存，不易结块
	一水硫酸钴	($CoSO_4 \cdot H_2O$)	Co 33.0	—	—	100	
	六水氯化钴	($CoCl_2 \cdot 6H_2O$)	Co 24.8	—	—	100	
	碳酸钴	($CoCO_3$)	Co 49.5	100	100	100	
	氧化钴	(CoO)	Co 78.6	—	—	100	
碘补充剂	碘化钠	(NaI)	184.7	100	100	100	碘化钾、碘酸钾、碘酸钙最常用。碘化钾易潮解，稳定性差，长期暴露在空气中易释放出碘而呈黄色，部分碘会形成碘酸盐。碘酸钾、碘酸钙等利用率高且稳定性好
	碘化钾	(KI)	176.4	100	100	100	
	一水碘酸钙	[$Ca(IO_3)_2 \cdot H_2O$]	162.2	100	100	100	
	碘化亚铜	(CuI)	166.6	100	100	—	
	碘酸钾	(KIO_3)	159.3	100	100	100	
硒补充剂	亚硒酸钠	(Na_2SeO_3)	Se 45.6	100	100	100	
	硒酸钠	(Na_2SeO_4)	Se 41.8	58～90	≤100	≤100	
	硒化钠	(Na_2Se)	Se 63.2	40	—	—	
	硒元素	(Se)	Se 100	8	—	—	

数据来源：引自王成章，2005。

表 3-14　各项营养成分的分析允许误差

测定项目	标准规定值（%）	分析允许误差，绝对误差（%）	判定合格验收的界限（%）
水分	≤12.5	0.4	≤12.9
	(≤13.0)		(≤13.4)
	≤14.0	0.4	≤14.4
	(≤14.5)		(≤14.9)

（续）

测定项目	标准规定值（%）	分析允许误差，绝对误差（%）	判定合格验收的界限（%）
粗脂肪	≥2.5	0.3	≥2.2
	≥3.5	0.4	≥3.1
	≥4.0	0.4	≥3.6
粗蛋白质	≥12.0	0.5	≥11.5
	≥14.0	0.6	≥13.4
	≥15.0	0.6	≥14.4
	≥16.0	0.6	≥15.4
	≥17.0	0.7	≥16.3
	≥18.0	0.7	≥17.3
	≥19.0	0.8	≥18.2
	≥20.0	0.8	≥20.2
粗纤维	≥4.5	0.6	≤5.1
	≤5.0	0.7	≤5.7
	≤5.5	0.8	≤6.3
	≤6.0	0.8	≤6.8
	≤7.0	0.9	≤7.9
粗灰分	≤6.5	0.1	≤6.6
	≤8.0	0.2	≤8.2
	≤9.0	0.2	≤9.2
	≤10.0	0.2	≤10.2
	≤13.0	0.3	≤13.3
钙	0.50～1.00	0.12	0.38～1.12
	0.60～1.10	0.13	0.47～1.23
	0.70～1.20	0.14	0.56～1.34
	0.80～1.30	0.16	0.64～1.46
	2.80～4.00	0.33	2.47～4.33
	3.00～4.20	0.35	2.65～4.55
	3.20～4.40	0.37	2.83～4.77

（续）

测定项目	标准规定值（%）	分析允许误差，绝对误差（%）	判定合格验收的界限（%）
磷	≥0.40	0.08	≥0.32
	≥0.50	0.10	≥0.40
	≥0.55	0.11	≥0.44
	≥0.60	0.12	≥0.48
食盐	0.30～0.80	0.10	0.20～0.90

数据来源：娄玉杰、姚军虎《家畜饲养学》（中国农业出版社，2009）。

表 3-15　几种水生饲料的营养成分（%）

饲料名称	水分	干物质	粗蛋白质	粗脂肪	粗纤维	无氮浸出物	灰分
绿萍（风干）	4.87	95.13	16.18	2.17	9.77	54.07	12.94
绿萍（新鲜）	92.04	7.96	1.34	0.18	0.81	4.46	1.07
水花生（风干）	6.78	93.22	12.98	1.50	20.56	43.92	14.76
水花生（新鲜）	90.79	9.21	1.28	0.15	2.03	4.29	1.46
水葫芦（风干）	6.27	93.73	22.67	1.89	12.27	25.29	31.61
水葫芦（新鲜）	91.15	7.85	4.14	0.18	1.16	2.39	—
水浮莲（风干）	5.30	94.70	17.38	3.06	10.51	27.15	36.60
水浮莲（新鲜）	95.30	4.70	1.35	0.21	0.64	1.10	1.40

数据来源：沈阳农学院畜牧兽医系《畜牧生产技术手册》（1978）。

表 3-16　青贮饲料的有关数据

修建规格			青饲料贮量标准		日喂给量（千克）	备　注
	直径（宽，米）	高（深，米）	饲料名称	数量（千克/米^3）		
青贮塔	2.5～3.5	5～6	全株玉米 玉米秸 甘薯片 甘薯藤 青草 野草 萝卜叶 白菜帮 胡萝卜叶 向日葵盘	600 375 750 750 550 600～750 550 750 500 600	猪 1.5～2.0 种牛 5.0～10.0 乳牛 10.0～15.0 肉牛 8.0～12.0 役牛 8.0～12.0 犊牛 3.0～5.0 羊 1.0～2.0 种马 4.0～6.0 母马 4.0～6.0 役马 5.0～10.0 役骡 5.0～10.0 幼驹 3.0～4.0	含糖量不得低于原料鲜重的1%～1.5%，原料合适的含水量是68%～75%，不得低于55%，适宜温度19℃，青贮饲料pH应在4以下
圆形窖	1.5～2.0	2.5～3.0				
长方形窖	1.5～1.7	2.0～2.3 （长度酌情）				
青贮壕	3.0	3～4 （长度不限）				

数据来源：王文三、许乃谦《畜牧兽医常用数据手册》（辽宁人民出版社，1982），同禄云《畜牧兽医常用数值手册》（陕西科学技术出版社，1982），娄玉杰、姚军虎《家畜饲养学》（中国农业出版社，2009）。

畜禽饲草饲料补充数据

青贮饲料相关资料

青贮原料的含水量以60%～80%为宜，一般铡成3.3厘米左右。若含水量低于60%时，青贮时应适当加水。青贮饲料中的乳酸菌活动的适宜温度在25～35℃。若青贮窖内的温度达到60℃左右，不仅抑制了乳酸菌的繁殖，而且有利于杂菌的活动和繁殖，影响青贮饲料的质量。

窖底高出地下水位0.5米，封盖厚度50～60厘米，青贮饲料的容重按600～700千克/米^{3}计算。青贮40～60天后，开始使用，每天取的厚度不得少于10厘米，保存2～3年营养损失不超过15%，母畜妊娠后期不宜多喂，产前15天应停喂。

表3-17　暂定各类家畜牧草需要量（24小时）

家畜种类	饲料需要（千克）		
	饲料单位	可消化蛋白质	中等品质草原青草
牛			
1. 奶牛			
（1）维持饲料			
活重250千克	3.0	0.17	16.7
活重300千克	3.3	0.19	18.3
活重350千克	3.7	0.21	20.6
活重400千克	4.0	0.23	22.2
活重500千克	4.6	0.26	25.6
（2）生产饲料（生产1千克标准乳）	0.5	0.05	3.0
（3）妊娠母牛最后1/3孕期	0.35	0.11	6.5
2. 小牛			
（1）维持饲料			
活重100千克	1.6	0.17	10.0
活重200千克	2.6	0.23	14.4
（2）生产饲料（每增重1千克）			

（续）

家畜种类	饲料需要（千克）		
	饲料单位	可消化蛋白质	中等品质草原青草
6月龄至1岁	3.1	0.30	17.6
1～1.5岁	4.0	0.36	22.2
1.5～2岁	4.7	0.40	26.1
役马（中等使役）			
活重400千克	7.6	0.56	42.2
活重500千克	9.5	0.70	52.8
绵羊			
1. 妊娠母羊			
活重50千克	1.0	0.07	5.6
活重80千克	1.9	0.09	7.8
2. 哺乳母羊在哺乳前			
活重40千克，有1羔	1.3	0.13	7.6
活重50千克，有1羔	1.4	0.14	8.9
3. 毛用品种的种用羔（每100千克活重）			
6～8月龄	2.2	0.28	14.7
12～20月龄	1.6	0.12	8.7

注：1个饲料单位等于5.91兆焦的热能。

资料来源：同禄云《畜牧兽医常用数值手册》（陕西科学技术出版社，1982）。

表3-18　各类草地牧草折合一个饲料单位的质量数

单位：千克

牧草种类	青草	干草
播种的人工草地（中等的）	4.8	2.1
寒温潮湿类草地	4.6	1.5
冷温潮湿类草地	5.0	1.7

（续）

牧草种类	青草	干草
微温微润类草地	5.8	2.6
微温微润类草地		
梁坡地亚类	4.3	2.0
沟谷地亚类	4.4	2.1
微温微干类草地		
冰草型	3.8	1.8
杂类草—禾本科型	3.6	1.7
羊茅—针茅型	3.6	1.7
微温干旱类草地		
针茅—蒿属型	3.7	1.9
蒿属—杂类草—禾本科型	3.9	1.9
寒温潮湿类草地上的播种青燕麦	5.3	2.1

资料来源：同禄云《畜牧兽医常用数值手册》（陕西科学技术出版社，1982）。

表 3-19　西北地区几个主要草原类型的放牧周期

微温微干（干旱草原）草地类	30～40 天
微温微润（湿润草原）草地类	30 天
冷温潮湿（森林草原）草地类	25 天
寒温潮湿（高山草原）草地类	35～45 天
微温干旱和极干（半荒漠、荒漠）草地类	30 天

放牧周期（天）＝每一小区放牧天数×分区数目。

注：一个牧地可划分 5～6 个小区，每个小区轮牧时间为 5～6 天，次数为 2～4 次，好的可 4～5 次。

资料来源：同禄云《畜牧兽医常用数值手册》（陕西科学技术出版社，1982）。

第二节　畜禽常用饲料营养成分表

本节包含不同畜禽每日需水量等表格。

表 3-20　牛常用饲料成分营养价值表

饲料名称	按鲜样计								按 100%干物质计						
	干物质（%）	奶牛能量单位（NND/千克）	泌乳净能（兆焦/千克）	粗蛋白质（%）	可消化粗蛋白质（%）	粗纤维（%）	钙（%）	磷（%）	奶牛能量单位（NND/千克）	泌乳净能（兆焦/千克）	粗蛋白质（%）	可消化粗蛋白质（%）	粗纤维（%）	钙（%）	磷（%）
一、青草及其他青饲料															
野青草（狗尾草为主）	25.3	0.40	1.59	1.70	0.99	7.13	0.10	0.12	1.58	4.97	6.7	7.96	28.1	0.04	0.47
野青菜（稗草为主）	34.5	0.54	2.68	3.80	3.82	3.25	0.14	0.11	1.57	4.89	11.0	5.34	29.9	0.41	0.32
黑麦草	16.30	0.34	1.09	2.10	1.30	4.00	—	—	2.09	6.52	12.90	7.70	24.50	—	—
红三叶草（初花期）	19.62	0.38	3.76	2.40	1.40	5.04	—	—	1.94	6.06	12.20	7.30	25.50	—	—
苏丹草（抽穗期）	19.70	0.35	1.25	1.70	1.00	6.15	—	—	1.78	5.56	8.60	5.20	31.50	—	—
紫云英（盛花期）	9.00	0.19	0.63	1.30	0.80	1.50	—	0.07	2.11	6.60	14.40	8.70	16.70	0.56	0.36
苜蓿（盛花期）	26.20	0.40	1.80	3.80	2.30	9.50	.034	0.01	1.53	4.81	14.50	8.70	35.90	1.30	0.04
青刈燕麦	25.50	0.45	1.84	4.10	2.50	7.20	9.00	0.06	1.76	5.52	16.10	9.60	28.20	0.35	0.24
青刈大麦（抽穗初期）	19.69	0.15	1.42	2.92	2.10	5.38	0.11	0.07	2.29	7.19	14.83	10.67	27.32	0.56	0.35
青刈玉米（抽穗前）	12.80	0.23	2.59	1.20	0.70	4.22	0.08	0.06	1.80	5.64	9.40	5.60	32.80	0.63	0.47
青刈玉米（抽穗期）	17.60	0.31	1.17	1.50	0.90	5.80	0.09	0.05	1.76	5.52	8.50	5.10	33.00	0.51	0.28
青刈玉米（乳熟占 1/2）	18.50	0.32	1.80	1.50	0.90	5.42	0.06	0.08	1.73	5.43	8.10	4.90	29.20	0.32	0.43
青刈大豆（全株）	35.20	0.59	1.92	3.40	2.00	10.06	0.36	0.29	1.58	4.93	10.30	6.20	35.50	0.45	0.21
青刈花生藤	29.30	0.47	1.05	4.50	2.70	6.17	—	—	1.60	5.02	15.40	9.20	21.20	—	—
苕子（初花期）	15.00	0.29	0.79	3.20	1.90	2.70	—	—	1.93	6.06	21.3	12.80	32.70	—	—
甘薯藤	12.40	0.23	0.75	2.10	1.30	2.40	—	0.26	1.85	5.81	16.90	10.20	19.40	—	2.10

（续）

饲料名称	按鲜样计								按100%干物质计						
	干物质（%）	奶牛能量单位（NND/千克）	泌乳净能（兆焦/千克）	粗蛋白质（%）	可消化粗蛋白质（%）	粗纤维（%）	钙（%）	磷（%）	奶牛能量单位（NND/千克）	泌乳净能（兆焦/千克）	粗蛋白质（%）	可消化粗蛋白质（%）	粗纤维（%）	钙（%）	磷（%）
二、青贮料类															
玉米青贮料（4省份5样平均值）	22.70	0.30	1.25	1.70	0.85	6.09	0.11	0.04	1.97	6.10	8.50	4.25	30.47	0.57	0.20
玉米-大豆青贮料（3∶1）	21.82	0.38	1.21	2.07	1.30	6.86	0.15	0.06	1.75	5.48	9.49	5.96	31.44	0.69	0.27
甘薯藤青贮料	21.80	0.19	0.63	3.10	1.24	5.90	0.55	0.04	0.89	2.80	14.22	5.69	27.06	2.52	1.18
三、干草类															
燕麦干草	86.34	1.15	3.59	7.71	2.54	28.41	0.37	0.31	1.33	4.18	8.93	2.94	32.90	0.43	0.36
黑麦干草	90.78	2.06	6.44	11.55	8.55	27.25			2.27	12.92	12.72	9.42	30.02		
谷草	93.65	1.02	5.10	3.03	0.88	38.22			1.73	5.43	3.24	0.94	40.92		
苏丹草	91.5	1.91	4.77	6.90	4.97	27.80			2.09	6.56	7.54	5.43	30.38		
雀麦草	94.27	1.06	3.30	5.73	2.41	34.11			1.12	3.51	6.08	2.56	36.18		
羊草	91.60	1.35	4.22	9.03	4.52	29.01	0.43	0.21	1.47	4.60	9.86	4.93	31.67	0.47	0.23
野干草（上等）	92.10	1.96	6.14	9.75	6.14	39.49			2.13	6.69	10.59	6.67	32.02	0.60	0.18
野干草（中等）	91.6	1.51	4.77	6.97	4.30	20.85	0.61	0.17	1.65	5.18	7.61	4.79	22.70	0.34	0.32
野干草（下等）	90.91	0.55	1.76	6.30	0.88	21.03	0.31	0.29	0.61	1.92	6.93	0.97	23.13	1.48	0.20
大豆干草	94.60	1.25	3.93	11.75	7.05	28.66	1.50	0.70	1.32	4.14	12.40	7.45	30.30	1.59	0.74
苜蓿干草（上等）	86.07	1.51	4.77	15.75	11.66	25.00	2.08	0.25	1.76	5.52	18.30	13.55	29.05	2.42	0.29
苜蓿干草（中等）	90.14	1.42	4.43	15.19	11.24	37.94	1.43	0.24	1.57	4.93	16.85	12.47	42.09	1.59	0.27

（续）

饲料名称	按鲜样计								按100%干物质计						
	干物质（%）	奶牛能量单位（NND/千克）	泌乳净能（兆焦/千克）	粗蛋白质（%）	可消化粗蛋白质（%）	粗纤维（%）	钙（%）	磷（%）	奶牛能量单位（NND/千克）	泌乳净能（兆焦/千克）	粗蛋白质（%）	可消化粗蛋白质（%）	粗纤维（%）	钙（%）	磷（%）
苜蓿干草（下等）	88.73	1.22	3.80	11.63	8.02	43.29	1.24	0.39	1.37	4.31	13.11	9.94	48.79	1.40	0.44
苕子干草（孕蕾期）	87.31	1.69	5.31	23.07	14.53	24.15	1.13	0.31	1.93	6.06	36.42	16.64	27.66	1.29	0.36
苕子干草（初花期）	90.50	1.75	5.48	19.09	12.03	29.80			1.93	6.06	21.09	13.20	32.93		
苕子干草（盛花期）	95.60	1.64	5.14	17.83	10.70	31.61			1.72	1.21	18.65	11.10	33.06		
紫云英（开花前）	75.1	1.17	3.68	23.60	14.87	16.50	1.67		1.56	4.89	31.24	19.80	21.97	2.22	
四、多汁饲料类															
甘薯	14.61	0.47	1.46	0.66	0.45	0.04	0.04		3.20	10.03	4.55	2.28	3.05	0.24	0.28
马铃薯	11.67	0.33	1.05	0.95	0.53	0.21	0.02	0.05	2.83	9.07	8.24	4.54	1.84	0.21	0.48
红色胡萝卜	13.70	0.41	1.63	1.38	0.69	1.41	0.06	0.05	2.93	9.20	10.07	5.04	10.29	0.42	0.38
黄色胡萝卜	13.34	0.40	1.25	1.33	0.67	1.71	0.07	0.14	2.96	9.28	9.90	4.99	12.73	0.55	1.04
饲用甜菜	11.19	0.24	0.75	2.29	1.63	1.53	0.05	0.13	2.11	6.60	20.45	14.57	13.72	0.44	1.17
大白萝卜	3.69	0.10	0.33	0.65	0.32	2.35	0.05	0.09	2.75	8.61	17.55	8.67	63.69	1.37	2.44
五、秸秕饲料类															
稻草	95.10	1.04	3.26	3.60	0.22	27.00			1.09	3.43	3.79	0.23	28.39		
玉米秸（乳熟前期）	80.98	1.72	5.43	6.94	2.01	22.46			2.13	6.69	8.57	2.48	27.74		
玉米秸（蜡熟前期）	91.78	1.48	4.64	5.98	2.15	24.12			1.61	5.06	6.52	2.34	26.28		
油菜秸	92.87	1.92	6.02	3.48	2.05	46.44			2.07	6.48	3.75	2.21	50.01		
甘薯藤	90.54	1.09	3.39	13.21	5.15	22.91	1.72	0.26	1.20	3.76	14.59	5.69	25.30	1.90	0.29

（续）

饲料名称	按鲜样计								按100%干物质计						
	干物质（%）	奶牛能量单位（NND/千克）	泌乳净能（兆焦/千克）	粗蛋白质（%）	可消化粗蛋白质（%）	粗纤维（%）	钙（%）	磷（%）	奶牛能量单位（NND/千克）	泌乳净能（兆焦/千克）	粗蛋白质（%）	可消化粗蛋白质（%）	粗纤维（%）	钙（%）	磷（%）
蚕豆茎叶	93.05	1.23	3.85	15.26	7.17	32.98			1.32	4.14	16.4	7.71	35.44		
大豆荚	85.50	1.24	3.89	10.30	4.53	23.30	0.99	0.20	1.45	4.56	12.05	5.30	27.25	1.16	0.23
高粱壳	86.04	1.51	4.72	6.03	2.34	21.46			1.75	5.48	7.10	2.72	24.94		
六、能量饲料类															
玉米	89.66	2.94	8.69	7.71	5.78	2.46	0.046	0.44	3.23	10.12	8.96	6.72	2.86	0.05	0.51
大麦	90.42	2.52	7.90	10.24	7.68	5.62	0.08	0.44	2.79	8.74	11.32	8.49	6.22	0.09	0.49
小麦	87.48	2.66	8.32	12.34	9.63	1.50	0.53	0.28	3.04	9.53	14.11	11.01	1.71	0.60	0.32
燕麦	91.10	2.20	6.90	12.01	9.01	9.87	0.14	0.37	2.41	7.57	13.18	9.89	10.83	0.15	0.41
荞麦	89.61	1.90	5.94	9.99	7.29	9.96	0.27	0.14	2.12	6.65	11.15	8.14	11.11	0.30	0.16
高粱	87.62	2.41	7.52	9.35	5.33	4.15	0.10	0.19	2.75	8.61	10.07	6.08	4.74	0.11	0.22
小米	89.28	2.28	7.15	11.51	8.85	7.18	0.08	0.34	2.55	7.98	12.80	8.38	9.91	0.09	0.38
大米	87.10	2.69	8.44	6.77	5.15	1.03			3.09	9.70	7.77	5.91	2.22		
碎米	85.20	2.67	8.36	7.60	5.78	1.10			3.13	9.82	8.92	6.78	1.29		
稻谷粉	88.00	2.21	6.90	9.30	7.07	10.80	0.05	0.33	2.51	7.86	10.57	8.03	12.27	0.06	0.38
小麦麸	92.13	2.10	6.60	13.81	10.77	11.20			2.28	7.15	14.90	11.69	12.16		
小麦麸（进口小麦）	88.15	2.04	6.35	11.67	9.10	10.08	0.11	0.87	2.31	7.23	13.24	10.32	11.44	0.12	0.99
大米糠（粗）	86.41	0.94	2.97	4.85	3.15	28.27	1.56	0.54	1.09	3.43	5.61	3.65	32.72	1.80	0.63
大米糠（细）	88.44	2.12	6.65	14.22	9.24	6.34	0.22		2.40	7.52	16.08	10.45	7.17	0.25	
米糠饼	90.53	1.89	5.94	13.24	8.61	7.42	0.14	2.10	2.09	6.56	14.62	9.51	8.20	0.15	2.32
玉米渣	89.88	2.22	6.94	9.76	7.03	1.49	0.08	0.48	2.47	7.73	10.86	7.82	1.06	0.09	0.53

（续）

饲料名称	按鲜样计								按100%干物质计						
	干物质（%）	奶牛能量单位（NND/千克）	泌乳净能（兆焦/千克）	粗蛋白质（%）	可消化粗蛋白质（%）	粗纤维（%）	钙（%）	磷（%）	奶牛能量单位（NND/千克）	泌乳净能（兆焦/千克）	粗蛋白质（%）	可消化粗蛋白质（%）	粗纤维（%）	钙（%）	磷（%）
酒糟（干）	60.10	1.20	3.76	11.40	8.21	2.50	0.06	0.04	2.00	6.27	18.97	13.66	4.16	0.10	0.07
啤酒糟（湿）	23.62	0.72	2.26	4.34	4.56	3.65	1.05	0.24	3.04	9.53	26.84	19.31	15.45	0.23	1.03
甜菜渣（湿）	8.44	0.14	0.46	0.92	0.41	2.59	0.08	0.05	1.71	5.35	10.90	4.86	30.69	1.00	0.55
甘薯干	93.03	2.92	8.78	7.03	3.51	2.69			3.15	9.86	7.59	3.79	2.90		
七、蛋白质饲料类															
大豆饼（机榨）	85.37	2.60	8.15	44.68	37.98	3.96	0.19	1.99	3.04	9.53	62.34	44.49	4.64	0.22	1.16
大豆饼（浸出）	89.89	2.49	7.82	53.00	45.05	4.58	0.28	0.03	2.77	8.69	68.96	50.12	5.10	0.31	0.03
花生饼（机榨）	92.00	2.62	8.23	45.80	41.22	11.00	0.20	0.65	2.85	8.95	40.78	44.80	11.96	0.18	0.62
花生饼（浸出）	90.12	2.41	7.90	48.77	43.89	5.50	0.17	0.57	2.07	8.36	54.12	48.70	6.10		
棉仁饼（机榨）	92.50	2.28	7.15	50.00	40.50	8.50	0.16	1.01	2.47	7.73	54.05	43.78	9.19	0.17	1.09
棉仁饼（浸出）	92.50	2.26	7.06	41.00	33.21	12.00	0.16	1.20	2.44	7.65	44.32	35.90	12.97	0.17	1.30
菜籽饼（机榨）	90.94	2.18	6.86	37.65	31.92	12.16	0.84	0.83	2.40	7.52	41.29	35.10	13.37	0.92	0.91
菜籽饼（浸出）	89.65	1.87	5.89	40.04	34.03	11.74	1.01	0.03	2.09	6.56	44.66	37.96	13.10	1.13	0.04
豌豆	90.52	2.74	8.57	24.58	21.48	4.42			3.03	9.49	27.60	23.73	4.88		
蚕豆	90.47	2.49	7.77	26.90	20.44	5.84	0.13	0.54	2.75	8.61	38.95	35.06	6.20		
大豆	87.59	2.41	7.52	31.12	30.71	5.43			2.75	8.61	38.95	35.06	6.20		
鱼粉（一级）	90.20	1.83	5.73	52.60			0.50	3.50	2.03	11.95	58.31			7.21	3.88
牛乳（全脂）	12.30	0.64	1.80	3.10	2.98		0.12	0.09	5.20	24.70	3.90	25.2	24.23	0.98	0.73
牛乳（脱脂）	9.60	0.31	0.96	3.70	3.48				3.19	16.59	2.39	38.54	36.25		

资料来源：昝林森《牛生产学（第二版）》（中国农业出版社，2011）。

表 3-21 驴（骡）常用饲料及其营养价值表

饲料	干物质（%）	消化能（兆焦）	可消化粗蛋白质		钙		磷		胡萝卜素（毫克）
			（%）	克	（%）	克	（%）	克	
青绿多汁饲料									
苜蓿	25.9	2.22	4.5	44.85	0.40	4.40	0.10	1.00	70.7
野青草	23.0	2.01	0.1	9.00	0.01	0.10	0.12	1.20	35.0
地瓜秧	22.1	0.88	0.6	6.00	0.17	1.70	0.05	0.47	10.2
草木樨	25.9	1.88	2.9	29.00	0.30	3.00	0.08	0.80	65.0
胡萝卜	12.9	1.55	0.3	3.00	0.11	1.10	0.05	0.45	40.8
马铃薯	25.0	3.43	1.7	17.00	0.04	0.36	0.01	0.13	0.1
玉米青贮	24.1	2.76	1.2	12.04	0.15	1.50	0.05	0.50	15.0
杂草青贮	23.0	1.76	2.0	20.00	0.16	1.60	0.04	0.40	10.0
粗饲料									
苜蓿干草	91.1	5.57	12.7	127.26	1.70	17.40	0.22	2.20	45.0
野干草	90.0	4.23	1.3	13.42	0.50	5.40	0.14	1.45	22.0
花生秧	86.5	6.99	6.9	69.12	1.70	17.20	0.70	6.80	126.6
地瓜秧	86.5	5.40	4.6	46.00	0.30	3.25	0.07	0.73	16.7
玉米秸	79.4	3.77	1.7	17.00	0.80	8.20	0.50	5.00	5.0
谷草	86.5	4.10	1.2	11.95	0.40	3.50	0.20	1.80	2.0
小麦秸	86.5	2.00	0.3	3.00	0.18	1.80	0.06	0.63	3.0
大麦秸	86.9	2.85	0.3	3.00	0.31	3.11	0.16	1.66	4.0
稻草	86.5	3.64	1.0	10.00	0.30	3.10	0.10	1.00	3.0
荞麦秸	88.3	6.07	1.5	15.00	0.12	1.24	0.01	0.11	—
燕麦秸	86.5	2.22	0.3	3.00	0.30	3.41	0.07	0.77	4.0
豌豆秸	86.5	3.01	4.3	43.00	1.60	15.90	0.30	3.50	4.0
小麦糠	84.0	4.44	1.40	14.00	0.17	1.70	0.40	4.00	4.0
大麦糠	85.5	4.44	0.80	8.00	1.20	12.50	0.24	2.40	1.0
大豆荚皮	86.5	3.89	3.90	38.76	1.80	17.70	0.19	1.90	8.0
豌豆荚皮	86.5	3.64	4.80	48.00	1.00	10.40	0.22	2.20	10.0
谷糠	86.5	5.19	4.11	41.11	0.30	3.30	0.76	7.60	—
高粱糠	86.5	7.87	1.40	14.23	0.40	3.70	0.68	6.80	—

（续）

饲料	干物质（%）	消化能（兆焦）	可消化粗蛋白质		钙		磷		胡萝卜素（毫克）
			（%）	克	（%）	克	（%）	克	
能量饲料									
粉碎玉米	86.5	14.19	7.30	73.15	0.04	0.40	0.31	3.10	4.7
整粒高粱	86.5	11.68	5.70	57.21	0.04	0.40	0.31	3.10	1.0
粉碎高粱	86.5	13.65	6.50	65.83	0.03	0.30	1.1	11.00	0.4
大麦	89.0	13.10	7.50	75.00	0.12	1.20	0.33	3.30	1.0
燕麦	90.3	10.97	9.90	99.00	0.14	1.40	0.33	3.30	1.0
麦麸	86.5	8.87	14.00	140.43	0.13	1.30	1.00	10.07	4.0
玉米糠	86.5	11.89	6.5	65.00	0.08	0.80	0.24	2.40	1.0
蛋白质饲料									
大豆饼	86.5	13.98	38.9	389.87	0.50	4.90	0.78	7.80	0.2
花生饼	90.0	11.55	41.0	410.00	0.20	1.60	0.54	5.40	—
棉籽饼	90.5	12.43	26.9	269.57	0.30	3.14	0.97	9.74	1.0
大豆	86.3	14.86	32.7	327.00	0.20	2.00	0.5	5.00	4.0
黑豆	86.3	15.74	35.3	353.80	0.40	3.60	0.64	6.40	4.0
豌豆	86.5	14.02	20.3	203.00	0.14	1.40	0.41	4.10	1.0
鱼粉	84.5	10.97	56.3	563.00	6.10	60.50	3.20	32.00	—
牛奶	12.5	4.23	3.1	31.00	0.12	1.24	0.09	0.92	70.0
矿物质饲料									
石灰石粉、贝壳粉	—	—	—	—	—	约400.0	—	—	—
骨粉	—	—	—	—	—	380.0	—	200.0	—

注：本表可做马的常用饲料营养数据参考。

资料来源：侯文通、侯宝申《驴的养殖与肉用》（金盾出版社，2002）。

表3-22　羊常用饲料营养价值

类别	饲料名称	干物质（%）	粗蛋白（%）	粗脂肪（%）	粗纤维（%）	无氮浸出物（%）	粗灰分（%）	钙（%）	磷（%）	总能（兆焦/千克）	消化能（兆焦/千克）	代谢能（兆焦/千克）	可消化粗蛋白（克/千克）
谷实类	大麦	91.1	12.6	2.4	4.1	69.4	26.0	—	0.30	16.86	14.56	11.92	100
	高粱	89.3	8.7	3.3	2.2	72.9	2.2	0.09	0.28	16.56	13.89	11.42	58
	燕麦	90.3	11.6	5.2	8.9	60.7	3.9	0.15	0.32	17.02	13.18	10.84	97
	玉米	88.4	8.6	3.5	2.0	72.9	1.4	0.04	0.21	16.57	15.4	12.64	65

（续）

类别	饲料名称	干物质（%）	粗蛋白（%）	粗脂肪（%）	粗纤维（%）	无氮浸出物（%）	粗灰分（%）	钙（%）	磷（%）	总能（兆焦/千克）	消化能（兆焦/千克）	代谢能（兆焦/千克）	可消化粗蛋白（克/千克）
糠麸类	大麦麸	91.2	14.5	1.9	8.2	63.6	3.0	0.04	0.40	16.82	11.59	9.59	109
	麸皮	88.8	15.6	3.5	8.4	56.3	5.0	—	0.98	16.48	11.21	9.20	117
	高粱糠	87.5	10.9	9.5	3.2	60.3	3.6	0.10	0.84	17.49	13.47	11.05	62
	谷糠	91.9	7.6	6.9	22.6	45.0	9.8	—	—	16.40	8.54	6.99	33
	小麦麸	88.6	14.4	3.7	9.2	56.2	5.1	0.18	0.78	16.40	11.09	9.08	108
	玉米糠	87.5	9.9	3.6	9.5	61.5	3.0	0.08	0.48	16.23	11.38	9.33	56
豆类	大豆	88.0	37.0	16.2	5.1	25.1	4.6	0.27	0.48	20.50	17.61	14.48	333
	黑豆	90.0	37.7	13.8	6.6	27.4	4.5	0.25	0.50	23.38	17.28	14.11	339
	豌豆	88.0	22.6	1.5	5.9	55.1	2.9	0.13	0.39	16.69	14.52	11.92	194
油饼类	菜籽饼	92.2	36.4	7.8	10.7	29.3	8.0	0.73	0.95	18.79	14.85	12.18	313
	豆饼	90.6	43.0	5.4	5.7	30.6	5.9	0.32	0.50	18.74	15.94	13.09	336
	胡麻饼	92.0	33.1	7.5	9.8	34.0	7.6	0.58	0.77	18.54	14.18	11.88	285
	棉籽饼	92.2	33.8	6.0	15.1	31.2	6.1	0.31	0.64	18.59	13.72	11.25	267
	向日葵饼	93.3	17.1	4.1	69.2	27.8	4.8	0.40	0.94	17.54	7.03	5.77	151
	芝麻饼	92.0	39.2	10.3	7.2	24.9	10.4	2.24	1.19	19.05	14.69	12.05	357
糟渣类	豆腐渣	15.0	4.6	1.5	3.3	5.0	0.6	0.08	0.05	3.14	2.55	2.09	40
	粉渣	81.5	2.3	0.6	8.0	66.6	4.0			13.90	11.09	9.08	0
	酒糟	45.1	5.8	4.1	15.8	14.9	4.5	0.14	0.26	7.78	2.51	2.05	35
	甜菜渣	10.4	1.0	0.1	2.3	6.7	0.3	0.05	0.01	1.84	1.42	1.17	6
动物性饲料	牛乳（全脂乳）	12.3	3.1	3.5		5.0	0.7	0.12	0.09	3.01	2.93	2.38	29
	牛乳（脱脂乳）	9.6	3.7	0.2		5.0	0.7			1.84	1.76	1.46	35
	牛乳粉（全脂）	98.0	26.2	30.6		35.5	5.7	1.03	0.88	24.53	23.97	19.66	249
	血粉（猪血）	88.9	84.7	0.4			3.2	0.01	0.22	20.47	14.43	11.84	601
	鱼粉（国产）	91.2	38.6	4.6		20.7	27.3	6.13	1.03	14.65	11.17	9.16	344
	鱼粉（秘鲁）	89.0	60.5	9.7		4.4	14.4	3.91	2.90	19.05	16.74	13.72	538

（续）

类别	饲料名称	干物质（%）	粗蛋白（%）	粗脂肪（%）	粗纤维（%）	无氮浸出物（%）	粗灰分（%）	钙（%）	磷（%）	总能（兆焦/千克）	消化能（兆焦/千克）	代谢能（兆焦/千克）	可消化粗蛋白（克/千克）
青绿饲料类	白菜	13.6	2.0	0.8	1.6	8.0	1.2		0.07	2.47	1.93	1.59	14
	冰草	28.8	3.8	0.6	9.4	12.7	2.3	0.12	0.09	5.02	3.06	2.51	20
	甘蓝	5.6	1.1	0.2	0.5	3.4	0.4	0.03	0.02	0.25	0.84	0.71	9
	灰蒿	28.4	6.8	2.0	6.7	9.9	3.0	0.17	0.08	5.32	3.06	2.51	39
	胡萝卜叶	16.1	2.6	0.7	2.3	7.8	2.7	0.47	0.09	2.68	1.80	1.51	17
	马铃薯秧	12.1	2.7	0.6	2.5	4.5	1.8	0.23	0.02	2.09	1.09	0.88	14
	苜蓿	25.0	5.2	0.4	7.9	9.3	2.2	0.52	0.06	4.44	2.68	2.18	37
	三叶草	18.6	4.9	0.6	3.1	7.0	3.0		0.01	3.18	2.30	1.88	38
	沙打旺	31.5	3.6	0.5	10.4	14.4	2.6			5.40	2.89	2.39	25
	甜菜叶	8.7	2.0	0.3	1.0	3.5	1.9	0.11	0.04	1.38	0.96	0.80	13
	向日葵叶	20.0	3.8	1.1	2.9	8.8	3.4	0.52	0.06	3.39	2.09	1.72	24
	小叶胡枝子	41.9	4.9	1.9	12.3	20.5	2.3	0.45	0.02	7.70	4.14	3.39	34
	紫云英	13.0	2.9	0.7	2.5	5.6	1.3	0.18	0.07	2.39	1.76	1.42	21
树叶类	槐叶	88.0	21.4	3.2	10.9	45.8	6.7		0.26	16.33	10.84	8.87	141
	柳叶	86.5	16.4	2.6	16.2	43.0	8.3			15.36	7.62	6.28	64
	梨叶	88.0	13.0	3.9	10.9	51.0	8.6	1.41	0.10	15.61	8.71	7.16	82
	杨树叶	92.6	23.3	5.2	22.8	32.8	8.3			17.41	7.03	5.78	92
	榆树叶	88.0	15.3	2.6	9.7	49.5	10.9	2.24	0.19	15.11	8.58	7.03	96
	榛子叶	88.0	12.6	6.2	7.3	56.3	5.6	1.17	0.18	16.58	9.17	7.53	79
	紫穗槐叶	88.0	20.5	2.9	15.5	43.8	5.3	1.20	0.12	16.45	10.80	8.83	135
青贮类	草木樨青贮	31.6	5.4	1.0	10.2	10.9	4.1	0.58	0.08	5.40	3.27	2.68	39
	胡萝卜青贮	23.6	2.1	0.5	4.4	10.1	6.5	0.25	0.03	3.22	2.72	2.22	10
	胡萝卜秧青贮	19.7	3.1	1.3	5.7	4.8	4.8	0.35	0.03	3.10	2.05	1.67	20
	马铃薯秧青贮	23.0	2.1	0.6	6.1	8.9	5.3	0.27	0.03	5.40	1.72	1.42	8
	苜蓿青贮	33.7	5.3	1.4	12.8	10.3	3.9	0.5	0.1	5.86	3.27	2.68	34
	甜菜叶青贮	37.5	4.6	2.4	7.4	14.6	8.5			5.90	3.81	3.10	31
	玉米青贮	22.7	1.6	0.6	6.9	11.6	2.0	0.1	0.06		2.26		8

注：引自蒋英、张冀汉《山羊》，1985，农业出版社。

表 3-23　自然体重与代谢体重对照表

自然体重（千克）	代谢体重（千克）	自然体重（千克）	代谢体重（千克）	自然体重（千克）	代谢体重（千克）	自然体重（千克）	代谢体重（千克）
1	1.00	30	12.82	100	31.62	500	105.74
2	1.68	35	14.39	150	42.86	550	113.57
3	2.28	40	15.91	200	53.18	600	121.23
4	2.83	45	17.37	250	62.87	650	128.73
5	3.34	50	18.80	300	72.08	700	136.10
10	5.62	60	21.56	350	80.92	800	150.40
15	7.62	70	24.20	400	89.44	900	164.30
20	9.46	80	26.75	450	97.70	1 000	177.80
25	11.18	90	29.22				

注：通过查表找出代谢体重、确定合理的喂饲标准。

资料来源：许振英《家畜饲养学》(农业出版社，1982)。

表 3-24　奶牛年饲料定量表

单位：千克/头

牛别	年需要量								
	精料	干草	青割	青贮	块根	食盐	贝粉	骨粉	全奶
种公牛	2 800	3 500	2 000	1 000	2 000	50	50	30	
成母牛	2 000	3 000	5 000	5 000	2 500	70	60	30	
育成牛	900	2 500	3 500	3 000	10 000	30	30	20	
犊牛	400	600	1 000	1 000	400	15	7	5	630

资料来源：沈阳农学院畜牧兽医系《畜牧生产技术手册》(1978)。

表 3-25　马匹年饲料定量表

单位：千克/匹

马别	年需要量						
	干草	精料	青贮	青刈	块根	食盐	骨粉
种公马	4 500	2 000	—	700	700	15.0	10.0
后备公马	3 500	1 500	240	300	300	7.5	5.0
成母马	4 500	800	500	400	400	13.0	8.5
育成公马	3 500	650	—	200	200	7.5	5.0
育成母马	3 500	550	400	200	200	7.5	5.0
幼驹	1 500	350	—	—	—	2.0	2.0
役马	5 000	750	—	—	—	13.0	8.5

资料来源：沈阳农学院畜牧兽医系《畜牧生产技术手册》(1978)。

表 3-26　役牛的一般采食量

单位：千克/天

黄牛	体重	450	350	250
	干草量	10	8	6
	青草量	45	35	25
水牛	体重	600	500	400
	干草量	16	13	11
	青草量	60	50	40

注：役牛每天可补喂精料 2 千克。

资料来源：沈阳农学院畜牧兽医系《畜牧生产技术手册》(1978)。

表 3-27　猪的精料配合比例（%）

类别	豆饼	麸皮	高粱糠	稻糠	玉米	碎大米	燕麦	草籽
种公猪	15	30	27	10	4	7	3	4
哺乳母猪	15	40	20	5	5	5	8	2
怀孕母猪	12	35	25	10	2	2	8	6
后备猪	20	30	27	5	4	5	5	4
育成仔猪	20	25	20	5	8	8	8	6
育肥猪	10	20	50	10	—	—	—	10

资料来源：王文三、许乃谦《畜牧兽医常用数据手册》(辽宁人民出版社，1982)。

表 3-28　各种家畜每 100 千克体重对于物质的需要量

家畜种类	一般情况下干物质需要量（千克）	特殊情况下干物质需要量（千克）
猪	4.5	2.5
牛	3.5～4.5	3～3.5
羊	2.5	3～3.25
马	2.0	2.5～2.8

资料来源：王文三、许乃谦《畜牧兽医常用数据手册》(辽宁人民出版社，1982)。

表 3-29　家畜填充物的最大给量

体重（千克）	填充物（千克）
200	3.9
250	4.5

（续）

体重（千克）	填充物（千克）
300	5.0
350	5.5
400	6.0
450	6.4
500	6.8
550	7.2
600	7.6
650	8.0
750	8.5

资料来源：王文三、许乃谦《畜牧兽医常用数据手册》（辽宁人民出版社，1982）。

表 3-30 畜禽每 50 千克体重一昼夜需要的食盐量

单位：克

畜别	需要量	畜别	需要量
肥猪	2～5	奶牛	2～5
马	1～1.5	犊牛	3～6
肉用牛	2～5	羔羊	3～6
绵羊	2～5	鸡	0.5%～1.0%（占日粮的比例）

资料来源：同禄云《畜牧兽医常用数值手册》（陕西科学技术出版社，1982）。

表 3-31 畜禽每头（只）一昼夜需要的骨粉或磷酸钙量

单位：克

畜别	需要量	畜别	需要量
猪	10～20	马	50～100
成年牛	80～90	绵羊	5～8
犊牛	30～40	家禽	3～10

资料来源：王文三、许乃谦《畜牧兽医常用数据手册》（辽宁人民出版社，1982）。

表 3-32 各种家禽饲料配合比例（%）

饲料	鸡	鸭	鹅
谷粒饲料（1～2 种）	35～40	25	20
粉碎饲料（3～4 种）	30～35	40	25

（续）

饲料	鸡	鸭	鹅
动物性饲料	10	10	7
青绿多汁饲料	15	20	44
矿物质	5	5	4

资料来源：王文三、许乃谦《畜牧兽医常用数据手册》（辽宁人民出版社，1982）。

表 3-33　雏鸡、雏鸭每日饲料给量表

单位：克

种类	1～10 日龄	11～20 日龄	21～30 日龄	31～60 日龄	61～90 日龄	91～120 日龄
雏鸡	6	15	25	40	60	90
雏鸭	15	30	50	120	150	200

资料来源：王文三、许乃谦《畜牧兽医常用数据手册》（辽宁人民出版社，1982）。

表 3-34　雏鸡每天喂食次数参考表

次数	1～10 日龄	11～20 日龄	21～40 日龄	41～60 日龄	90 日龄以上
喂食次数	10～8	8～6	6～4	4	3

资料来源：王文三、许乃谦《畜牧兽医常用数据手册》（辽宁人民出版社，1982）。

表 3-35　各种畜禽的每日需水量

单位：升/（天·头）

畜禽类别	需水量	畜禽类别	需水量
牛		羊	
泌乳牛	80～100	成年绵羊	10
公牛及后备牛	40～60	羔羊	3
犊牛	20～30	马	
肉牛	45	成年母马	45～60
猪		种公马	70
哺乳母猪	30～60	1.5 岁以下马驹	45
公猪、空怀及妊娠母猪	20～30	鸡、火鸡	1
断奶仔猪	5	鸭、鹅	1.25
育成育肥猪	10～15	兔	3

注：雏禽用水量减半。

资料来源：李如治《家畜环境卫生学（第三版）》（中国农业出版社，2010）。

表 3-36　放牧家畜需水量

单位：升/（天·头）

家畜种类	在场旁草地放牧	在草原上放牧	
		夏季	冬季
牛	30～60	30～60	25～35
羊	3～8	2.5～6	1～3
马	30～60	25～50	20～35
驼	60～80	50	40

资料来源：李如治《家畜环境卫生学（第三版）》（中国农业出版社，2010）。

第四章　畜禽繁殖数据

第一节　家畜繁殖

表 4-1　家畜繁殖生理表

畜别	性成熟（月龄）	绝经期（年）	发情季节	发情周期（天）	发情持续期（天）	产后发情期（天）	适当断乳年龄（周）	寿命（年）	哺乳期（周）
马	12～18	17～25	春、夏、秋	21～23	5～8	7～12	12～16	25～35	12～16
牛	8～12	15～20	6～9 月份	21	24～30 小时	18～56	4～16	15～20	6～12
羊	6～8	8～9	夏、秋、冬	绵羊 16～17，山羊 18～22	绵羊 24～30 小时，山羊 24～48 小时	性季节中	8～16	10～15	8～16
猪	3～8	6～8	全年	21	2～3	断乳后 3～5	4～9	12～16	4～8
驴	18～30	12～16	春、夏、秋	22～25	4～7	7～12	6～7（月龄）	35～40	16～19
水牛	15～20	13～15		16～25	25～60 小时	18～35		30～40	
牦牛	1.5～2.5 岁			6～25	48 小时以上		6 月龄		
骆驼	48～60	18～20			可延长到 70 天		13～14（月龄）	25～30	
兔	6～8	5	全年	15	3～6	产后发情	45（无）	5	30～45 天
犬	7～10	8～10	春、秋	12～14	10～14	断乳后	4～6	10～20	
大象				42	3～4 小时				

资料来源：张忠诚《家畜繁殖学（第四版）》（中国农业出版社，2004）。

表 4-2 各种家畜乳头数及乳头管数

家畜种类	乳头数	乳头管数
马	1对	每个乳头上有1个乳头管
牛	2对	每个乳头上有1个乳头管
羊	1对	每个乳头上有1个乳头管
猪	6～8对	每个乳头上有2～3个乳头管
骆驼	2对	
牦牛	2对	
犬	4～5对	每个乳头上有多个乳头管
兔、猫及肉食动物	一般有5对	

资料来源：主要根据张忠诚《家畜繁殖学（第四版）》（中国农业出版社，2004）等摘选整理，同时从骆驼养殖、牦牛生产等专著中摘选部分数据。

表 4-3 家畜最佳配种时间表

项目	猪	马	牛	羊	驴	兔	狗
发情持续时间	2～3天	4～7天	10～24小时	1～2天	5～6天	2～4天	12～14天
排卵时间	发情开始20～36小时	发情后3～5天	发情结束后10～15小时	发情后30～40小时	发情后3～5天	交配后10～12小时	发情后12～13天
最佳配种时间	发情开始24小时	发情后3天	开始发情24小时	发情后24小时	发情后3天	发现母兔有发情表现即可与公兔交配	发情后12天
复配	隔12小时	隔24小时	隔12小时	隔12小时	隔24～36小时	隔8～10小时	隔24～36小时

注：本表数据适用家畜的人工辅助配种。

资料来源：甘肃农业大学《家畜产科学（上）》（农业出版社，1961）、张忠诚《家畜繁殖学（第四版）》（中国农业出版社，2004）。

表 4-4　各种雄性家畜达到性成熟和体成熟的时间

畜种	性成熟（月龄）	体成熟
牛	10～18	2～3 年
水牛	18～30	3～4 年
马	18～24	3～4 年
驴	18～30	3～4 年
骆驼	24～36	5～6 年
猪	3～6	9～12 月龄
绵（山）羊	5～8	12～15 月龄
家兔	3～4	6～8 月龄
水貂	5～6	10～12 月龄
牦牛	24～36	4～5 年

资料来源：张忠诚《家畜繁殖学（第四版）》（中国农业出版社，2004）。

表 4-5　畜禽繁殖年龄与配种能力表

畜别	开始繁殖年龄（月龄）		可供繁殖年龄（年）		停止繁殖年龄（年）		平均每年产仔胎数（胎）	每胎产仔数（个）	公、母种畜比例		
	公	母	公	母	公	母			群配	人工辅助配种	人工授精
马	36	30～36	7	10～12	15	15～20	1	1	1∶15～30	1∶30～40	1∶150～300
驴	36	30～36	10	10～12	20	20	1	1	1∶15～30	1∶30～40	1∶150～300
奶牛	20～40	18～24	8	10	10	12	0.7	1	1∶20～40	1∶40～50	1∶200～300
役用牛	20～40	18～24	8	10	10	12	0.7	1	1∶20～40	1∶40～50	
水牛	3 岁	2.5 岁	10～15	10～15			1	1	1∶25～30	1∶60～80	1∶200～400
牦牛	3～4 岁	2～3 岁	4～5				1	1	1∶12～14	1∶15～25	
绵羊	18～24	18～24	4	6	6	8	1.4	1.05	1∶15～20	1∶50～60	1∶100～200
山羊	18～24	18～24	4	6	6	8	1.8	1.4	1∶15～20	1∶50～60	1∶100～200
骆驼	5～6 岁	4～5 岁	10～15	10～15	30	30	0.5	1	1∶20～30		
猪	10～12	9～10	4	5	5	6	2～3	8～15	1∶10～15		
兔	10	8	3～4	3～4	4～5	4～6	4～6	6～8	1∶20		
鸡	6	6	2～3	2～3					1∶5～12		
北京鸭	6	6	2～3	2～3					1∶5～12		

资料来源：农业部《农业经济资料手册》（农业出版社，1959），入编于王文三、许乃谦《畜牧兽医常用数据手册》（辽宁人民出版社，1982），同时从骆驼养殖、牦牛生产等专著中摘选部分数据。

表 4-6 各种家畜生产年龄表

家畜种类	开始生产年龄（岁）	最高价值年龄（岁）	次要价值年龄（岁）	衰老年龄（岁）	可以生产年龄（岁）
马	4	5～8	9～13	13 岁以后	9
驴	3	4～6	7～11	11 岁以后	8
骡	3	5～10	11～19	19 岁以后	16
水牛	3	5～8	9～14	14 岁以后	11
黄牛	3	4～6	7～9	9 岁以后	6
牦牛	3	5～7	8～13	13 岁以后	10
犏牛	3	4～8	9～14	14 岁以后	11
骆驼	4	6～10	11～21	21 岁以后	17
奶牛	3	5～8	9～12	12 岁以后	9～10
绵羊	2	3～6	7～8	9 岁以后	7
种猪	2	3～4	5～8	8 岁以后	7
奶羊	2	3～4	5～8	8 岁以后	7

资料来源：梁达新《牧场管理》（畜牧兽医图书出版社，1954），入编于王文三、许乃谦《畜牧兽医常用数据手册》（辽宁人民出版社，1982）。

表 4-7 各种动物的妊娠期

单位：天

种类	平均	范围	种类	平均	范围
牛	282	276～290	貂	61	54～65
水牛	307	295～315	狗獾	220	210～240
牦牛	255	226～289	鼬獾	65	57～80
猪	114	102～140	狐	52	50～61
羊	150	146～161	狼	62	55～70
马	340	320～350	花面狸	60	55～68
驴	360	350～370	猞猁	71	67～74

（续）

种类	平均	范围	种类	平均	范围
骆驼	389	370～390	河狸	106	105～107
狗	62	59～65	艾鼬	42	40～46
猫	68	55～60	水獭	56	51～71
家兔	30	28～33	獭兔	31	30～33
野兔	51	50～52	麝鼠	28	25～30
大鼠	22	20～25	毛丝鼠	111	105～118
小鼠	22	20～25	海狸鼠	133	120～140
豚鼠	60	59～62	麝	185	178～192
梅花鹿	235	229～241	象	660	
马鹿	250	241～265	虎	154	
长颈鹿	420	402～431	狮	110	
水貂	47	37～91	鲸	456	
大熊猫		82～95			

资料来源：张忠诚《家畜繁殖学（第四版）》（中国农业出版社，2004）。

表 4-8　家畜分娩日期速算法

畜别	口诀	分娩日期
马	月减 1	最后 1 次配种日期“月上减去 1 个月”就是分娩日期。例如，当年 4 月 20 日配种，翌年 3 月 20 日左右分娩
牛	月加 9，日加 9	最后 1 次配种日期“月上加 9，日上加 9”就是分娩日期。例如，当年 5 月 10 日配种，翌年 2 月 19 日左右分娩
羊	月加 5，日减 3	最后 1 次配种日期“月上加 5，日上减 3”就是分娩日期。例如，当年 9 月 5 日配种，翌年 2 月 2 日左右分娩
猪	3，3，3	最后一次配种日期“加 3 个月，加 3 周，加 3 天”就是分娩日期，即用“三、三、三”表示。例如，当年 5 月 5 日配种，8 月 29 日左右分娩
水牛	月减 1，日加 2	平均妊娠期 330 天
牦牛	月减 4，日加 11	平均妊娠期 255 天

资料来源：同禄云《畜牧兽医常用数值手册》（陕西科学技术出版社，1982），水牛、牦牛数据来自昝林森《牛生产学（第二版）》（中国农业出版社，2011）。

表 4-9　母牛妊娠期日历表

交配日期		分娩日期		交配日期		分娩日期		交配日期		分娩日期	
月	日	月	日	月	日	月	日	月	日	月	日
1	1	10	6	5	1	2	4	9	1	6	6
1	5	10	11	5	5	2	9	9	5	6	11
1	10	10	16	5	10	2	14	9	10	6	16
1	15	10	21	5	15	2	19	9	15	6	21
1	20	10	26	5	20	2	24	9	20	6	26
1	25	10	31	5	25	2	28	9	25	6	30
2	1	11	6	6	1	3	6	10	1	7	6
2	5	11	11	6	5	3	11	10	5	7	11
2	10	11	16	6	10	3	16	10	10	7	16
2	15	11	21	6	15	3	21	10	15	7	21
2	20	11	26	6	20	3	26	10	20	7	26
2	25	11	30	6	25	3	31	10	25	7	31
3	1	12	5	7	1	4	5	11	1	8	6
3	5	12	11	7	5	4	10	11	5	8	11
3	10	12	16	7	10	4	15	11	10	8	16
3	15	12	21	7	15	4	20	11	15	8	21
3	20	12	26	7	20	4	25	11	20	8	26
3	25	12	31	7	25	4	30	11	25	8	31
4	1	1	5	8	1	5	6	12	1	9	6
4	5	1	10	8	5	5	11	12	5	9	11
4	10	1	15	8	10	5	16	12	10	9	16
4	15	1	20	8	15	5	21	12	15	9	21
4	20	1	25	8	20	5	26	12	20	9	26
4	25	1	30	8	25	5	31	12	25	9	30

注：因品种不同，其妊娠期的长短也有差异，因此，以上的计算方法与表格中的日期只可供生产实践中参考。此表数据是按 280 天为牛的平均妊娠期天数，将交配月份减 3，日数加 6 得出。

表 4-10　母猪分娩日期推算表

配种日	配种月											
	1	2	3	4	5	6	7	8	9	10	11	12
1	4 月 25 日	5 月 26 日	6 月 23 日	7 月 24 日	8 月 23 日	9 月 23 日	10 月 23 日	11 月 23 日	12 月 24 日	1 月 23 日	2 月 23 日	3 月 25 日
2	4 月 26 日	5 月 27 日	6 月 24 日	7 月 25 日	8 月 24 日	9 月 24 日	10 月 24 日	11 月 24 日	12 月 25 日	1 月 24 日	2 月 24 日	3 月 26 日

（续）

配种日	配种月											
	1	2	3	4	5	6	7	8	9	10	11	12
3	4月 27日	5月 28日	6月 25日	7月 26日	8月 25日	9月 25日	10月 25日	11月 25日	12月 26日	1月 25日	2月 25日	3月 27日
4	4月 28日	5月 29日	6月 26日	7月 27日	8月 26日	9月 26日	10月 26日	11月 26日	12月 27日	1月 26日	2月 26日	3月 28日
5	4月 29日	5月 30日	6月 27日	7月 28日	8月 27日	9月 27日	10月 27日	11月 27日	12月 28日	1月 27日	2月 27日	3月 29日
6	4月 30日	5月 31日	6月 28日	7月 29日	8月 28日	9月 28日	10月 28日	11月 28日	12月 29日	1月 28日	2月 28日	3月 30日
7	5月 1日	6月 1日	6月 29日	7月 30日	8月 29日	9月 29日	10月 29日	11月 29日	12月 30日	1月 29日	3月 1日	3月 31日
8	5月 2日	6月 2日	6月 30日	7月 31日	8月 30日	9月 30日	10月 30日	11月 30日	12月 31日	1月 30日	3月 2日	4月 1日
9	5月 3日	6月 3日	7月 1日	8月 1日	8月 31日	10月 1日	10月 31日	12月 1日	1月 1日	1月 31日	3月 3日	4月 2日
10	5月 4日	6月 4日	7月 2日	8月 2日	9月 1日	10月 2日	11月 1日	12月 2日	1月 2日	2月 1日	3月 4日	4月 3日
11	5月 5日	6月 5日	7月 3日	8月 3日	9月 2日	10月 3日	11月 2日	12月 3日	1月 3日	2月 2日	3月 5日	4月 4日
12	5月 6日	6月 6日	7月 4日	8月 4日	9月 3日	10月 4日	11月 3日	12月 4日	1月 4日	2月 3日	3月 6日	4月 5日
13	5月 7日	6月 7日	7月 5日	8月 5日	9月 4日	10月 5日	11月 4日	12月 5日	1月 5日	2月 4日	3月 7日	4月 6日
14	5月 8日	6月 8日	7月 6日	8月 6日	9月 5日	10月 6日	11月 5日	12月 6日	1月 6日	2月 5日	3月 8日	4月 7日
15	5月 9日	6月 9日	7月 7日	8月 7日	9月 6日	10月 7日	11月 6日	12月 7日	1月 7日	2月 6日	3月 9日	4月 8日
16	5月 10日	6月 10日	7月 8日	8月 8日	9月 7日	10月 8日	11月 7日	12月 8日	1月 8日	2月 7日	3月 10日	4月 9日
17	5月 11日	6月 11日	7月 9日	8月 9日	9月 8日	10月 9日	11月 8日	12月 9日	1月 9日	2月 8日	3月 11日	4月 10日

（续）

配种日	配种月											
	1	2	3	4	5	6	7	8	9	10	11	12
18	5月 12日	6月 12日	7月 10日	8月 10日	9月 9日	10月 10日	11月 9日	12月 10日	1月 10日	2月 9日	3月 12日	4月 11日
19	5月 13日	6月 13日	7月 11日	8月 11日	9月 10日	10月 11日	11月 10日	12月 11日	1月 11日	2月 10日	3月 13日	4月 12日
20	5月 14日	6月 14日	7月 12日	8月 12日	9月 11日	10月 12日	11月 11日	12月 12日	1月 12日	2月 11日	3月 14日	4月 13日
21	5月 15日	6月 15日	7月 13日	8月 13日	9月 12日	10月 13日	11月 12日	12月 13日	1月 13日	2月 12日	3月 15日	4月 14日
22	5月 16日	6月 16日	7月 14日	8月 14日	9月 13日	10月 14日	11月 13日	12月 14日	1月 14日	2月 13日	3月 16日	4月 15日
23	5月 17日	6月 17日	7月 15日	8月 15日	9月 14日	10月 15日	11月 14日	12月 15日	1月 15日	2月 14日	3月 17日	4月 16日
24	5月 18日	6月 18日	7月 16日	8月 16日	9月 15日	10月 16日	11月 15日	12月 16日	1月 16日	2月 15日	3月 18日	4月 17日
25	5月 19日	6月 19日	7月 17日	8月 17日	9月 16日	10月 17日	11月 16日	12月 17日	1月 17日	2月 16日	3月 19日	4月 18日
26	5月 20日	6月 20日	7月 18日	8月 18日	9月 17日	10月 18日	11月 17日	12月 18日	1月 18日	2月 17日	3月 20日	4月 19日
27	5月 21日	6月 21日	7月 19日	8月 19日	9月 18日	10月 19日	11月 18日	12月 19日	1月 19日	2月 18日	3月 21日	4月 20日
28	5月 22日	6月 22日	7月 20日	8月 20日	9月 19日	10月 20日	11月 19日	12月 20日	1月 20日	2月 19日	3月 22日	4月 21日
29	5月 23日	6月 23日	7月 21日	8月 21日	9月 20日	10月 21日	11月 20日	12月 21日	1月 21日	2月 20日	3月 23日	4月 22日
30	5月 24日	6月 24日	7月 22日	8月 22日	9月 21日	10月 22日	11月 21日	12月 22日	1月 22日	2月 21日	3月 24日	4月 23日
31	5月 25日	6月 25日	7月 23日	8月 23日	9月 22日	10月 23日	11月 22日	12月 23日	1月 23日	2月 22日	3月 25日	4月 24日

注：按114天妊娠期计算。如一母猪4月18日配种，于“配种月”中查到“4”，“配种日”中查到“18”，两者相交处的日期8.10（即8月10日）为分娩日期。

表 4-11　各种家畜的体重增长

家畜种类	受精卵重量（毫克）	家畜初生体重（千克）	家畜成年时体重（千克）	重量加倍次数			生长期（月）
				胚胎期	生长期	整个生长期	
猪	0.40	1	200	21.25	7.64	28.89	36
牛	0.50	35	500	26.06	3.84	30.00	48～60
羊	0.50	3	60	22.52	4.32	26.84	24～56
马	0.60	50	500	26.30	3.44	29.75	60

注：受精卵重量根据体积计算；水牛的生长期 6～7 年。

资料来源：北京农业大学《遗传学及家畜繁育学（下）》（农业出版社，1962）。

表 4-12　各种家畜胎儿发育情况表

月份	畜种	体重（千克）	体长（厘米）	羊水量（升）	绒毛出现、成熟及产下
第 1 个月	马	—	0.5～0.7	—	形成头及四肢的胚芽
	牛	—	0.9～1.0	—	
	绵羊、山羊	—	1.0	—	
	猪	—	1.6～1.8	—	
第 2 个月	马	0.07	5.5～7.0	0.3～0.9	形成耳、口和鼻孔的压痕，指部清楚
	牛	0.07～0.09	6.0～7.0	0.3	
	绵羊、山羊	0.05	5.0～8.0	—	
	猪	—	8.0	—	
第 3 个月	马	—	12～15	2	犄角的胚芽明显，口鼻周围有绒毛
	牛	0.135～0.150	13～14	0.8	
	绵羊、山羊	—	16	—	
	猪	—	14～18	—	
第 4 个月	马	1～1.5	20～30	—	口鼻和下唇周围有细毛
	牛	1～2.0	22～26	3	
	绵羊、山羊	达 2	25	—	
	猪	约 1	20～25	—	
第 5 个月	马	3～4.5	30～37	—	唇、眉、尾端有毛，睾丸坠入阴囊中
	牛	2.5～3.5	35～40	—	
	绵羊、山羊	2～3	30～50	—	

（续）

月份	畜种	体重（千克）	体长（厘米）	羊水量（升）	绒毛出现、成熟及产下
第6个月	马	4～5.5	40～75	—	鬃上有细毛、角胚芽有细毛，尾端有长毛
	牛	3.5～4.5	45～60	6	
第7个月	马	4.5～7.5	45～85	—	尾上有毛，蹄冠上有绒毛，细毛，尾端及脐周围有毛
	牛	5～6	50～75	—	
第8个月	马	9～15	60～90	—	背上有毛，背耳有毛，全身有稀毛
	牛	12～20	60～85	—	
第9个月	马	12～20	60～115	—	全身有短毛覆被，胎儿成熟，出生
	牛	20～60	80～100	7～10	
第10个月	马	18～30	80～125	—	长毛
第11个月	马	26～60	100～150	7～15	胎儿睾丸坠入阴囊，胎儿成熟，出生

资料来源：甘肃农业大学《家畜产科学（上）》（农业出版社，1961），王文三、许乃谦《畜牧兽医常用数据手册》（辽宁人民出版社，1982）。

表 4-13 猪胚胎的发育

胚胎日龄（天）	重量（克）	占初生重（%）
30	2.0	0.15
40	13.0	0.90
50	40.0	3.00
60	110.0	8.00
70	263.0	19.00
80	400.0	29.00
90	550.0	39.00
100	1 060.0	79.00
110	1 150.0	82.00
初生	1 300～1 500	100.00

资料来源：苏振环等《科学养猪（第二版）》（金盾出版社，1992）。

表 4-14　母畜分娩有关的时间

畜别	子宫颈口开张期	产出期	胎衣排出期	恶露排净期
马	1～24 小时	15～30 分	0.33～1 小时	2～3 天
牛	1～12 小时	0.5～4 小时	2～8 小时	10～12 天
骆驼	7～16 小时	0.25～0.5 小时	70 分	—
羊	4～5 小时	0.25～2.5 小时	0.5～2 小时	绵羊 5～6 天，山羊 17～20 天
猪	2～6 小时	每个胎儿产出时间相隔 1～30 分	10～60 分	2～3 天

注：奶牛 12 小时胎衣不下，要采取治疗措施排出胎衣；猪的正常分娩需要 1～4 小时，超 5 小时即是有难产迹象。

资料来源：甘肃农业大学《家畜产科学（上）》（农业出版社，1961），王文三、许乃谦《畜牧兽医常用数据手册》（辽宁人民出版社，1982）。

表 4-15　畜禽阉割年龄及季节

畜别	阉割年龄	阉割季节
公马	2～4 岁	春、秋二季为宜
公骡	1～3 岁	
公牛（役用）	1～2 岁	春末夏初
公牛（肉用）	1 岁以下	
骆驼	4 岁	春、秋、冬均可
公羊	1～4 月龄	春夏之际
公猪	2～3 月龄	
母猪	1～2 月龄	
公鸡	1.5～3 月龄	
公鸭	1.5～3 月龄	
公兔	2～5 周龄	

资料来源：武云峰《简明畜牧手册》（内蒙古人民出版社，1974）。

表 4-16　母畜妊娠期的发情率

畜种	发情率（%）	备　　注
牛	1～2（可达 3～10）	多见于妊娠初期的 3 个月内，个别可能发情 3～4 次
绵羊	30	发情时间不限于妊娠中某一时期；如果发情 2 次，间隔一般 3～40 天
马	2.8	
驴		见于配种 1 个月后，兴奋期仅 1～2 天，少数可能 3～4 天。如果发情 2～3 次，则间隔时间不规律

资料来源：同禄云《畜牧兽医常用数值手册》（陕西科学技术出版社，1982）。

第二节　人工授精与胚胎移植

表 4-17　各种家畜精子与卵子保持有受精能力的时间

畜别	卵子在输卵管内保持有受精能力的时间	精子从射精起到达输卵管的时间（分钟）	精子在母畜生殖道内有受精能力的时间
马	4～20 小时	24	5～6 天
牛	18～20 小时	2～13	28 小时
绵羊	12～16 小时	6	30～36 小时
猪	8～12 小时	15～30	24 小时
犬	4.5 天	数分钟	48 小时
兔	6～8 小时	数分钟	

注：精子保存在－78～－196℃的液态氮中，5～15 年不失去受精能力，在 54～56℃时很快死亡。

资料来源：张忠诚《家畜繁殖学（第四版）》（中国农业出版社，2004）。

表 4-18　各种家畜适于输精的各项最低指标

畜别	pH	渗透压	精子的活力（10 级制）	反常精子最高百分率（%）	未成熟精子最高百分率（%）
公马	6.2～7.8	0.58～0.62	0.6	30	10
公牛	6.4～7.8	0.54～0.73	0.8	18	2
公猪	7.3～7.9	0.59～0.63	0.6	14～18	10
公羊	5.9～7.3	0.55～0.70	0.8	12	2

资料来源：甘肃农业大学《家畜产科学（中）》（农业出版社，1961）。

表 4-19　牛冷冻颗粒精液稀释倍数对照表

Ⅰ（倍）	Ⅱ（毫升）								
	0.5	1	1.5	2	2.5	3	3.5	递增	余类推
1	12	22	32	42	52	62	72	10	
2	18	33	48	63	78	93	108	15	
3	24	44	64	84	104	124	144	20	
4	30	55	80	105	130	155	180	25	⋮
5	36	66	96	126	156	186	216	30	
6	42	77	112	147	182	217	252	35	
7	48	88	128	168	208	248	288	40	
递增	6	11	16	21	26	31	36	5	
余类推	⋮	⋮	⋮	⋮	⋮	⋮	⋮	⋮	0.1 毫升/粒

注：1. 表中“Ⅰ”为结冻前原精液共用“Ⅰ”稀释液的倍数。

2. 表中“Ⅱ”为冷冻时，一个颗粒所用“Ⅱ”液的毫升数。

3. 凡冷冻颗粒精液（干冰、液氮），经稀释液“Ⅰ”、“Ⅱ”两次稀释，而且每个颗粒以 0.1 毫升为标准（即一毫升滴成 10 粒），不管原精液量是多少，最后稀释倍数均可在表内查找。

资料来源：沈阳农学院畜牧兽医系《畜牧生产技术手册》（1978）。

表 4-20　主要家畜的射精量和精子密度

畜种	一次射精量（毫升）	精子密度（亿个/毫升）
牛	4（2～10）	10（2.5～20）
水牛	3（0.5～12）	9.8（2.1～20）
绵（山）羊	1（0.7～2）	30（20～50）
马	70（30～300）	1.2（0.3～8）
驴	50（10～80）	4（2～6）
猪	250（150～500）	2.5（1～3）
家兔	1（0.4～6）	7（1～20）
鸡	0.8（0.2～1.5）	35（0.5～60）
牦牛	0.5～2.0	8～15
双峰驼	4.35～1.86	5.59（2.2～12.5）
单峰驼	6.7±0.28（5.3～9.2）	5.664
羊驼	0.8～3.1	25 000～82 000 个/毫升
犬	2～15	1.25

资料来源：张忠诚《家畜繁殖学（第四版）》（中国农业出版社，2004）。

表 4-21　各种动物受精卵发育及进入子宫的时间

动物种类	受精卵发育（小时）					进入子宫	
	2 细胞	4 细胞	8 细胞	16 细胞	桑葚胚	日	发生阶段
小鼠	24～38	38～50	50～60	60～70	68～80	3	桑葚胚
大鼠	37～61	57～85	64～87	84～92	96～120	4	桑葚胚
豚鼠	30～35	30～75	80	—	100～115	3.5	8 细胞期
兔	24～26	26～32	32～40	40～48	50～68	3	囊胚期
猫	40～50	76～90	—	90～96	<150	4～8	囊胚期
犬	96	—	144	196	204～216	8.5～9	桑葚胚
山羊	24～48	48～60	72	72～96	96～120	4	10～16 细胞期
绵羊	36～38	42	48	67～72	96	3～4	16 细胞期
猪	21～51	51～66	66～72	90～110	110～114	2～2.5	4～6 细胞期
马	24	30～36	50～60	72	98～106	6	囊胚期
牛	27～42	44～65	46～90	96～120	120～144	4～5	8～16 细胞期

注：马、牛、犬为排卵后时间，其他动物为交配后时间。

资料来源：张忠诚《家畜繁殖学（第四版）》（中国农业出版社，2004）。

表 4-22　正常成年公畜的采精频率及其精液特性

项目	每周采精适宜次数（次）	每次射精量（毫升）	每次射出精子总数（亿）	每周射出精子总数（亿）	精子活率（%）	正常精子率（%）
奶牛	2～6	5～10	50～150	150～400	50～75	70～95
肉牛	2～6	4～8	50～100	100～350	40～75	65～90
水牛	2～6	3～6	36～89	80～300	60～80	80～95
马	2～6	30～100	50～150	150～400	40～75	60～90
驴	2～6	20～80	30～100	100～300	80	90
猪	2～5	150～300	300～600	1 000～1 500	50～80	70～90
绵羊	7～25	0.8～1.5	16～36	200～400	60～80	80～95
山羊	7～20	0.5～1.5	15～60	250～350	60～80	80～95
兔	2～4	0.5～2.0	3.0～7.0		40～80	
双峰驼		4.35±1.86	24.32±1.04		60～90	
单峰驼		6.7±0.28	48.25～28.91		57～62	
牦牛		0.5～2.0	8亿～15.8亿/毫升		70～90	

资料来源：张忠诚《家畜繁殖学（第四版）》（中国农业出版社，2004）。

表 4-23　家畜精液的一般稀释倍数和输精剂量

家畜种类	稀释倍数	输精剂量（毫升）	有效精子数（亿个/输精剂量）
奶牛、肉牛	5～40	0.2～1	0.1～0.5
水牛	5～20	0.2～1	0.1～0.5
马	2～3	15～30	2.5～5
驴	2～3	15～20	2～5
绵羊	2～4	0.05～0.2	0.3～0.5
山羊	2～4	0.5	0.3～0.5
猪	2～4	20～50	20～50
兔	3～5	0.2～0.5	0.15～0.3

资料来源：张忠诚《家畜繁殖学（第四版）》（中国农业出版社，2004）。

表 4-24　各种家畜的输精要求

项　目	牛、水牛		马、驴		猪		绵羊、山羊		兔	
	液态	冷冻	液态	冷冻	液态	冷冻	液态	冷冻	液态	冷冻
输精剂量（毫升）	1～2	0.2～1.0	15～30	30～40	30～40	20～40	0.05～0.1	0.1～0.2	0.2～0.5	0.2～0.5
输入有效精子数(亿)	0.3～0.5	0.1～0.2	2.5～5.0	1.5～3.0	20～50	10～20	0.5～0.7	0.3～0.5	0.15～0.2	0.15～0.3
适宜输精时间	发情后 10～20 小时，或排卵前 10～20 小时		接近排卵时，卵泡发育第 4～5 期，或发情第二天开始隔日一次至发情结束		发情后 19～30 小时，或开始接受压背试验过后 8～12 小时		发情后 10～36 小时		诱发排卵后2～6 小时	
输精次数	1～2		1～3		1～2		1～2		1～2	
输精间隔时间（小时）	8～10		24～28		12～18		8～10		8～10	
输精部位	子宫颈深部或子宫体内		子宫内		子宫内		子宫颈内		子宫颈内	

注：驴的输精要求可参照马，其输入量和有效精子数取马的最低值。

资料来源：张忠诚《家畜繁殖学（第四版）》（中国农业出版社，2004）。

表 4-25　正常公猪精液的有关参数

	青年公猪（8～12 月龄）	成年公猪（12 月龄以上）
射精量（毫升）	100～300	100～500
总精子数	$\geqslant 10\times10^{9}$	$10\times10^{9}\sim40\times10^{9}$
活精子	＞85%	＞85%
直线前进运动精子	＞70%	＞70%
初级畸形精子*	＜10%	＜15%
次级畸形精子**	＜10%	＜15%
无血、脓和异物	＋	＋

注：引自 MORROW 的 *Current Therapy in Theriogenology*。

*　初级畸形精子，指发生在睾丸实质部的畸形，包括头部和中段的畸形等。

**　次级畸形精子，主要指发生在附睾部位的畸形，以尾部的畸形为主。

表 4-26 猪常用精液稀释液配方

成 分	短期（3天）			长期（5天）		
	KIEV	BTS	中国	日本	20RPVA	英国变温稀释液
葡萄糖（克）	6	3.7	5～6	4.5	1.15	0.3
脱脂奶粉（克）				1.5		
柠檬酸钠（克）	0.37	0.6	0.3～0.5		1.165	2
碳酸氢钠（克）	0.12	0.125		0.12	0.175	0.21
乙二胺四乙酸二钠（克）	0.37	0.125	0.1		0.235	
氨苯磺胺（克）						0.3
α-氨基-对甲苯磺酰胺盐酸盐（克）				0.1		
磺胺甲基嘧啶钠（克）				0.2		0.04
氯化钾（克）		0.075			1	
青霉素（万单位/毫升）	0.1	0.1	0.1		0.69	
链霉素（毫克/毫升）	0.5	0.5			1.09	
加蒸馏水至（毫升）	100	100	100	100	100	100

资料来源：张忠诚《家畜繁殖学（第四版）》（中国农业出版社，2004）。

表 4-27 几种主要家禽的人工授精数据

禽别	采精量（毫升）	输精时间	输精次数	输精量（毫升）	有效精子数	输精器插入输卵管深度（厘米）
蛋鸡	0.2～1.2	每天下午3：00以后	4～7天一次	原精液：0.025～0.05	0.8亿～1亿个	1～2
肉鸡	0.2～1.2	每天下午3：00以后	4～5天1次	原精液：0.03～0.06	0.8亿～1亿个	1～2
鸭		每天上午12：00以后			6×10^3万～8×10^3万个	2～4
鹅		每天下午12：00以后			6×10^3万～8×10^3万个	2～4

注：此表根据杨宁《家禽生产学》整理。原精液输精存在缺陷，采用稀释精液效果更好，一般鸡以1∶1稀释后输0.030毫升为宜。

表 4-28 各种家畜的排卵时间和胚胎发育速度

畜别	排卵时间	发育速度（排卵后天数）							
		2-细胞	4-细胞	8-细胞	16-细胞	进入子宫	胚泡形成	脱离透明带	附植开始
牛	发情结束后10～11小时	1～1.5	2～3	3	4	3～4	7～8	9～11	22
绵羊	发情开始后24～30小时	1.5	1.5～2	2.5	3	2～4	6～7	7～8	15
猪	发情开始后35～45小时	1～2	1～3	2～3	3.5～5	2～2.5	5～6	6	13
马	发情结束前1～2天	1	1.5	3	4～4.5	4～6	6	8	37
兔	交配后10～11小时	1	1.5～2	1.5～2	2	2.5～4	3～4		

资料来源：张忠诚《家畜繁殖学（第四版）》（中国农业出版社，2004）。

表 4-29　黄牛发情外部表现时间及输精适时期

单位：小时

发情阶段	初期	盛期	后期	休情	输精适时期	
					第一次	第二次
持续时间	15.2	6.8	8.4	1.8～11.5	稳栏后 13～15	第一次输精后 10

资料来源：此表根据辽宁省畜牧兽医研究所的调查报告整理。

表 4-30　胚泡附植的进程（以排卵后的天数计算）

畜种	妊娠识别	疏松附植	紧密附植
猪	10～12	12～13	25～26
牛	16～17	28～32	40～45
绵羊	12～13	14～16	28～35
马	14～16	35～40	95～105

资料来源：张忠诚《家畜繁殖学（第四版）》（中国农业出版社，2004）。

人工授精及胚胎移植补充数据

一、牛冻精国际要求

精子活率≥0.65，精子密度≥6×10^8个/毫升，精子畸形率≤15%；细管无裂痕，两端封口严密；每剂量冻精解冻后精子活率≥0.35，水牛≥0.3，前进运动精子数≥800 万个，水牛≥1 000 万个，精子畸形率≤18%，水牛≤20%，细菌数≤800 个。

二、羊的冷冻精液输精标准

1. 颗粒精液：解冻后精子活力不低于 0.3，输精量为 0.2 毫升，每一输精剂量中含活精子数不少于 0.9 亿个。

2. 细管精液：解冻后精子活力不低于 0.35 以上，输精量为 0.25 毫升，每一输精剂量中含活精子数不少于 0.7 亿个。

三、家畜胚胎移植的基本数据

1. 供体的选择：牛：3～8 岁；羊：2.5～7 岁。

2. 超数排卵处理的时间：自然发情的牛在发情后 9～13 天开始。因处理方法不同开始时间也不同，有发情后 16～17 天开始的，也有发情后 11～13 天开始处理的。

3. 胚胎的收集和保存：家畜的胚胎采集一般在配种的3～8天，发育至4～8细胞胚以上为宜。牛在配种后6～8天进行，羊在配种后6～7天进行。

胚胎的保存：①低温保存，一般以5～10℃较好。绵羊为10℃，山羊为5～10℃，牛为0～6℃，猪为15～20℃，家兔为10℃。②常温保存，15～25℃，保存24小时。③超低温冷冻保存，干冰－79℃，液氮－196℃，可长期保存。

4. 受体母畜与供体母畜发情周期差控制在±24小时。

资料来源：张忠诚《家畜繁殖学（第四版）》（中国农业出版社，2004）与岳文斌《现代养羊》（中国农业出版社，2000）。

第三节 家禽孵化

表4-31 立体电力孵化器的一般数据

禽别	孵化器内温度（℃）	孵化器内空气要求		孵化室内温度	孵化器内相对湿度	翻蛋次数	凉蛋次数	验蛋时间（天）	风扇速度	落盘时间（天）
		氧气	二氧化碳							
鸡	37.8～38	21%，不得低于20%	0.5%，不得超过1%	24～26℃	初期60%～70%，后期50%～55%，出雏时65%	每2小时翻一次，到18天止翻蛋的角度与垂直线成45°角	需要凉蛋的每天1～2次，每次15～30分钟	7天头照，13天抽检，17天二照	60次/分	19天或1%的种蛋有啄壳时
鸭	38～37.5	21%，不得低于20%	0.5%，不得超过1%	24～26℃	50%～60%，出雏时要求90%			7天头照，13天抽检，25天二照	60次/分	26
鹅	37.5～38	21%，不得低于20%	0.5%，不得超过1%	24～26℃	50%～60%，出雏时要求90%			8天头照，15天抽检，26天二照	65次/分	28

资料来源：杨宁《家禽生产学（第二版）》（中国农业出版社，2011），孙茂红、范佳英《蛋鸡养殖新概念》（中国农业大学出版社，2010），同禄云《畜牧兽医常用数值手册》（陕西科学技术出版社，1982）等资料，结合生产实际编制。

表 4-32　各种禽卵孵化时需要的主要条件

项目	鸡卵	鸭卵	鹅卵	番鸭卵	鸽卵	鹌鹑卵	火鸡	珍珠鸡
孵化天数	21	28	30	33～35	18	18	27～28	26
孵化时需要的温度（℃）	1～6 天 39.5，7～14 天 38.0，15 天 39.0，16～21 天 38～38.5	1～7 天 39.0，8～16 天 38.0，17 天 38.0，18～28 天 37.5～38.0	1～8 天 39.0，9～18 天 38.0，19 天 38.5，20～30 天 37.5～38.0		1～3 天 37.8，4～11天37.6，12～18 天 37.5	0～5 天 38.6，6～14 天 38，15～17 天 37	1～3 天 37.8，4～14天37.7，15～28天 37.5	1～3 天 38.5，4～13 天 38，14～26天37.8
相对湿度（%）	初期60～70,后期50～55，出壳时 65	出壳时 90	出壳时 90			60，出雏时为 70	60～90，出雏时 65～70	60～70，出雏时 65～70

资料来源：杨宁《家禽生产学（第二版）》（中国农业出版社，2011），王文三、许乃谦《畜牧兽医常用数据手册》（辽宁人民出版社，1982）。

表 4-33　四种家禽不同胚龄胚胎发育的主要特征

胚龄（天）			胚胎发育的主要特征
鸡	鸭、火鸡	鹅	
1	1～1.5	1～2	形成左右对称呈正方形薄片的体节 4～5 对；胚胎边缘出现红点，称“血岛”，俗称“白光珠”
2	1.5～3	3～3.5	开始形成卵黄囊、羊膜和绒毛膜；孵化 30～42 小时，心脏开始跳动，可见 20～27 对体节，照蛋呈“樱桃珠”
3	4	4.5～5	尿囊开始长出，开始形成前后肢芽，眼色素开始沉着；照蛋呈“蚊虫珠”
4	5	5.5～6	卵黄囊血管包围蛋黄达 1/3，肉眼可明显看到尿囊；形成羊膜腔和舌，照蛋呈“小蜘蛛”
5	6	7	胚极度弯曲，呈 C 形；可见趾（指）原基；眼黑色素大量沉着；性腺已性分化，组织学上可分公母；照蛋呈“黑眼”
6	7～7.5	8～8.5	尿囊达蛋壳内表面，卵黄囊达蛋黄 1/2 以上；羊膜平滑肌收缩，胚运动；喙原基出现，翅脚可区分；照蛋呈“双珠”
7	8～8.5	9～9.5	形成“卵齿”、口腔、鼻孔和肌胃；胚胎显示鸟类特征；照蛋胚沉入羊水中不易看清，俗称“沉”
8	9～9.5	10～10.5	可明显分辨肋骨、肝脏、肺脏和胃；颈、背和四肢出现羽毛乳头突起；照蛋时，可见胚在羊水中浮游，俗称“浮”；背面两边蛋黄不易晃动，称“边口发硬”
9	10.5	11.5～12.5	喙开始角质化，软骨开始骨化；眼睑达虹膜，胸腔已愈合，尿囊绒毛膜越卵黄囊；照蛋称“窜筋”

（续）

胚龄（天）			胚胎发育的主要特征
鸡	鸭、火鸡	鹅	
10	13	15	颈、背和大腿覆盖羽毛乳头突起；形成胸骨突；照蛋时尿囊绒毛膜在蛋小头“合拢”
11	14	16	背部出现绒毛，冠呈锯齿状，腺胃明显可辨；腹腔即将完全闭合，仅保留脐部的开口；浆羊膜道已形成，但未打通
12	15	17	身躯覆盖绒毛；胃、肠可见蛋白
13	16～17	18～19	头和身体大部分覆盖绒毛；跖趾出现鳞片原基；眼睑达瞳孔
14	18	20	胚胎全身覆盖绒毛，头向气室；胚胎逐渐与蛋长轴平行
15	19	21	翅完全成形；跖、趾开始形成鳞片，眼睑闭合
16	20	22～23	冠和肉垂明显可辨；蛋小头仅有少量蛋白，照蛋时，小头仅有少量发亮
17	20～21	23～24	两脚紧抱头部，喙向气室，蛋的小头已没有蛋白；羊膜中仍有少量蛋白羊水；照蛋时，蛋小头看不到发亮，俗称“封门”
18	22～23	25～26	头弯曲在右翼下，喙向气室；眼开始睁开；照蛋时气室倾斜，俗称“斜口”
19	24.5～25	27.5～28	尿囊绒毛膜血管开始枯萎，绝大部蛋黄与卵黄囊缩入腹腔；雏开始啄壳，可闻雏鸣叫；照蛋时，可见气室有翅、喙和颈的黑影闪动，俗称“闪毛”
20	25.5～27	28.5～30	尿囊绒毛膜血管完全枯萎，血循环停止，20.5胚龄大量啄壳出雏
21	27.5～28	30.5～32	雏孵出

注：表中数据代表胚龄（天）。

表 4-34　孵化相对湿度检索表

机体内温度（℃）	湿度和温度的相差数													
	0	1	2	3	4	5	6	7	8	9	10	11	12	13
35	100	93	87	80	74	68	63	58	53	47	41	37	35	31
36	100	94	87	80	75	69	63	58	54	48	41	38	36	32
37	100	94	87	81	75	69	64	59	54	49	42	39	37	33
38	100	94	88	81	75	70	65	60	55	49	42	39	38	34
39	100	94	88	81	76	70	65	60	55	50	43	40	38	35
40	100	94	88	82	76	71	66	61	56	51	43	41	39	35
41	100	94	88	82	76	71	66	61	56	51	44	41	39	36
42	100	94	88	82	76	71	66	61	56	52	45	42	40	36
43	100	94	88	82	76	71	67	62	57	53	45	43	41	37
44	100	94	88	82	77	72	67	62	57	53	47	44	41	37
45	100	94	88	82	77	72	67	63	58	54	48	44	42	38

资料来源：王文三、许乃谦《畜牧兽医常用数据手册》（辽宁人民出版社，1982）。

第五章　养殖场管理

第一节　畜群结构

表 5-1　万头猪场猪群结构

猪群种类	饲养期（周）	组数（组）	每组头数（头）	存栏数（头）	备注
空怀配种母猪群	5	5	30	150	配种后观察 21 天
妊娠母猪群	12	12	24	288	
泌乳母猪群	6	6	23	138	
哺乳仔猪群	5	5	230	1 150	按出生头数计算
保育仔猪群	5	5	207	1 035	按转入的头数计算
生长育肥猪群	13	13	196	2 548	按转入的头数计算
后备母猪群	8	8	8	64	8 个月配种
公猪群	52			23	不转群
后备公猪群	12			8	9 个月使用
总存栏数				5 404	最大存栏头数

资料来源：杨公社《猪生产学》（中国农业出版社，2002）。

表 5-2　不同规模猪场猪群参考结构

猪群种类	存栏数量（头）					
生产母猪	100	200	300	400	500	600
空怀配种母猪	25	50	75	100	125	150
妊娠母猪	51	102	156	204	252	312
泌乳母猪	24	48	72	96	126	144
后备母猪	10	20	26	39	46	52
公猪（含后备公猪）	5	10	15	20	25	30
哺乳仔猪	200	400	600	800	1 000	1 200
保育仔猪	180	360	540	720	900	1 080
生长育肥猪	445	889	1 334	1 778	2 223	2 668
总存栏	940	1 879	2 818	3 757	4 697	5 636
全年上市商品猪	1 696	3 391	5 086	6 782	8 477	10 173

资料来源：杨公社《猪生产学》（中国农业出版社，2002）。

表 5-3 母猪群的年龄结构

类别	年龄（年）	占基础母猪总数（%）	备 注
鉴定母猪	1～1.5	40～60	不包括在基础母猪群内，经一产鉴定合格者转入基础母猪群，不合格者淘汰育肥
	1.5～2	35	
	2～3	30	
基础母猪	3～4	20	
	4～5	10	
	5 以上	5	
核心母猪	2～5	25	包括在基础母猪内，主要为本场提供后备猪

注：育种场和商品场母猪群的年龄结构应根据猪场的实际情况和生产要求参考上表作适当调整。
资料来源：杨公社《猪生产学》（中国农业出版社，2002）。

表 5-4 20 万只综合蛋鸡场的鸡群组成

项 目	商品代			父母代			
	雏鸡	育成鸡	成年鸡	雏鸡和育成鸡		成年鸡	
				母	公	母	公
入舍数量（只）	264 479	238 692	222 222	3 950	395	3 200	320
成活率（%）	95	98	90	90	90		
选留率（%）	95	95		90	90		
期末数量（只）	238 692	222 222	200 000	3 200	320	3 112	312

注：每只父母代成年母鸡每年生产母雏按 85 只计，父母代公雏的 1/10 计（自然交配）。
资料来源：李如治《家畜环境卫生学（第三版）》（中国农业出版社，2010）。

畜群结构补充数据

奶牛场的牛群结构：

奶牛场的牛群结构一般为成年母牛占 50%～60%，后备母牛 8%～12%，2 岁以下母牛 10%～15%，1 岁以下母牛 12%～18%；种公牛 2%以下或不养。成年母牛中，一、二胎母牛占 35%，三、四、五胎占 45%，六胎及以上占 20%；若为常年平均衡生产，母牛中 80%处于产乳，20%干乳。

资料来源：李如治《家畜环境卫生学（第三版）》（中国农业出版社，2010）。

第二节　饲养管理定额

表 5-5　各种畜禽的饲料管理定额

奶牛（包括挤奶）		猪		鸡		羊		马	
分类	定额（头/人）	分类	定额（头/人）	分类	定额（只/人）	分类	定额（只/人）	分类	定额（匹/人）
犊牛	20～25	基础母猪	20～25	种鸡	500～600	种公羊	40～70	种公马	2～3
育成牛	30	后备母猪	60～80	肉鸡	700	种母羊	50	母马	8～10
公牛	4～6	肥猪	80～100	卵用鸡	500～600	育肥羊	200～400	役马	25～30
小母牛	20～30	种公猪	10～12	雏鸡	1 000	细毛羊	150～200		
奶牛	8～10	孕前母猪	60～80			粗毛羊	200～250		
		孕后母猪	20～25			放牧羊	80～100		

注：人力操作的管理定额。

资料来源：王文三、许乃谦《畜牧兽医常用数据手册》（辽宁人民出版社，1982）。

表 5-6　养鸡生产的劳动定额

工种	内容	定额（只/人）	工作条件
肉种鸡育雏育成平养	一次清粪	1 800～3 000	饲料到舍（下同），供水自动，人工供暖或集中供暖
肉种鸡育雏育成笼养	经常清粪，人工供暖	1 800～3 000	
肉种鸡两高一低	一次清粪	1 800～2 000	手工供料，自动供水，手工捡蛋
平养		3 000	自动供水，机械供料，手工捡蛋
肉种鸡笼养	全部手工操作，人工输精	3 000/2	两层笼养，手工供料，自动供水
肉用仔鸡	1 日龄至上市	5 000	人工加料，人工供暖，自动饮水
		10 000～20 000	集中供暖，自动加料，自动饮水
蛋鸡 1～49 日龄	四层笼养，头一周值夜班，注射疫苗	6 000/2	注射疫苗时防疫员尚需帮工
50～140 日龄育成鸡	三层育成笼，饲喂、清粪	6 000	自动饮水，人工饲喂，清粪

（续）

工种	内容	定额（只/人）	工作条件
一段育成1～140日龄	机械化程度高，笼育、平面网上	6 000	自动饮水，机械喂料，刮粪
蛋鸡笼养	全部手工，饲喂、捡蛋	500～10 000 7 000～12 000	粪场位于200米以内，自动供水，机械饲喂、刮粪，或一次清粪
蛋种鸡笼养（祖代减半）	饲养与人工授精	2 000～2 500	乳头自动饮水
孵化	孵化操作与雌雄鉴别，注射疫苗	孵化器容量为每2万孵化蛋位1～1.5人	蛋车式，自动化程度较高
清粪		3万～4万只的粪	由笼下人工刮出来再运走，粪场200米以内

资料来源：杨宁《家禽生产学（第二版）》（中国农业出版社，2011）。

表5-7　几种主要畜禽的粪尿产量（鲜重）

种类	体重（千克）	每头（只）每天排泄量（千克）			平均每头（只）每年排泄量（吨）		
		粪量	尿量	粪尿合计	粪量	尿量	粪尿合计
泌乳牛	500～600	30～50	15～25	45～75	14.6	7.3	21.9
成年牛	400～600	20～35	10～17	30～52	10.6	4.9	15.5
育成牛	200～300	10～20	5～10	15～30	5.5	2.7	8.2
犊牛	100～200	3～7	2～5	5～12	1.8	1.3	3.1
马	300～350	15.5	5	20.5	5.27	1.825	7.3
羊	40～60	1.5	0.75	2.25	0.547	0.274	0.821
种公猪	200～300	2.0～3.0	4.0～7.0	6.0～10.0	0.9	2.0	2.9
空怀、妊娠母猪	160～300	2.1～2.8	4.0～7.0	6.1～9.8	0.9	2.0	2.9
哺乳母猪		2.5～4.2	4.0～7.0	6.5～11.2	1.2	2.0	3.2
培育仔猪	30	1.1～1.6	1.0～3.0	2.1～4.6	0.5	0.7	1.2
育成猪	60	1.9～2.7	2.0～5.0	3.9～7.7	0.8	1.3	2.1
育肥猪	90	2.3～3.2	3.0～7.0	5.3～10.2	1.0	1.8	2.8
产蛋鸡	1.4～1.8	0.14～0.16			55千克		
肉用鸡	0.04～2.8	0.13			到10周龄9.0千克		

资料来源：李如治《家畜环境卫生学（第三版）》（中国农业出版社，2010）。

表 5-8　各种粪肥年积肥量定额

项　目	单位	年积肥定额（千克）
猪圈粪	头	10 000
马圈粪	头	10 000～12 500
散牛圈粪	头	15 000～20 000
绵羊圈粪	只	3 500
山羊圈粪	只	2 500
鸡土粪	只	100

注：表中所列圈粪或土粪是纯粪加入 3～5 倍垫圈物或泥土来计算。如垫圈物或泥土比例增加，则积肥定额也相应提高，而粪肥质量则下降。

资料来源：辽宁农专分院、沈阳农学院《农作物生产技术手册》，入编于王文三、许乃谦《畜牧兽医常用数据手册》(辽宁人民出版社，1982)。

第三节　畜禽的饲养密度

表 5-9　猪的饲养密度

猪　　别	体重（千克）	地面种类及每猪所占面积（米^2）		每栏头数
		非漏缝	局部或全部漏缝	
断奶仔猪	4～11	0.37	0.26	20～30
小猪	11～18	0.56	0.28	20～30
	18～45	0.74	0.37	20～30
育肥猪	45～68	0.93	0.56	10～15
	68～95	1.11	0.74	10～15
青年母猪	113～136	1.39	1.11	12～15
青年母猪（已孕）		1.58	1.30	12～15
成年母猪	136～227	1.67	1.39	12～15
带仔母猪		3.25	3.25	—

引自 Pond，1974，*Swine Production in Temperate and Tropical Environments*。

注：公猪要单栏饲养，圈舍面积为 8～9 米^2。

表 5-10　商品蛋鸡不同饲养方式的饲养密度

单位：只/米²

蛋鸡类型	地面平养	网上平养	地网混养	笼养
轻型蛋鸡	6.3	11.0	7.2	26.3
中型蛋鸡	5.4	8.5	6.3	20.8

资料来源：杨宁《家禽生产学》(中国农业出版社，2002)。

表 5-11　不同饲养方式蛋种鸡饲养密度

<table>
<tr><th rowspan="2">鸡种</th><th colspan="2">网上平养</th><th colspan="2">笼养</th></tr>
<tr><th>米²/只</th><th>只/米²</th><th>米²/只</th><th>只/米²</th></tr>
<tr><td>轻型蛋鸡</td><td>0.11</td><td>9.1</td><td>0.045</td><td>22</td></tr>
<tr><td>中型蛋鸡</td><td>0.14</td><td>7.1</td><td>0.045～0.05</td><td>20～22</td></tr>
</table>

注：引自王宝维，1998。

表 5-12　蛋用雏鸡的饲养密度

<table>
<tr><th colspan="2">地面平养</th><th colspan="2">立体笼养</th><th colspan="2">网上平养</th></tr>
<tr><th>周龄</th><th>只数/米²</th><th>周龄</th><th>只数/米²</th><th>周龄</th><th>只数/米²</th></tr>
<tr><td>0～6</td><td>13～15</td><td>1～2</td><td>60</td><td>0～6</td><td>13～15</td></tr>
<tr><td>7～12</td><td>10</td><td>3～4</td><td>40</td><td rowspan="4">7～18</td><td rowspan="4">8～10</td></tr>
<tr><td rowspan="3">12～20</td><td rowspan="3">8～9</td><td>5～7</td><td>34</td></tr>
<tr><td>8～11</td><td>24</td></tr>
<tr><td>12</td><td>14</td></tr>
</table>

资料来源：本溪县农业中心《农业技术培训手册》(2009)。

表 5-13　肉鸡雏鸡的饲养密度

周龄	1～2 周龄	3～4 周龄	5～6 周龄	7～8 周龄
密度	30～40 只/米²	15～20 只/米²	12～17 只/米²	7～11 只/米²

资料来源：本溪县农业中心《农业技术培训手册》(2009)。

表 5-14　肉用种鸡饲养密度

<table>
<tr><th colspan="2">鸡　　别</th><th>地面类型</th><th>每只鸡所需面积（米²）</th><th>每平方米养鸡只数</th></tr>
<tr><td rowspan="2">5～6 周龄以前</td><td>公</td><td>平养</td><td>0.093</td><td>10.8</td></tr>
<tr><td>母</td><td>平养</td><td>0.139</td><td>7.2</td></tr>
</table>

（续）

鸡　　别		地面类型	每只鸡所需面积（米²）	每平方米养鸡只数
育成鸡	公	平养	0.27	3.6
	母	平养	0.37	2.7
成年鸡	小型肉用型(母)	平养	0.21	4.8
		栅养或网养	0.14	7.2
	普通肉用型(母)	平养	0.28	3.6
		栅养或网养	0.19	5.4

资料来源：王庆镐《家畜环境卫生学》（农业出版社，1981）。

表 5-15　每头肉牛所需的面积

牛　　别	每头所需面积（米²）
繁殖母牛（带或不带小牛）	4.65
犊牛（每栏养数头）	1.86
断奶小牛	2.79
1 岁小牛	3.72
育肥牛（育肥期间平均体重 340 千克）	4.18
育肥牛（育肥期间平均体重 431 千克）	4.65
公牛（牛栏面积）	11.12
分娩母牛（分娩栏面积）	9.29～11.12
母牛（牛栏面积）	2.04

资料来源：王庆镐《家畜环境卫生学》（农业出版社，1981）。

表 5-16　各类羊只所需的羊舍面积

羊　　别	面积（米²/只）	羊　　别	面积（米²/只）
春季产羔母羊	1.1～1.6	成年羯羊和育成公羊	0.7～0.9
冬季产羔母羊	1.4～2.0	1 岁育成母羊	0.7～0.8
群养公羊	1.8～2.25	去势羔羊	0.6～0.8
种公羊（独栏）	4～6	3～4 月龄的羔羊	占母羊面积的 20%

资料来源：赵有璋《羊生产学（第二版）》（中国农业出版社，2012）。

第六章　养猪生产数据

表 6-1　养猪场种类及规模划分（按年出栏商品猪数分类）

类型	年出栏商品猪头数	年饲养种母猪头数
小型场	≤5 000	≤300
中型场	5 000～10 000	300～600
大型场	>10 000	>600

注：实际生产中常将 100 头基础母猪称为 1 个规模。

资料来源：李如治《家畜环境卫生学（第三版）》（中国农业出版社，2010）。

表 6-2　各类猪的圈养头数及每头猪的占栏面积和采食宽度

猪群类型	大栏群养头数	每圈适宜头数	面积（米^2/头）	采食宽度（厘米/头）
断奶仔猪	20～30	8～12	0.3～0.4	18～22
后备猪	20～30	4～5	1.0	30～35
空怀母猪	12～15	4～5	2.0～2.5	35～40
妊娠前期母猪	12～15	2～4	2.5～3.0	35～40
妊娠后期母猪	12～15	1～2	3.0～3.5	40～50
设防压架的母猪	—	1	4.0	40～50
泌乳母猪	1～2	1～2	6.0～9.0	40～50
生长育肥猪	10～15	8～12	0.8～1.0	35～40
公猪	1～2	1	6.0～8.0	35～45

资料来源：杨公社《猪生产学》（中国农业出版社，2002）。

表 6-3　母猪各项繁殖性能的理论水平和实际生产力

项　　目	理论值范围	中等猪群	优等猪群
性成熟（日龄）	150～210	180	
排卵率（个）			
青年母猪	8～18	14	16
成年母猪	10～30	18	22

（续）

项　　目	理论值范围	中等猪群	优等猪群
受胎率（%）	60～100	85	95
胚胎死亡率（%）	20～40	35	25
窝产仔数（头）			
活产	6～18	10.5	12.0
死产	0～2	0.8	0.5
断奶育成	6～14	9.0	11.0
断奶前死亡率（%）	5～25	12	5
断奶到受胎间隔（天）	8～20	16	7
产仔间隔（天）	135～165	158	146
每头母猪年产仔窝数（窝）	2.20～2.70	2.30	2.50
每头母猪每年产仔猪头数（头）	15～28	19	25

资料来源：杨公社《猪生产学》（中国农业出版社，2002）。

表 6-4　猪繁殖性状的遗传力估计值

性　状	遗传力
产活仔数	0.11
总产仔数	0.11
3周龄仔猪数	0.08
断奶仔猪数	0.06
仔猪断奶前成活率	0.05
初生重	0.15
3周龄重	0.13
断奶重	0.12
初生窝重	0.15
3周龄窝重	0.14
断奶窝重	0.12
初产日龄	0.15
产仔间隔	0.11

注：猪繁殖性状遗传重复力平均0.15。

资料来源：杨公社《猪生产学》（中国农业出版社，2002）。

表 6-5 猪生长和胴体性状的遗传力估计值

性　　状	均值	遗传力范围
日增重	0.34	0.1～0.76
达 100 千克日龄	0.30	0.27～0.89
日采食量	0.38	0.24～0.62
饲料转化率	3.23	0.15～0.43
活体背膘厚	0.52	0.4～0.6
屠宰率	0.31	0.20～0.40
平均背膘厚	0.50	0.30～0.74
眼肌面积	0.48	0.16～0.79
胴体瘦肉率	0.46	0.4～0.85

资料来源：杨公社《猪生产学》(中国农业出版社，2002)。

表 6-6 猪的常用矿物盐的元素组成和含量

矿物盐名称	分子式	元素	元素含量（%）	相对生物学利用率（%）
硫酸亚铁	$FeSO_4 \cdot 7H_2O$	Fe	20.1	100
硫酸亚铁	$FeSO_4 \cdot H_2O$	Fe	32.7	100
碳酸亚铁	$FeCO_3$	Fe	41.7	15～80
氯化亚铁	$FeCl_2 \cdot 6H_2O$	Fe	20.7	40～100
硫酸铜	$CuSO_4 \cdot 5H_2O$	Cu	25.5	100
硫酸铜	$CuSO_4$	Cu	39.8	100
氯化铜	$CuCl_2 \cdot 2H_2O$	Cu	47.2	100
硫酸锌	$ZnSO_4 \cdot 7H_2O$	Zn	22.7	100
硫酸锌	$ZnSO_4 \cdot H_2O$	Zn	36.4	100
碳酸锌	$ZnCO_3$	Zn	52.1	100
氧化锌	ZnO	Zn	80.3	50～80
氯化锌	$ZnCl_2$	Zn	48.0	100
硫酸锰	$MnSO_4 \cdot H_2O$	Mn	29.5	100
碳酸锰	$MnCO_3$	Mn	47.8	30～100
氧化锰	MnO	Mn	77.4	70
氯化锰	$MnCl_2 \cdot 4H_2O$	Mn	27.8	100
二氧化锰	MnO_2	Mn	63.2	35～95
碘化钾	KI	I	76.5	100
碘酸钙	$Ca(IO_3)_2$	I	65.1	100
亚硒酸钠	$Na_2SeO_3 \cdot H_2O$	Se	45.7	100
亚硒酸钠	$Na_2SeO_3 \cdot 5H_2O$	Se	30.0	100

表 6-7　母猪的泌乳量

单位：千克

母猪	哺乳期（日）												
	5日	10日	15日	20日	25日	30日	35日	40日	45日	50日	55日	60日	总计
1号母猪	30.925	35.156	36.300	31.499	30.882	31.300	27.021	17.599	16.500	14.710	10.500	9.323	287.32
2号母猪	40.013	41.475	36.800	33.275	31.410	39.720	29.308	22.050	24.868	17.973	11.200	13.934	341.02
3号母猪	33.665	33.725	49.875	45.725	39.780	41.680	39.000	31.330	24.175	18.250	16.600	9.020	382.87
4号母猪	29.778	38.588	28.795	35.375	38.315	43.890	32.555	23.072	20.429	17.763	13.378	6.590	330.54
5号母猪	24.990	32.681	37.050	31.750	29.835	35.125	25.200	19.249	17.745	15.206	12.800	9.762	289.94
6号母猪	27.530	33.825	31.857	32.895	30.750	37.350	27.117	19.181	16.371	14.200	9.575	5.253	292.14
平均	31.15	35.91	36.78	35.09	33.49	38.18	30.03	22.08	20.01	16.35	12.34	8.98	320.64（60天平均）
每头每日平均	6.23	7.18	7.36	7.02	6.70	7.64	6.01	4.42	4.00	3.27	2.47	1.80	64.13（60天平均）
每次平均泌乳量（克）	266.8	300.4	293.2	303.5	308.8	345.2	271.5	227.2	200.0	180.7	61.4	120.1	257.5

资料来源：母猪一昼夜排乳20次以上。沈阳农学院畜牧兽医系《畜牧生产技术手册》(1978)。

表 6-8　几种猪栏的主要技术参数

猪栏类别	长（毫米）	宽（毫米）	高（毫米）	隔条间距（毫米）	备　注
公猪栏	3 000	2 400	1 200	100～110	
后备母猪栏	3 000	2 400	1 000	200	
妊娠母猪栏	2 000～2 300	500～700	1 000	100	
分娩栏	2 200～2 300	1 700～2 000	1 000	40	
培育栏	1 800～2 000	1 600～1 700	700	70	饲养1窝猪
	2 500～3 000	2 400～3 500	700	70	饲养20～30头
生长栏	2 700～3 000	1 900～2 100	800	100	饲养1窝猪
	3 200～4 800	3 000～3 500	800	100	饲养20～30头
育肥栏	3 000～3 200	2 400～2 500	900	100	饲养1窝猪

注：在采用小群饲养的情况下，空怀母猪栏、妊娠母猪栏的结构和尺寸与后备母猪栏相同。

资料来源：李如治《家畜环境卫生学（第三版）》（中国农业出版社，2010）。

表 6-9　无公害猪肉的理化指标

单位：毫克/千克

项　　目	指标	项　　目	指标
挥发性盐基氮	≤15	六六六（以脂肪计）	≤4.0
汞（以 Hg 计）	≤0.05	滴滴涕（以脂肪计）	≤2.0
铅（以 Pb 计）	≤0.5	敌敌畏	0
砷（以总 As 计）	≤0.5	β-兴奋剂	0
镉（以 Cd 计）	≤0.1	土霉素	≤0.1
铬（以 Cr 计）	≤1.0	磺胺类	≤0.1
解冻失水率（%）	≤8	伊维菌素	≤0.02
金霉素	≤0.1	氯霉素	0

资料来源：杨公社《猪生产学》（中国农业出版社，2002）。

表 6-10　无公害猪肉的微生物指标

项　　目	指标
菌落总数（cfu/克）	$\leqslant 5\times10^{6}$
大肠菌群（MPN/克）	$\leqslant 1\times10^{2}$
沙门氏菌	0

资料来源：杨公社《猪生产学》（中国农业出版社，2002）。

表 6-11　商品猪场的工艺参数

指　　标	参数
妊娠期（天）	114
哺乳期（天）	35
仔猪培育期（天）	28～35
断奶至受胎（天）	7～10
繁殖周期（天）	163～169
母猪年产胎次	2.24
母猪窝产仔数（头）	10
窝产活仔数（头）	9
种猪年更新率（%）	33
母猪情期受胎率（%）	85

（续）

指　　标	参数
圈舍冲洗消毒时间（天）	7
繁殖节律（天）	7
周配种次数	1. 2～1. 4
妊娠母猪提前进入产房时间（天）	7
母猪配种后原圈观察时间（天）	21
成活率（%）	
哺乳期	90
仔猪培育期	95
育成育肥期	98
公母比例	
自然交配	1∶25
人工授精	1∶100
每头母猪年产活仔数	
初生（头）	19. 8
30 日龄（头）	17. 8
36～70 日龄（头）	16. 9
72～180 日龄（头）	16. 5
初生至 180 日龄体重（千克）	
初生	1. 2
35 日龄	6. 5
70 日龄	20
180 日龄	90
每头母猪年产肉量（活重，千克）	1 575. 0
平均日增重（克）	
初生至 35 日龄	156
36～70 日龄	386
71～180 日龄	645

资料来源：李如治《家畜环境卫生学（第三版）》（中国农业出版社，2010）。

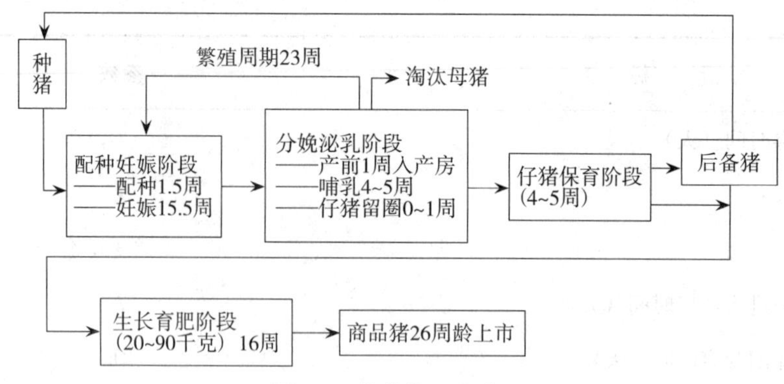

图 6-1 养猪的工艺流程

资料来源：李如治《家畜环境卫生学（第三版）》（中国农业出版社，2010）。

养猪生产补充数据

一、生长育肥猪的适宜屠宰活重

地方猪种中早熟、矮小的猪及其杂种猪适宜屠宰活重为 70～75 千克，其他地方猪种及其杂种猪的适宜屠宰活重为 75～85 千克；我国培养猪种和以我国地方猪种为母本、国外瘦肉型猪为父本的二元杂种猪，适宜屠宰活重为 85～90 千克；以两个瘦肉型品种猪为父本的三元杂种猪，适宜屠宰活重为 90～100 千克；从培育品种猪为母本，两个瘦肉型品种猪为父本的三元杂种猪和瘦肉型品种猪间的杂种后代，适宜屠宰活重为 100～115 千克。

笔者认为，育肥猪的屠宰适时期除了体重要求外，饲养期也要有时间要求，除早熟品种外，其余的整个饲养期不得少于 8～10 个月，这样才能提高肉的适口性（即香度）肉质得到改善、促进销量增加。增加的饲养成本，可通过价格进行调整。

二、猪洗浴池

优良种猪在南方地区，最好设置洗浴池以供夏季洗浴之用，多用水泥制造。洗浴池一般外长 4.4 米，外宽 3.3 米，池壁厚 10 厘米，池的一端设有一阶梯的斜坡，呈 30%的斜角，靠阶梯的一端地面，造一长 3.3 米，宽 2.2 米的水泥地面。池的深度靠阶梯一端为 30 厘米，另一端深 45 厘米，并在一角开一出水孔，以便排出污水之用。池的三个边应高出地面 5 厘米。

资料来源：一引自杨公社《猪生产学》（中国农业出版社，2002），作者有修改；二引自梁达新《牧场管理》（畜牧兽医图书出版社，1954）。

第七章　家禽生产数据

表 7-1　家禽主要生产、生理性状遗传参数

产蛋性状	遗传力估计值	肉用性状	遗传力估计值	生理性状	遗传力估计值	相关性状	遗传相关
产蛋量	0.14～0.24	体重	父系半同胞估计值 0.41*	蛋鸡饲料转化率	0.16～0.52	蛋重—体重	0.5
蛋重	0.5	体重	母系半同胞估计值 0.70*	肉鸡饲料转化率	理论值 0.4	蛋重—产蛋量	0.4 以上
蛋壳强度	0.3～0.4（遗传力）	体重	全同胞估计值 0.54*	生活力	0.10	体重—胸深	0.8
蛋白高度	0.38	增重	父系半同胞估计值 0.5*	受精率	低于 0.10	腹脂量—体重	0.5
血斑和肉斑	0.25	增重	母系半同胞估计值 0.7*	孵化率	0.09～0.14	腹脂率—体重	0.3
褐壳蛋鸡蛋壳颜色	0.3（遗传力）	增重	全同胞估计值 0.64*			肉用家禽体重、增重—耗料量	0.5～0.9
		屠宰率	0.3 左右			初产日龄—年产蛋量	−0.3
		屠体含水量	0.38（遗传力）				
		屠体蛋白质含量	0.47（遗传力）				
		屠体脂肪含量	0.48（遗传力）				
		腹脂率	0.54～0.80（遗传力）				

注：＊体重和增重遗传力估计值是 Cbambers（1990）综合近 100 项研究结果后得出。

资料来源：杨宁《家禽生产学》，2002。

表 7-2　养鸡场种类及规模划分

单位：万只/万鸡位

类别			大型场	中型场	小型场
种鸡场	祖代鸡场		≥1.0	<1.0，≥0.5	<0.5
	父母代	蛋鸡场	≥3.0	<3.0，≥1.0	<1.0
		肉鸡场	≥5.0	<5.0，≥1.0	<1.0

（续）

类别	大型场	中型场	小型场
蛋鸡场	≥20.0	<20.0，≥5.0	<5.0
肉鸡场	≥100.0	<100.0，≥50.0	<50.0

注：肉鸡规模为年出栏数，其余鸡场规模系成年母鸡鸡位。

资料来源：李如治《家畜环境卫生学（第三版）》（中国农业出版社，2010）。

表 7-3　孵化效果不良的原因分析

不良现象	原　　因
蛋爆裂	蛋脏，被细菌污染；孵化器内脏
照蛋时清亮	未受精；甲醛熏蒸过度或种蛋贮存过度，胚胎入孵前就已死亡
胚胎死于 2～4 天	种蛋贮存太长；种蛋被剧烈震动；孵化温度过高或过低；种鸡染病
蛋上有血环，胚胎死于 7～14 天	种鸡日粮不当；种鸡染病；孵化器内温度过高或过低；供电故障，转蛋不当；通风不良，二氧化碳浓度过量
气室过小	种鸡日粮不当；蛋大；孵化湿度过高
气室过大	蛋小；1～19 天期间湿度过低
雏鸡提前出壳	蛋小；品种差异（来航鸡出壳早）；温度计读数不准，1～19 天温度高或湿度低
出壳延迟	蛋大；蛋贮存时间长；室温多变；温度计不准，1～19 天温度低或湿度高；19 天后温度低
胚胎已发育完全但喙未进入气室	种鸡日粮不当；孵化 1～10 天温度过高；第 19 天湿度过高
胚胎已充分发育喙进入气室后死亡	种鸡日粮不当；孵化器内空气循环不良；孵化 20～21 天期间温度过高或湿度过高
雏鸡在啄壳后死亡	种鸡日粮不当；致死基因；种鸡群染病；蛋在孵化时小头向上，蛋壳薄，头两周未转蛋；蛋移至出雏器太迟；20～21 天空气循环不良或二氧化碳含量过高；20～21 天温度过高或湿度过低；孵化 1～19 天温度不当
胚胎异位	种鸡日粮不当；蛋在孵化时小头向上，畸形蛋，转蛋不正常
蛋白粘连鸡身	移盘过迟；孵化 20～21 天温度过高或湿度过低；绒毛收集器功能失调
蛋白粘连初生绒毛	种蛋贮存时间长；20～21 天空气流速过低，孵化器内空气不当，20～21 天温度过高或湿度过低；绒毛收集器功能失调
雏鸡个体过小	种蛋产于炎热天气；蛋小；蛋壳薄或沙皮；孵化 1～19 天湿度过低
雏鸡个体过大	蛋大；孵化 1～19 天湿度过高

（续）

不良现象	原　　因
不同孵化盘孵化率和雏鸡品质不一致	种蛋来自不同的鸡群，蛋的大小不同，种蛋贮存时间不等，某些种鸡群遭受疾病或应激；孵化器内空气循环不足
棉花鸡（鸡软）	孵化器内不卫生；孵化1～19天温度低；20～21天湿度过高
雏鸡脱水	种蛋入孵过早，20～21天期间温度过低，雏鸡出壳后在出雏器内停留时间过久
脐部收口不良	鸡种日粮不当，20～21天期间温度过低，孵化器内温度发生很大变化，20～21天期间通风不良
脐部收口不良、脐炎，潮湿有气味	孵化厂和孵化器不卫生
雏鸡不能站立	种鸡日粮不当，1～21天期间温度不当，1～19天孵化期间湿度过高，1～21天期间通风不良
急难跛足	种鸡日粮不当，1～21天期间温度变化，胚胎异位
弯趾	种鸡日粮不当，1～19天孵化期间温度不当
八字腿	出雏盘太光滑
绒毛过短	种鸡日粮不当，1～10天孵化期间温度过高
双眼闭合	20～21天期间温度过高，20～21天期间湿度过低，出雏器内绒毛飞扬，绒毛收集器功能失调

资料来源：杨宁《家禽生产学》（中国农业出版社，2002）。

表7-4　禽舍内各种气体的致死浓度和最大允许浓度

气体	致死浓度（%）	最大允许浓度（%）
二氧化碳	＞30	＜1
甲烷	＞5	＜5
硫化氢	＞0.05	＜0.004
氨	＞0.05	＜0.002 5
氧	＜6	

资料来源：杨宁《家禽生产学》（中国农业出版社，2002）。

表7-5　开放式禽舍的光照制度

周龄	光照时间	
	5月4日至8月25日出雏	8月26日至翌年3月5日出雏
0～1	22～23	22～23
2～7	自然光照	自然光照

（续）

周龄	光照时间	
	5月4日至8月25日出雏	8月26日至翌年3月5日出雏
8～17	自然光照	恒定此期间最长光照
18～68	每周增加0.5～1小时至16小时恒定	每周增加0.5～1小时至16小时恒定
69～72	17小时	17小时

资料来源：杨宁《家禽生产学》（中国农业出版社，2002）。

表7-6 肉仔鸡每1 000只每天饮水量

单位：升

周龄	10℃	21℃	32℃
1	23	30	38
2	49	60	102
3	64	91	208
4	91	121	272
5	113	155	333
6	140	185	300
7	174	216	28
8	189	235	450

资料来源：杨宁《家禽生产学》（中国农业出版社，2002）。

表7-7 黄羽肉鸡父母代种鸡主要生产性能指标

项　　目	指标	项　　目	指标
开产体重（千克）	2.0～2.1	平均种蛋合格率（%）	97
开产周龄（5%产蛋率）	24～25	种蛋平均受精率（%）	92
产蛋高峰周龄	29～30	种蛋平均孵化率（%）	85
产蛋高峰产蛋率（%）	85～87	育雏育成期成活率（%）	95
68周龄入舍母鸡产蛋数（枚）	175	产蛋期死亡率（%）	8
68周龄饲养日产蛋数（枚）	180	育雏育成期耗料量（千克）	10
68周龄提供的雏鸡数（只）	140～145	产蛋期耗料量（千克）	42

资料来源：杨宁《家禽生产学》（中国农业出版社，2002）。

表 7-8　肉用种鸭父母代种鸭标准体重

单位：千克

周龄	母鸭			公鸭			周龄	母鸭			公鸭		
	+2%	标准	-2%	+2%	标准	-2%		+2%	标准	-2%	+2%	标准	-2%
4	1.230	1.205	1.180	1.455	1.430	1.400	16	2.485	2.435	2.385	2.815	2.760	2.705
5	1.485	1.455	1.425	1.715	1.680	1.650	17	2.555	2.505	2.455	2.890	2.830	2.770
6	1.690	1.655	1.620	1.970	1.930	1.890	18	2.575	2.525	2.475	2.920	2.860	2.800
7	1.840	1.805	1.770	2.170	2.130	2.090	19	2.596	2.545	2.490	2.950	2.890	2.830
8	1.910	1.875	1.840	2.245	2.200	2.155	20	2.615	2.565	2.515	2.980	2.920	2.860
9	1.975	1.935	1.900	2.305	2.260	2.215	21	2.640	2.585	2.530	3.010	2.950	2.890
10	2.035	1.995	1.955	2.370	2.320	2.270	22	2.660	2.605	2.550	3.040	2.980	2.920
11	2.120	2.075	2.030	2.450	2.400	2.350	23	2.680	2.625	2.570	3.070	3.010	2.950
12	2.220	2.155	2.110	2.530	2.480	2.430	24	2.730	2.675	2.620	3.130	3.070	3.010
13	2.270	2.225	2.180	2.600	2.550	2.500	25	2.780	2.725	2.670	3.190	3.130	3.070
14	2.340	2.295	2.250	2.670	2.620	2.570	26	2.830	2.775	2.720	3.255	3.190	3.125
15	2.410	2.365	2.230	2.745	2.690	2.635							

资料来源：杨宁《家禽生产学》（中国农业出版社，2002）。

表 7-9　白壳蛋鸡强制换羽方案

分期	处理日期第一天算起	天数	饲料	饮水	光照（时/天）	
					封闭禽舍	开放禽舍
实施期（共12天）	1～3	3	停食	停水	8	停止补光
	4～12	9	停食	给水	8	禽舍遮暗
恢复期（共30天）	13	1	30克/只，育成料	给水	8	
	14～19	6	每两天增20克至19天每天90克/只	给水		停止补光
	20～26	7	自由采食育成料	给水	8	
	27～42	16	自由采食育成料	给水	每天增0.5小时	每天增0.5小时
产蛋期	43天至56周	44周	采食蛋鸡料	给水	16	16～17

注：体重失重达25%～30%或死亡率达3%时，结束实施期。

资料来源：杨宁《家禽生产学》（中国农业出版社，2002）。

表 7-10　肉仔鸡营养标准

营养素	前期料（0～21天）	中期料（22～37天）	后期料（38天至上市）
粗蛋白质（%）	23.0	20.0	18.5
代谢能（兆焦/千克）	13.0	13.4	13.4
粗脂肪（%）	5.0～7.0	5.0～7.0	5.0～7.0

（续）

营养素	前期料（0～21天）	中期料（22～37天）	后期料（38天至上市）
亚油酸（%）	1.0	1.0	1.0
矿物质（%，最低至最高）			
钙（%）	0.90～0.95	0.85～0.90	0.80～0.85
可利用磷（%）	0.45～0.47	0.42～0.45	0.40～0.43
盐（%）	0.30～0.45	0.30～0.45	0.30～0.45
氨基酸（%，最低）*			
精氨酸	1.28	1.20	0.96
赖氨酸	1.20	1.01	0.94
蛋氨酸	0.47	0.44	0.38
蛋氨酸+胱氨酸	0.92	0.82	0.77
色氨酸	0.22	0.19	0.18
微量矿物质（每千克饲料）**			
锰（毫克）	100	100	100
锌（毫克）	75	75	75
碘（毫克）	0.45	0.45	0.45
硒（毫克）	0.30	0.30	0.30
维生素（每千克饲料）			
维生素A（国际单位）	9 000	9 000	9 000
维生素D（国际单位）	3 300	3 300	3 300
维生素E（国际单位）	30.0	30.0	30.0
硫胺（毫克）	2.2	2.2	1.65
核黄素（毫克）	8.0	8.0	6.0
胆碱（毫克）	550	550	440
维生素 B_{12}（国际单位）	0.022	0.022	0.015

注：*代表所列数值按特定能量水平计算，并包括安全差额；**代表除饲料原料含有量外，还需添加的数量。

资料来源：杨宁《家禽生产学》(中国农业出版社，2002)。

表7-11　哈夫单位速查表

蛋白高度（毫米）	蛋重（克）																				
	50	51	52	53	54	55	56	57	58	59	60	61	62	63	64	65	66	67	68	69	70
3.0	52	51	51	50	49	48	48	47	45	45	44										
3.1	53	53	52	51	50	50	49	48	48	47	46										
3.2	54	54	53	52	52	51	50	50	49	48	48										
3.3	56	55	54	54	53	52	52	51	50	50	49										

（续）

蛋白高度（毫米）	蛋重（克）																				
	50	51	52	53	54	55	56	57	58	59	60	61	62	63	64	65	66	67	68	69	70
3.4	57	56	56	55	54	54	53	52	52	52	51										
3.5	58	58	57	56	56	55	54	54	53	53	52										
3.6	59	59	58	58	57	56	56	55	54	54	53										
3.7	60	60	59	59	58	58	57	56	56	55	54										
3.8	62	61	60	60	59	59	58	57	57	56	56										
3.9	63	62	61	61	60	60	59	59	58	57	57										
4.0	64	63	63	62	61	61	60	60	59	59	58										
4.1	65	64	64	63	62	62	61	61	60	60	59										
4.2	66	65	65	64	64	63	62	62	61	61	60										
4.3	67	66	66	65	65	64	64	63	63	62	60										
4.4	68	67	67	66	66	65	65	64	64	63	63										
4.5	69	68	68	67	67	66	66	65	65	64	64										
4.6	69	69	68	68	68	67	67	66	66	65	65										
4.7	70	70	69	69	68	68	68	67	67	66	66										
4.8	71	71	70	70	69	69	69	68	68	67	67										
4.9	72	72	71	71	70	70	70	69	69	68	68										
5.0	73	72	72	72	71	71	70	70	69	69	69	68	68	67	67	67	66	66	65	65	64
5.1	74	73	73	72	72	71	71	71	70	76	69	69	69	66	68	67	67	67	66	66	65
5.2	74	74	74	73	73	72	72	71	71	71	70	70	70	69	69	68	68	68	67	67	66
5.3	75	75	74	74	73	73	73	72	72	71	71	71	70	70	70	69	69	68	68	68	67
5.4	76	76	75	75	74	74	73	73	73	72	72	71	71	71	70	70	70	69	69	69	68
5.5	77	76	76	76	75	75	74	74	74	73	73	72	72	72	71	71	71	70	70	69	69
5.6	77	77	77	76	76	75	75	75	74	74	74	73	73	72	72	72	71	71	71	70	70
5.7	78	78	77	77	76	76	76	75	75	75	74	74	74	73	73	73	72	72	71	71	71
5.8	78	78	78	78	77	77	77	76	76	75	75	75	74	74	74	73	73	73	72	72	72
5.9	79	79	79	78	78	78	77	77	77	76	76	75	75	75	75	74	74		73	73	72
6.0	80	80	80	79	79	78	78	78	77	77	77	76	76	76	75	75	75	74	74	74	73
6.1	81	81	80	80	79	79	79	79	78	78	77	77	77	76	76	76	75	75	75	74	74
6.2	82	81	81	80	80	80	79	79	78	78	78	78	77	77	77	76	76	76	75	75	75
6.3	83	82	81	81	81	80	80	80	79	79	79	78	78	78	77	77	77	76	76	75	76
6.4	83	83	82	82	81	81	81	80	80	80	79	79	79	78	78	78	78	77	77	76	76

（续）

蛋白高度（毫米）	蛋重（克）																				
	50	51	52	53	54	55	56	57	58	59	60	61	62	63	64	65	66	67	68	69	70
6.5	83	83	82	82	82	82	81	81	81	80	80	80	80	79	79	79	78	78	78	77	77
6.6	84	84	83	83	83	82	82	82	81	81	81	81	80	80	80	79	79	79	78	78	78
6.7	85	84	84	84	83	83	83	82	82	82	81	81	81	80	80	80	80	79	79	79	78
6.8	85	85	85	84	84	84	83	83	83	82	82	82	82	81	81	81	80	80	80	79	79
6.9	86	86	85	85	85	84	84	84	84	83	83	82	82	82	82	81	81	81	80	80	80
7.0	86	86	86	86	85	85	85	84	84	84	83	83	83	83	82	82	82	81	81	81	80
7.1	87	86	86	86	86	86	85	85	85	84	84	84	84	83	83	83	82	82	82	81	81
7.2	88	87	87	87	86	86	86	86	85	85	85	84	84	84	84	83	83	83	82	82	82
7.3	88	88	88	87	87	87	86	86	86	86	85	85	85	84	84	84	84	83	83	83	83
7.4	89	89	88	88	88	87	87	87	86	86	86	86	85	85	85	85	84	84	84	83	83
7.5	89	89	89	89	88	88	88	87	87	87	87	86	86	86	85	85	85	85	84	84	84
7.6	90	90	89	89	89	89	88	88	88	87	87	87	87	86	86	86	86	85	85	85	84
7.7	91	90	90	90	89	89	89	89	88	88	88	88	87	87	87	86	86	86	86	85	85
7.8	91	91	91	90	90	90	90	89	89	89	88	88	88	88	87	87	87	86	86	86	86
7.9	92	91	91	91	90	90	90	89	89	89	89	89	88	88	88	88	87	87	87	87	86
8.0	92	92	92	91	91	91	90	90	90	90	89	89	89	89	88	88	88	88	87	87	87
8.1	93	92	92	92	92	91	91	91	90	90	90	90	89	89	89	89	88	88	88	88	87
8.2	93	93	93	92	92	92	92	91	91	91	91	90	90	90	89	89	89	89	88	88	88
8.3	94	93	93	93	93	92	92	92	92	91	91	91	91	90	90	90	90	89	89	89	89
8.4	94	94	94	93	93	93	93	92	92	92	92	91	91	91	91	90	90	90	90	89	89
8.5	95	95	94	94	94	94	93	93	93	92	92	92	92	91	91	91	91	90	90	90	90
8.6	96	96	95	95	94	94	94	93	93	93	93	93	92	92	92	92	91	91	91	91	90
8.7	96	96	95	95	95	94	94	94	94	93	93	93	93	93	92	92	92	92	92	91	91
8.8	96	96	96	95	95	95	95	94	94	94	94	93	93	93	93	93	92	92	92	92	91
8.9	97	96	96	96	96	95	95	95	95	94	94	94	94	94	93	93	93	93	92	92	92
9.0	97	97	97	96	96	96	96	95	95	95	95	94	94	94	94	93	93	93	93	92	92

注：哈夫单位是评定鸡蛋质量的一种方法，即表示蛋质量的一种标准，一般新鲜蛋的哈夫单位为75～82。

表 7-12　鸡舍防疫间距

单位：米

类别		同类鸡舍	不同类鸡舍	距孵化场
祖代鸡场	种鸡舍	30～40	40～50	100
	育雏、育成舍	20～30	40～50	50 以上

（续）

类别		同类鸡舍	不同类鸡舍	距孵化场
父母代鸡场	种鸡舍	15～20	30～40	100
	育雏、育成舍	15～20	30～40	50 以上
商品场	蛋鸡舍	10～15	15～20	300 以上
	肉鸡舍	10～15	15～20	300 以上

资料来源：李如治《家畜环境卫生学（第三版）》（中国农业出版社，2010）。

表 7-13　鸡场主要工艺参数

指　　标	参数
一、轻型/中型蛋鸡体重及耗料	
1. 雏鸡（0～6 或 7 周龄）	
（1）7 周龄体重（克/只）	530/515*
（2）7 周龄成活率（%）	93/95*
（3）1～7 周龄日耗料量（克/只）	10/12 渐增至 43
（4）1～7 周龄总耗料量（克/只）	1 316/1 365*
2. 育成鸡（8～18 或 19 周龄）	
（1）18 周龄体重(克/只)	1270/未统计
（2）18 周成活率（%）	97～99
（3）8～18 周龄日耗料量（克/只）	46/48 渐增至 75/83*
（4）8～18 周龄总耗料量（克/只）	4 550/5 180*
3. 产蛋鸡（21～72 周龄）	
（1）21～40 周龄日耗料量（克/只）	77/91 渐增至 114/127*
（2）21～40 周龄总耗料量（克/只）	15.2/16.4*
（3）41～72 周龄日耗料量（克/只）	100 渐增至 104
（4）41～72 周龄总耗料量（克/只）	22.9/未统计

指　　标	参数
二、轻型和中型蛋鸡生产性能	
1. 21～30 周入舍鸡产蛋率（%）	10 渐增至 90.7
2. 31～60 周入舍鸡产蛋率（%）	90 渐减至 71.5
3. 61～76 周入舍鸡产蛋率（%）	70.9 渐减至 62.1
4. 饲养日产蛋数(枚/只)	305.8
5. 饲养日平均产蛋率(%)	78.0
6. 入舍鸡产蛋数(枚/只)	288.9
7. 入舍鸡平均产蛋率（%）	73.7
8. 平均月死淘率（%）	1 以下
三、轻型蛋用型种鸡(来航)体重、耗料及生产性能	
1. 雏鸡（0～6 或 7 周龄）	
（1）7 周龄体重（克/只）	480～560
（2）1～7 周龄总耗料量（克/只）	1 120～1 274
2. 育成鸡（8～18 或 19 周龄，9～15 周龄限饲）	
（1）18 周龄体重（克/只）	1 135～1 270
（2）8～18 周龄总耗料量（克/只）	3 941～5 026

（续）

指　　标	参数
3. 产蛋鸡（21～72 周龄）	
（1）25 周龄体重（克/只）	1 550
（2）19～25 周总耗料量（克/只）	3 820
（3）40 周龄体重（克/只）	1 640
（4）26～40 周总耗料量（克/只）	11 200
（5）60 周龄体重（克/只）	1 730
（6）41～60 周总耗料量（克/只）	14 600
（7）72 周龄体重（克/只）	1 780
（8）61～72 周总耗料量（克/只）	8 300
4. 22～73 周龄生产性能	
（1）平均饲养日产蛋率（%）	73.1
（2）累计入舍鸡产蛋率（枚/只）	267
（3）种蛋率（%）	84.1
（4）累计入舍鸡产种蛋（枚/只）	211
（5）入孵蛋总孵化率（%）	84.9
（6）累计入舍产母雏数（只/只）	89.7
四、肉用型种鸡体重、耗料及生产性能	
1. 雏鸡（0～7 周龄）	
（1）7 周龄体重（克/只）	749～885
（2）1～2 周不限饲日耗料量（克/只）	26～28
（3）3～7 周龄日耗料量（克/只，限饲）	40 渐增至 56
2. 育成鸡（8～20 周龄，限饲）	
（1）20 周龄体重（克/只）	2 235～2 271
（2）8～20 周龄日耗料量（克/只）	59 渐增至 105
3. 产蛋鸡（21～66 周龄，限饲）	
（1）25 周龄体重（克/只）	2 727～2 863
（2）21～25 周日耗料量（克/只）	110 渐增至 140
（3）42 周龄体重（克/只）	3 422～2 557
（4）26～42 周日耗料量（克/只）	161 渐增至 180
（5）66 周龄体重（克/只）	3 632～3 768
（6）4～66 周日耗料量（克/只）	170 渐减至 136
4. 22～66 周龄生产性能	
（1）饲养日产蛋数（枚）	209
（2）平均饲养日产蛋率（%）	68.0
（3）入舍鸡产蛋数（枚/只）	199
（4）入舍鸡平均产蛋率（%）	92
（5）入舍鸡产种蛋数（枚/只）	183
（6）平均孵化率（%）	86.8
（7）入舍鸡产雏鸡数（只/只）	159
（8）平均月死淘率（%）	1 以下

（续）

指　　标	参数	指　　标	参数
五、肉仔鸡生产性能		5.8～10 周龄体重变化（克/只）	2 780 渐增至 3 575
1.1～4 周龄体重变化	150 渐增至 1 060	6.8～10 周龄累计饲料效率	2.43
2.1～4 周龄累计饲料效率（克/只）	1.41	7. 全期死亡率（%）	2～3
3.5～7 周龄体重变化（克/只）	1 455 渐增至 2 335	8. 胸囊肿发生率（%，垫料/镀塑网）	6.7～16.7
4.5～7 周龄累计饲料效率	1.92		

注：* 为统计数量。

资料来源：李如治《家畜环境卫生学（第三版）》（中国农业出版社，2010）。

表 7-14　鹅体各种羽绒产量分布

性别	体重（千克）	片毛重（克）	飘毛重（克）	绒毛重（克）	羽绒总重（克）	其中占羽绒重量（%）		
						片毛	飘毛	绒毛
公	6.58	84.03	14.82	35.53	134.33	62.53	11.03	26.44
母	6.02	68.43	12.35	28.81	109.59	62.44	12.27	26.29

资料来源：杨宁《家禽生产学》（中国农业出版社，2002）。

表 7-15　种蛋的适宜保存条件

项　目	保存时间						
	1～4 天内	1 周内	2 周内		3 周内		
			第一周	第二周	第一周	第二周	第三周
温度（℃）	15～18	3～15	13	10	13	10	7.5
相对湿度（%）	70～75		75		75		
蛋的摆向	钝端向上		锐端向上				

资料来源：杨宁《家禽生产学》（中国农业出版社，2002）。

表 7-16　种公鸡的选留比例（%）

周龄	0	6～7	20	24
自然交配	15	14	13	12.5
人工授精	15	14	15～20	20～25

资料来源：张敏红《肉鸡无公害综合饲养技术》（中国农业出版社，2003）。

表 7-17　育成期种肉鸡群的均匀度标准

周龄	体重（克）	均匀度（%）	周龄	体重（克）	均匀度（%）
4	430	78	15	1 500	75
5	525	78	16	1 600	77
6	620	78	17	1 720	77
7	715	77	18	1 830	78
8	810	76	19	1 965	78
9	905	75	20	2 100	78
10	1 000	72	21	2 235	80
11	1 095	71	22	2 385	80
12	1 190	70	23	2 540	80
13	1 290	71	24	2 695	85
14	1 390	79	25	2 850	85

注：鸡群的均匀度是指群体中体重在平均体重±10%范围内鸡所占的百分比。均匀度 70%～76%为合格，77%～83%为较好，84%～90%为很好。但是均匀度必须建立在标准体重的范围内，否则无意义。

资料来源：张敏红《肉鸡无公害综合饲养技术》（中国农业出版社，2003）。

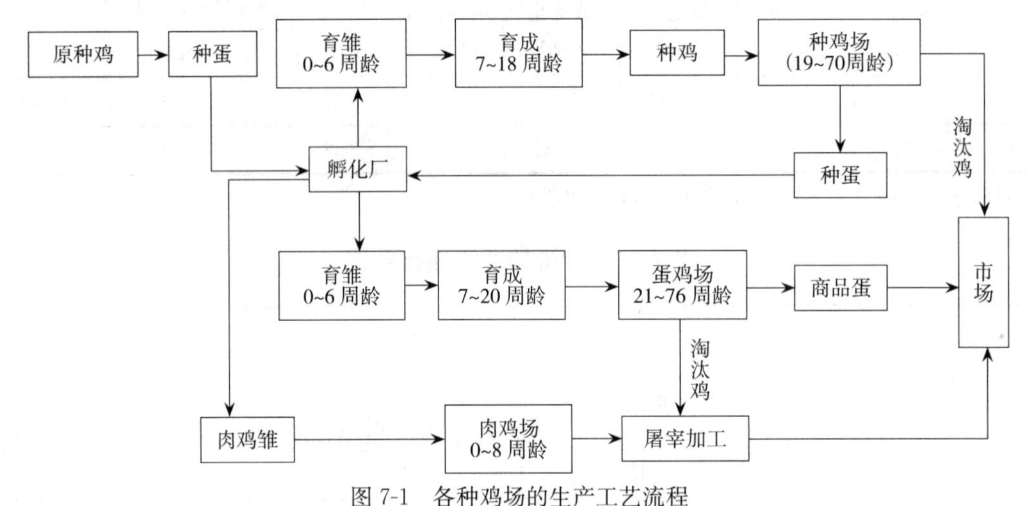

图 7-1　各种鸡场的生产工艺流程

资料来源：李如治《家畜环境卫生学（第三版）》（中国农业出版社，2010）。

家禽生产补充数据

一、雏鸡的生理特点和习性

1. 生产发育迅速：蛋鸡商品雏的正常出壳重在 40 克左右，6 周龄末体重可达到 440 克左右，42 天雏鸡增重 11 倍。

2. 体温调节机能弱：雏鸡体温低于成年鸡1～3℃，3周龄左右体温调节中枢的机能逐步完善，在10日龄后体温才接近成年鸡。

3. 羽毛生长更新速度快：后备鸡羽毛生长极为迅速，在4～5周龄，7～8周龄，12～13周龄和18～20周龄脱换4次羽毛。羽毛中蛋白质含量为80%～82%，为肉牛蛋白质的4～5倍。

二、肥鸭、鹅肝生产的基本数据资料

肥肝是采用人工强制填饲，使鹅、鸭的肝脏在短期内大量积贮脂肪等营养物质，体积迅速增大，形成比普通肝脏重5～6倍，甚至十几倍的肥肝。一只鹅肥肝的重量在500～800克，最大者可达1 800克，一只鸭肥肝的重量为300～500克，最大者可达700克。脂肪含量高，其中65%～68%的脂肪酸为对人体有益的不饱和脂肪酸。

三、品种的选择

鹅的品种：大型的狮头鹅平均肥肝重可达600克以上，中型的溆浦鹅约570克，而小型的永康鹅也可达400克左右。朗德鹅是国外最著名的肥肝专用鹅种。

鸭的品种：我国最早用于肥肝生产的是四川西昌的建昌鸭，我国目前用于肥肝生产的主要品种是北京鸭等大型肉鸭品种。在鸭肝生产方面，国内有用北京鸭和建昌鸭、高邮鸭等品种杂交的试验报告，但杂种优势最明显的是用瘤头鸭公鸭和北京鸭母鸭之间的杂交。

四、鹅、鸭填肥技术

填饲肥肝鹅、鸭的适宜周龄、体重和季节：

1. 一般大型仔鹅在15～16周龄、体重4.6～5.0千克；兼用型麻鸭在12～14周龄，体重2.0～2.5千克；肉用型仔鸭体重3.0千克左右；瘤头鸭和骡鸭在13～15周龄，体重2.5～2.8千克为宜。

2. 填饲季节的选择：肥肝生产不宜在炎热季节进行，填饲最适温度为10～15℃，20～25℃尚可进行，超过25℃以上则很不适宜。在4℃气温条件下对肥肝生产无不良影响。

3. 填饲期、填饲次数和填饲量：我国民间有以4天、21天、28天为填饲期的习惯。一般鹅日填饲4次，家鸭日填饲3次，骡鸭日填饲2次。小型鹅的填饲量以玉米计在0.5～0.8千克，大、中型鹅在1.0～1.5千克，北京鸭0.5～0.6千克，骡鸭在0.7～1.0千克。

4. 饲养密度合理：一般每平方米育肥舍可养鸭4～5只、鹅2～3只。每栏养鹅不超过10只，鸭不超过20只。

五、屠宰与取肥肝

屠宰：放血时间为3～5分钟。

浸烫：将放血后的鹅、鸭置于60～65℃的热水中浸烫，时间1～3分钟。

预冷：置于温度为4～10℃的冷库预冷18小时。

取肥肝：经过处理后放入0.9%的盐水中浸泡10分钟，捞出后沥水，称重分级。

资料来源：杨宁《家禽生产学》（中国农业出版社，2002），笔者有改动。

第八章　养牛生产数据

表 8-1　牛若干性状的遗传力

性　　状	类型或品种	遗传力	性　　状	类型或品种	遗传力
出生重	乳用品种	0.11～0.19	成年体长	荷斯坦牛	0.58～0.63
	肉用品种	0.23～0.54	成年管围	海福特牛	0.29
	黑和牛	0.34～0.57	成年腰角宽	乳用短角牛	0.50
出生体重	黑和牛	0.15		海福特牛	0.39～0.54
出生腰角宽	黑和牛	0.15		西门塔尔牛	0.47
出生管围	黑和牛	0.04	寿命长短	荷斯坦牛	0.01～0.19
半岁体重	荷斯坦牛	0.10	配种指数	荷斯坦牛	0.026
	海福特牛	0.12～0.38	受胎率	荷斯坦牛	0.004
	和牛	0.12～0.15	妊娠天数	乳用品种	0.42～0.47
半岁体高	荷斯坦牛	0.37		肉用品种	0.22～0.50
半岁体长	荷斯坦牛	0.25～0.31	产后发情天数	荷斯坦牛	0.27～0.32
成年体重	乳用短角牛	0.50	终生产犊次数	荷斯坦牛	0.026
	海福特牛	0.37～0.57	不育	荷斯坦牛	0.20
成年体高	荷斯坦牛	0.73～～0.86	发情周期	荷斯坦牛	0.05
	海福特牛	0.42～0.57	育肥期增重	海福特牛	0.65
	西门塔尔牛	0.63	育肥期日增重	海福特牛	0.54
	黑和牛	0.57	育肥末重	海福特牛	0.69
成年胸深	荷斯坦牛	0.79～0.80	育肥期饲料转化率	海福特牛	0.65
	肉用品种	0.30～0.48	胴体重	海福特牛	0.57
	西门塔尔牛	0.36	屠宰率	海福特牛	0.71
	黑和牛	0.48		乳用品种	0.05
成年胸围	荷斯坦牛	0.55～0.61	胴体品质	海福特牛	0.33
	海福特牛	0.39～0.71		乳用品种	0.32
	西门塔尔牛	0.78	眼肌面积	海福特牛	0.68
	黑和牛	0.70	产奶量	荷斯坦牛	0.30
断乳后的增重速度	肉牛品种	0.5～0.6	排乳速度	奶牛品种	0.5～0.6
前乳房指数	奶牛品种	0.31～0.76			

资料来源：昝林森《牛生产学（第二版）》（中国农业出版社，2011）。

表 8-2　不同品种牛的妊娠期

单位：天

品种（种）	平均妊娠期（范围）	品种（种）	平均妊娠期（范围）
海福特牛	285（282～285）	秦川牛	285（275.7～294.3）
短角牛	283（281～284）	南阳牛	289.8（250～308）
安格斯牛	279（273～282）	鲁西牛	285（270～310）
利木赞牛	292.5（292～295）	晋南牛	287.6～291.8
夏洛来牛	287.5（283～292）	复州牛	275～285
西门塔尔牛	278.4（256～308）	蒙古牛	284.8（284.5～285.1）
水牛	310（300～315）	温岭高峰牛	280～290
牦牛	255（226～289）	闽南牛	280～295
荷斯坦牛	280（278～282）	雷琼牛	280～284
娟姗牛	279（277～280）	爱尔夏牛	278（277～279）
瑞士褐牛	288	更赛牛	284（282～285）
婆罗门牛	285	三河牛	283
		云南高峰牛	270

资料来源：昝林森《牛生产学（第二版）》（中国农业出版社，2011）。

表 8-3　犊牛初生重数据统计表

品　　种	初生重（千克）		品　　种	初生重（千克）
	公	母		
利木赞牛	36	35	荷斯坦牛	40～50
夏洛来牛	45	42	兼用型荷斯坦牛	35～45
皮埃蒙特牛	41.3	38.7	娟姗牛	23～27
契安尼娜牛	47～55	42～48	海福特牛	36.7
秦川牛	27.4	25	安格斯牛	25～32
南阳牛	29.9	26.4	短角牛	30～40
摩拉水牛	34.8	32.0	婆罗门牛	31
尼里·瑞菲水牛	40.8	38.5	西门塔尔牛	30～45
麦洼牦牛	13.14±1.85	11.88±1.81	丹麦红牛	40
天祝牦牛	12.7	10.9	圣塔·格特鲁牛	23～32
九龙牦牛	15.94±2.28	15.47±2.40	瑞士福牛	36～40
香格里拉牦牛	14.53±0.72	12.75±0.26		
巴州牦牛	15.39	14.42		
辛地红牛	18～22	15～22		
晋南牛	25.3	24.7		

资料来源：昝林森《牛生产学（第二版）》（中国农业出版社，2011）。

表 8-4　荷斯坦种公牛各阶段培育指标

月龄	体重（千克）	体高（厘米）	胸围（厘米）	阴囊围（厘米）
初生	40	—	—	—
6	200	—	130	24
12	400	125	163	31
15	500	—	—	33.5
18	550	135	188	35
21	625	—	200	36.5
24	720	147	210	37
30	816	153	220	—
36	950		230	—
42	1 007		240	—
48	1 140		250	39
60	1 200		260	—

资料来源：昝林森《牛生产学（第二版）》（中国农业出版社，2011）。

表 8-5　每产 1 千克奶的营养需要

乳脂率（%）	日粮干物质（千克）	奶牛能量单位（NND）	产奶净能（兆焦）	可消化粗蛋白质（克）	小肠可消化粗蛋白质（克）	钙（克）	磷（克）	胡萝卜素（毫克）	维生素 A（国际单位）
2.5	0.31～0.35	0.80	2.51	49	42	3.6	2.4	1.05	420
3.0	0.34～0.38	0.87	2.72	51	44	3.9	2.6	1.13	452
3.5	0.37～0.41	0.93	2.93	53	46	4.2	2.8	1.22	486
4.0	0.40～0.45	1.00	3.14	55	47	4.5	3.0	1.26	502
4.5	0.43～0.49	1.06	3.35	57	49	4.8	3.2	1.39	556
5.0	0.46～0.52	1.13	3.52	59	51	5.1	3.4	1.46	584
5.5	0.49～0.55	1.19	3.72	61	53	5.4	3.6	1.55	619

注：本表引自《奶牛饲养标准》（NY/T 34—2004）。

表 8-6　小牛肉生产方案

周龄	体重（千克）	日增重（千克）	喂全乳量（千克）	喂配合料量（千克）	青草或青干草（千克）
0～4	40～59	0.6～0.8	5～7	—	—
5～7	60～79	0.9～1.0	7～7.9	0.1	—

（续）

周龄	体重（千克）	日增重（千克）	喂全乳量（千克）	喂配合料量（千克）	青草或青干草（千克）
8～16	80～99	0.9～1.1	8	0.4	自由采食
11～13	100～124	1.0～1.2	9	0.6	自由采食
14～16	125～149	1.1～1.3	10	0.9	自由采食
17～21	150～199	1.2～1.4	10	1.3	自由采食
22～27	200～250	1.1～1.3	9	2.0	自由采食
合计			1 918	188.3	折合干草150

资料来源：昝林森《牛生产学（第二版）》（中国农业出版社，2011）。

表 8-7　小白牛肉生产方案

日龄	期末达到体重（千克）	平均日给乳量（千克）	日增重（千克）	需要总乳量（千克）
1～30	40.0	6.40	0.80	192.0
31～45	56.1	8.30	1.07	133.0
46～100	103.0	9.50	0.84	513.0

注：在总乳量中，另加10%为消耗量，每头全期共需922千克。
资料来源：昝林森《牛生产学（第二版）》（中国农业出版社，2011）。

表 8-8　高档牛肉标准

指　标		美国	日本	加拿大	中国
肉牛屠宰年龄（月）		＜30	＜36	＜24	＜30
肉牛屠宰体重（千克）		500～550	650～750	500	530
牛肉品质	颜色	鲜红	樱桃红	鲜红	鲜红
	大理石花纹	1～2级	1级	1～2级	1～2级
	嫩度（剪切值）	＜3.62	—	＜3.62	＜3.62
脂肪	厚度（毫米）	15～20	＞20	5～10	10～15
	颜色	白色	白色	白色	白色
	硬度	硬	硬	硬	硬
心脏、肾、盆腔脂肪重量占体重的百分比		3～3.5	—	—	3～3.2
牛柳重（千克/条）		2.0～2.2	2.4～2.6	—	2.0～2.2
西冷重（千克/条）		5.5～6.0	6.0～6.64	—	5.3～5.5

资料来源：昝林森《牛生产学（第二版）》（中国农业出版社，2011）。

表 8-9　放牧牛群一昼夜青饲料暂定标准

类　　型		需要量（千克/头）		
		饲料单位	可消化粗蛋白质	青饲料
乳牛	活重为 250 千克	1.50	0.17	16.70
	活重为 300 千克	1.65	0.19	18.30
	活重为 400 千克	2.00	0.23	22.20
	活重为 500 千克	2.30	0.26	25.60
	生产 1 千克含脂率为 4.2%奶需增加	0.25	0.05	2.80
小牛	活重 100 千克	0.80	0.17	8.90
	6～12 月龄每增重 1 千克需增加	1.55	0.30	17.20
	1～1.5 岁每增重 1 千克需增加	2.00	0.36	22.00
	1.5～2.0 岁每增重 1 千克需增加	2.35	0.40	26.10
种公牛				50.00

资料来源：昝林森《牛生产学（第二版）》（中国农业出版社，2011）。

表 8-10　肉牛饲料药物添加剂使用规范

品　　名	用　　量	休药期（天）	其他注意事项
莫能菌素钠预混剂	每头每天 200～360 毫克（以有效成分计）	5	禁止与泰妙菌素、竹桃霉素并用；搅拌配料时禁止与人的皮肤、眼睛接触
杆菌肽锌预混剂	犊牛每吨饲料添加 10～100 克（3 月龄以下）、4～40 克（6 月龄以下）（以有效成分计）	0	
黄霉素预混剂	肉牛每头每天 30～50 毫克（以有效成分计）	0	
盐霉素钠预混剂	每吨饲料添加 10～30 克（以有效成分计）	5	禁止与泰妙菌素、竹桃霉素并用
硫酸黏杆菌素预混剂	犊牛每吨饲料添加 5～40 克（以有效成分计）	7	

注：出口肉牛产品中药物饲料添加剂的使用按双方签订的合同进行；肉牛的饲料和饲料添加剂中，严禁添加的药物有 52 种（详查有关部委的法规可知）。

资料来源：摘自《饲料药物添加剂使用规范》（中华人民共和国农业部公告第 168 号）。

表 8-11　牛床的尺寸

牛别	牛床尺寸（米）	
	长	宽
种公牛	2.2	1.5
成年母牛	1.7～1.9	1.2

（续）

牛别	牛床尺寸（米）	
	长	宽
6月龄以上青年母牛	1.4～1.5	0.8～1.0
临产母牛	2.2	1.5
分娩间	3.0	2.0
0～2月龄犊牛	1.3～1.5	1.1～1.2
役牛和育肥牛	1.7～1.9	1.1～1.25

注：牛床不得高于20.32厘米。

资料来源：王庆镐《家畜环境卫生学》（农业出版社，1981）。

表8-12　猪、牛舍防疫间距

单位：米

类别	同类畜舍	不同畜舍	备注
猪场	10～15	15～20	
牛场	12～15	15～20	

资料来源：李如治《家畜环境卫生学（第三版）》（中国农业出版社，2010）。

表8-13　牛场主要工艺参数

单位：千克

（一）犊牛（160～280千克体重）		（五）500～600千克泌乳牛（产奶量4 000千克）	
1. 混合精料	400	1. 混合精料	1 100
2. 青饲料、青贮、青干草	450	2. 青饲料、青贮、青干草	12 900
3. 块根块茎	200	3. 块根块茎	5 700
（二）1岁以下幼牛（160～280千克体重）		（六）450～500千克泌乳牛（产奶量3 000千克）	
1. 混合精料	365	1. 混合精料	900
2. 青饲料、青贮、青干草	5 100	2. 青饲料、青贮、青干草	11 700
3. 块根块茎	2 150	3. 块根块茎	3 500
（三）1岁以上青年（160～280千克体重）		（七）400千克泌乳牛（产奶量2 000千克）	
1. 混合精料	365	1. 混合精料	400
2. 青饲料、青贮、青干草	6 600	2. 青饲料、青贮、青干草	9 900
3. 块根块茎	2 600	3. 块根块茎	2 150
（四）500～600千克泌乳牛（产奶量5 000千克）		（八）种公牛（900～1 000千克体重）	
1. 混合精料	1 100	1. 混合精料	2 800
2. 青饲料、青贮、青干草	12 900	2. 青饲料、青贮、青干草	6 600
3. 块根块茎	7 300	3. 块根块茎	1 300

资料来源：李如治《家畜环境卫生学（第三版）》（中国农业出版社，2010）。

养牛生产补充数据

一、牛生物学特性的有关数据

1. 牛1千克瘤胃内容中含150亿～250亿个细菌和60万～180万个纤毛虫，总体积占瘤胃内容物的36%。原虫主要是纤毛虫，体积是细菌1 000倍。这些细菌和纤虫在牛的瘤胃中对饲料进行复杂的消化代谢。

2. 牛每生成1升乳需要400～500升血液流过乳房，乳房细胞吸收大量的营养，因此泌乳母牛产乳期要给足够的营养。

3. 泌乳牛的温度耐受范围在－15～26℃，高于或低于这个范围都会使生产性能下降。

4. 放牧牛群不宜过大，以70头以下为宜，过大影响互相辨别力，易增加争斗次数干扰采食。

5. 牛无上门齿，不能采食过矮的草，等牧草长到12厘米以上时开始放牧为宜，不宜早春放牧。

二、牛乳的物理特性

1. pH和酸度：正常的新鲜乳pH为6.5～6.7，牛乳的pH超过6.7者，可认为是乳房炎乳，低于6.5者可认为有初乳或牛乳已有细菌而产酸，使酸度增高。正常的牛乳的酸度为16～18°T（乳酸度0.15%～0.17%）。

2. 密度和比重：正常乳的相对密度平均为1.030。正常牛乳在15℃时，相对密度为1.028～1.034，平均为1.032。

3. 牛乳的冰点和沸点：牛乳的冰点在－0.525～－0.565℃，平均为－0.540℃，牛乳的沸点在1.01×10^5帕压力下为100.55℃左右。牛奶的蛋白质和脂肪正常的比值为1.12～1.13。

三、牛的胴体产肉的主要指标

指标包括屠宰率、净肉率、胴体产肉率、肉骨比等。

（1）屠宰率：$屠宰率=\frac{胴体重}{宰前重}\times100\%$

（2）净肉率：$净肉率=\frac{净肉重}{宰前重}\times100\%$

（3）胴体产肉率：$胴体产肉率=\frac{胴体净肉重}{胴体重}\times100\%$

（4）肉骨比：$肉骨比=\frac{胴体净肉重}{胴体骨骼重}$

四、肉牛牛床

一般肉乳兼用牛床长170～180厘米，每个床位宽116厘米，本地和肉用牛床可适当小些，床长170～180厘米，宽116厘米，或用通槽。牛床坡度为1.5%，前高后低。

各种畜床的倾斜度：牛为1%～2%，马为2%～3%，猪为3%～4%。

五、高档牛肉生产技术要点

（一）品种选择

国外优良的肉牛品种如利木赞牛、皮埃蒙特牛、西门塔尔牛等，或它们与我国优良地方品种如秦川牛、晋南牛、鲁西牛、南阳牛、延边牛的杂种牛作为育肥材料。这样的牛生产性能好，易于达到育肥标准。我国的五大良种黄牛及复州牛、渤海黑牛、科尔沁牛等也可用于组织高档牛肉生产。

（二）性别选择

通常用于生产高档优质牛肉的牛一般要求是阉牛。在生产高档牛肉时，应对育肥牛去势。去势时间应选择在3～4月龄以内进行较好。

（三）年龄选择

生产高档牛肉，开始育肥年龄选择为18～24月龄为好。

（四）科学饲养

冬季饮水温度应不低于20℃。

（五）适时出栏

中国黄牛体重达到550～650千克，月龄为25～30月龄时出栏较好。此时出栏，体重在450千克的屠宰率（slaughter rate）可达到60.0%，眼肌面积（eye muscle area）达到83.2厘米^2，大理石花纹1.4级；体重在550千克的屠宰率可以达到60.6%；体重在600千克的屠宰率可达到62.3%，眼肌面积达到92.9厘米^2，大理石纹2.9级。

资料来源：昝林森《牛生产学（第二版）》（中国农业出版社，2011）。

第九章　养羊生产数据

表 9-1　不同生产类型的绵羊对水适应的生态幅度表

绵羊类型	适宜的相对湿度（%）	适宜的年降水量（毫米）	最适宜的相对湿度（%）	最适宜的年降水量（毫米）
细毛羊	50～75	300～700	60	300～500
早熟肉用羊	50～80	450～1 000	60～70	500～800
卡拉库尔羊	40～60	100～250	45～50	200
粗毛肉用羊	55～80	300～800	60～70	400～600

资料来源：赵有璋《羊生产学（第二版）》（中国农业出版社，2012）。

表 9-2　羊毛品质支数与细度对照表

品质支数	细度范围（微米）	标准差（微米）	变异系数（%）
80	14.5～18.0	±3.60	20.0
70	18.1～20.0	±4.51	22.0
66	20.1～21.5	±4.97	22.7
64	21.6～23.0	±5.43	23.6
60	23.1～25.0	±6.40	25.6
58	25.1～27.0	±7.28	27.0
56	27.1～29.0	±8.12	28.0
50	29.1～31.0	±9.00	29.0
48	31.1～34.0	±10.20	30.0
46	34.1～37.0	±11.85	32.0
44	37.1～40.0	±13.20	33.0
40	40.1～43.0	±15.48	36.0
36	43.1～55.0	±22.55	41.0
32	55.1～67.0	±31.49	47.0

资料来源：赵有璋《羊生产学（第二版）》（中国农业出版社，2012）。

表 9-3　细毛羊的羊毛分类（布拉德福系统）

细度等级	细度以微米计	1 厘米长度的弯曲约数	细度等级	细度以微米计	1 厘米长度的弯曲约数
80	14.5～18.0	9	58	25.1～27.0	5
70	18.1～20.5	8	56	27.1～29.0	3～4
64	20.6～23.0	7	56/50	29.1～31.0	3
60	23.1～25.0	6	50	31.1～34.0	—

资料来源：王文三、许乃谦《畜牧兽医常用数据手册》（辽宁人民出版社，1982）。

表 9-4　美利奴羊各部位的羊毛密度

皮肤部位	鬐甲	背部	荐部	颈部	肩部	股部	胸部	腹部
根/厘米^2	7 868	6 785	7 248	6 375	6 292	6 280	4 220	3 700

注：一般羊毛密度细毛羊为每厘米^2 6 000～8 000 根，细毛羊为每厘米^2 2 000～4 000 根，粗毛羊为每厘米^2 1 000～3 000 根，个别品种每厘米^2 仅 700～800 根。

资料来源：赵有璋《羊生产学（第二版）》（中国农业出版社，2012）。

表 9-5　中国绵羊品种主要分布地区的一般海拔高度表

品种	海拔高度（米）	品种	海拔高度（米）
湖羊	<20	鄂尔多斯细毛羊	1 100～1 500
寒羊	40～50	兰州大尾羊	1 500～1 800
东北细毛羊	150～500	滩羊	1 100～2 000
敖汉细毛羊	350～800	新疆细毛羊	140～2 300
中国卡拉库尔羊	800～1 200	哈萨克羊	500～2 400
乌珠穆沁羊	800～1 200	和田羊	1 300～3 500
山西细毛羊	800～1 500	巴音布鲁克羊	2 400～2 700
内蒙古细毛羊	1 200～1 500	甘肃高山细毛羊	2 400～3 000
同羊	330～1 500	岷县黑裘皮羊	2 500～3 200
蒙古羊	700～1 700	青海高原半细毛羊	3 000～3 500
广灵大尾羊	1 000～1 800	西藏羊	2 500～4 500

资料来源：赵有璋《羊生产学（第二版）》（中国农业出版社，2012）。

表 9-6　不同细度羊毛纤维的强度和伸度

细度（微米）	绝对强度（克）	伸度（%）
18.0 以下	3.98～5.74	20.0～48.5
18.1～20.0	5.70～6.98	28.0～50.0

（续）

细度（微米）	绝对强度（克）	伸度（%）
20.1～22.0	7.19～8.55	29.0～56.5
22.1～24.0	7.70～9.54	32.0～50.5
24.1～26.0	9.36～11.76	35.0～57.5
26.1～30.0	13.26～16.86	36.0～65.5
30.1～37.0	16.47～22.79	37.5～62.0
37.1～45.0	29.30～33.66	40.0～67.5
45.1～60.0	39.20～48.40	32.5～65.0
60.0 以上	51.25～63.25	40.0～63.5

资料来源：赵有璋《羊生产学（第二版）》（中国农业出版社，2012）。

表 9-7　各种长度羊毛的用途

同质毛		异质毛	
纺纱系统种类	平均伸直长度（毫米）	纺纱系统种类	平均伸直长度（毫米）
长毛精梳纺	120～150	长毛精梳纺	65～150
长毛半精梳纺	90～120	长毛半精梳纺	60～125
短毛精梳纺	55～120	粗毛精梳纺	50～100
短毛粗梳纺	30～55	粗毛毡生产	30～80
细毛毡生产	15～30		

资料来源：赵有璋《羊生产学（第二版）》（中国农业出版社，2012）。

表 9-8　细羊毛、半细羊毛、改良羊毛分等分支规定

<table>
<tr><th>类别</th><th>等别</th><th>细度（微米）</th><th>毛丛自然长度（毫米）</th><th>油汗占毛丛高度（%）</th><th>粗腔毛，干、死毛含量（根数%）</th><th>外观特征</th></tr>
<tr><td rowspan="7">细羊毛</td><td rowspan="4">特等</td><td>18.1～20.0（70s）</td><td rowspan="2">≥75</td><td rowspan="6">≥50</td><td rowspan="7">不允许</td><td rowspan="2">全部为自然白色的同质细羊毛；毛丛的细度、长度均匀；弯曲正常；允许部分毛丛有小毛嘴</td></tr>
<tr><td>20.1～21.5（66s）</td></tr>
<tr><td>21.6～23.0（64s）</td><td rowspan="2">≥80</td><td rowspan="4">全部为自然白色的同质细羊毛；毛丛的细度、长度均匀；弯曲正常；允许部分毛丛顶部发干或有小毛嘴</td></tr>
<tr><td>23.1～25.0（60s）</td></tr>
<tr><td rowspan="2">一等</td><td>18.1～21.5（66～70s）</td><td rowspan="2">≥60</td></tr>
<tr><td>21.6～25.0（60～64s）</td></tr>
<tr><td>二等</td><td>≤25.0（60s 及以上）</td><td>≥40</td><td>有油汗</td><td>全部为自然白色的同质细羊毛；毛丛细度均匀程度较差，毛丛结构散，较开张</td></tr>
</table>

（续）

<table>
<tr><th>类别</th><th>等别</th><th>细度（微米）</th><th>毛丛自然长度（毫米）</th><th>油汗占毛丛高度（%）</th><th>粗腔毛，干、死毛含量（根数%）</th><th>外观特征</th></tr>
<tr><td rowspan="6">半细羊毛</td><td rowspan="3">特等</td><td>25.1～29.0（56～58s）</td><td>≥90</td><td rowspan="7">有油汗</td><td rowspan="7">不允许</td><td rowspan="6">全部为自然白色的同质半细羊毛；细度、长度均匀，有浅而大的弯曲；有光泽；毛丛顶部为平顶、小毛嘴或带有小毛辫；呈毛股状；细度较粗的半细羊毛，外观呈较粗的毛辫</td></tr>
<tr><td>29.1～37.0（46～50s）</td><td>≥100</td></tr>
<tr><td>37.1～55.0（36～44s）</td><td>≥120</td></tr>
<tr><td rowspan="3">一等</td><td>25.1～29.0（56～58s）</td><td>≥80</td></tr>
<tr><td>29.1～37.0（46～50s）</td><td>≥90</td></tr>
<tr><td>37.1～55.0（36～44s）</td><td>≥100</td></tr>
<tr><td></td><td>二等</td><td>≤55.0（36s及以上）</td><td>≥60</td><td>全部为自然白色的同质半细羊毛</td></tr>
<tr><td rowspan="2">改良羊毛</td><td>一等</td><td>—</td><td>≥60</td><td>—</td><td>＜1.5</td><td>全部为自然白色改良形态明显的基本同质毛；毛丛由绒毛和两型毛组成；羊毛细度的均匀度及弯曲、油汗、外观形态上较细羊毛或半细羊毛差；有小毛辫或中辫</td></tr>
<tr><td>二等</td><td>—</td><td>≥40</td><td>—</td><td>＜5.0</td><td>全部为自然白色改良形态的异质毛；毛丛由两种以上纤维类型组成；弯曲大或不明显；有油汗；有中辫或粗辫</td></tr>
</table>

注：s代表支纱。

资料来源：赵有璋《羊生产学（第二版）》（中国农业出版社，2012）。

表 9-9　绵羊主要性状遗传力（h^2）的平均估计值

性状	h^2	性状	h^2
剪毛量（污毛）	0.40	初生体重	0.25
净毛量	0.47	增重的饲料利用率	0.12
净毛率	0.43	成年体重	0.40
毛丛长度	0.46	断奶到1周岁日增重	0.55
羊毛细度（支数）	0.49	体型结构	0.20
单位毛长上弯曲数	0.40	体高	0.31
每胎产羔数	0.13	胸围	0.46
断奶羔羊存活率	0.19	体长	0.51
断奶体重	0.28		

注：从理论上讲，遗传力值在0～1变动，没有与环境无关的性状（$h^2=1$）、也没有与遗传无关的性状（$h^2=0$）。当出现负值，则无意义。绵、山羊遗传力值高低的区分界限是：$h^2>0.4$ 属于高遗传力；$h^2=0.2 \sim 0.4$ 属中等遗传力；$h^2<0.2$ 属于低遗传力。

资料来源：赵有璋《羊生产学（第二版）》（中国农业出版社，2012）。

表 9-10　绵羊主要经济性状遗传力

性　　状	遗传力	性　　状	遗传力
一胎产羔数	0.10～0.15	肌肉嫩度（Tenderness）	0.30～0.35
初生重	0.30～0.35	胴体含脂率	0.35～0.40
断奶重	0.30～0.35	胴体瘦肉率	0.30～0.35
周岁体重	0.40～0.45	胴体等级	0.15～0.20
断奶后日增重	0.40～0.45	羊毛性状	
增重效率	0.20～0.25	面部盖毛	0.40～0.45
体型	0.20～0.25	颈部皱褶	0.25～0.30
体况评分	0.10～0.15	体躯皱褶	0.35～0.40
屠宰等级	0.20～0.25	净毛量	0.45～0.50
胴体性状		原毛量	0.45～0.50
腰部脂肪厚度	0.20～0.25	毛丛长度	0.40～0.45
腰部眼肌面积	0.40～0.45	约 3.3 厘米弯曲数	0.40～0.45
肌肉大理石状（Marbling）	0.20～0.25		

注：引自 John F. Lasley，*Genetics of Livestock Improvement*。

资料来源：表中数据为许多研究报告的平均数。

表 9-11　绵羊主要经济性状的重复力

性　　状	重复力	性　　状	重复力
产羔率	0.05～0.10	面部盖毛	0.70～0.75
一胎产羔数	0.10～0.15	体躯皱褶	0.65～0.70
初生重	0.30～0.35	颈部皱褶	0.50～0.55
断奶重	0.20～0.25	净毛量	0.60～0.65
体型	0.30～0.35	原毛量	0.40～0.45
体况评分	0.25～0.30	毛丛长度	0.60～0.65
抗蠕虫感染力	0.20～0.25		

注：家畜经济性状的重复力用 t 表示。$t \geq 0.6$ 为高重复力，$0.3 \leq t < 0.6$ 为中等重复力，$t < 0.3$ 为低重复力。

资料来源：赵有璋《羊生产学（第二版）》（中国农业出版社，2012）。

表 9-12　绵羊经济性状间的遗传相关

性　　状	遗传相关
初生重—断奶重	0.34
初生重—初生至断奶时增重	0.30
初生重—120 日龄重	0.33
断奶重—平均日增重	0.53
断奶重—每日 0.45 千克增重饲料消耗量	0.55
断奶重—原毛量	0.06
断奶重—毛丛长度	−0.15
断奶重—毛被等级	−0.24
平均日增重—每磅*增重饲料消耗量	−0.73
平均日增重—毛丛长度	−0.20
平均日增重—原毛量	0.17
平均日增重—毛被等级	0.16
胴体等级—活体脂肪厚度	0.31
胴体等级—腰部眼肌面积	−0.28

注：绵、山羊经济性状遗传相关的高低区分：0.6 以上为高遗传相关，0.4～0.6 为中等遗传相关，0.2～0.4 为低遗传相关，0.2 以下相关性很小。

资料来源：赵有璋《羊生产学（第二版）》（中国农业出版社，2012）。

表 9-13　不同品种绵羊、山羊的妊娠期

单位：天

品　　种	平均妊娠期	品　　种	平均妊娠期
南丘羊	144	小尾寒羊	148.29±2.06
施罗普夏羊	145	马头山羊	149.68±5.35
萨福克羊	147	建昌黑山羊	149.13±2.69
罗姆尼羊	148	波尔山羊	148.2±2.6

* 磅是非法定计量单位。1 磅=453.6 克。

（续）

品　　种	平均妊娠期	品　　种	平均妊娠期
考力代羊	150	奴比亚奶山羊	149
中国美利奴羊	151.6±2.31	吐根堡奶山羊	151
无角陶塞特羊	147.39±1.46	崂山奶山羊	150
波德代羊	145.62±1.52	关中奶山羊	150
罗曼诺夫羊	144	辽宁绒山羊	148～152

资料来源：赵有璋《羊生产学（第二版）》（中国农业出版社，2012）。

表 9-14　不同亲缘关系与近交系数

近交程度	近交类型	罗马字标记法	近交系数（%）
嫡亲	亲子	Ⅰ-Ⅱ	25.0
	全同胞	ⅡⅡ-ⅡⅡ	25.0
	半同胞	Ⅱ-Ⅱ	12.5
	祖孙	Ⅰ-Ⅲ	12.5
	叔侄	ⅡⅡ-ⅢⅢ	12.5
近亲	堂兄妹	ⅢⅢ-ⅢⅢ	6.25
	半叔侄	Ⅱ-Ⅲ	6.25
	曾祖孙	Ⅰ-Ⅳ	6.25
	半堂兄妹	Ⅲ-Ⅲ	3.125
	半堂祖孙	Ⅱ-Ⅳ	3.125
中亲	半堂叔侄	Ⅲ-Ⅳ	1.562
	半堂曾祖孙	Ⅲ-Ⅴ	1.562
远亲	远堂兄妹	Ⅳ-Ⅳ	0.781
		Ⅲ-Ⅴ	0.781
	其他	Ⅱ-Ⅵ	0.781

注：凡是近交系数大于0.78%者为亲缘交配，小于0.78%者为非亲缘交配。

资料来源：岳文斌《现代养羊》（中国农业出版社，2000）。

表 9-15 我国主要绵羊、山羊自然生态环境参数汇总

品种名称		纬度	海拔高度（米）	温度（℃）			年均日照（小时）	年均降水量（毫米）	无霜期（天）	相对湿度（%）	植被覆盖率（%）
				年平均	最高	最低					
绵羊											
西藏羊	高原型		2 500～5 000	1.9～6				300～800		40～70	
	山谷型		1 800～4 000	2.4～13				500～800			
哈萨克羊			500～2400		22～26	−10～−15		260～600	102～185		
蒙古羊		34°43′～45°41′（北纬）	700～1 900	3.2～14.5	45	41.4	1 723～3 012	148.2～707	110～300	56～71	
滩羊		北纬 35°～40°	1 000～2 000	5～10			2 180～3 390	150～400		40～60	30～50
湖羊			7.2	15～16	40	3.2～−7		1 006～1 500	260	80	
小尾寒羊			50	11～15	24～29	0～−14	2 200～2 500	500～900	160～240		
同羊			1 000	9.1～14	36.3～43	−24～−20.1		550～730	150～240		
敖汉细毛羊			350～800	4.9～7.4		−26.1		218～595	140		
东北细毛羊			150～500	4～6	39	−40		450～1 000	90～180		积雪厚度 20～40 厘米
新疆细毛羊			900～2 900	2.8～9.2		−34		200～512.5	121～178		积雪期 130～150 天
青海高原细毛羊			2 700～4 000	0.3～3.6	11.22～23.7	−13～−20.4		41.5～434		37～65	
甘肃高山细毛羊			2 400～4 070	1.9	31	−30		257～461.1	60～120		
乌珠穆沁羊			800～1 200	0～1.4	39	−40		250～300	90～120		
内蒙古细毛羊			1 200～1 500	0.3～3		−34		200～400	100～120		
广灵大尾羊			1 050～1 800	6.7～7.9				420	120～170		

（续）

品种名称		纬度	海拔高度（米）	温度（℃）			年均日照（小时）	年均降水量（毫米）	无霜期（天）	相对湿度（%）	植被覆盖率（%）
				年平均	最高	最低					
山西细毛羊			750～2 000					500～700	140～180		
中国卡拉库尔羊	新疆产区		800～1 200	10	41.5	−28.7		40～60	191～249		
	内蒙古产区		800	6.3	35	−32.4		276.7	120～150		
山羊											
成都麻羊				18.5				915～1 091			
南江黄羊			360～2 508	16.2	39.5	−7.1		1 400		78	
河西绒山羊				8			2 500	80～200	130		
辽宁绒山羊		北纬35°以北	120～1 200	6.5～9.4	37.3	−38.3	2 504～2 880	658～1 136.8	140～175	65～77	80
内蒙古白绒山羊			1 300～1 500	7.6				80	100		
济宁青山羊				3.6				650～820	206～220	67～69	
太行山羊				10.4				568.6	182		
吕梁黑山羊				8.5～9.5	32.5	−20		500	120～170		

注：蒙古羊分布广各地气候差别较大，作者仅根据各地平均数据整理，供参考。

资料来源：北京农业大学《养羊学》（农业出版社，1961）、赵有璋《羊生产学（第二版）》（中国农业出版社，2012）、刘怀野《现代绒山羊饲养技术》（辽宁科学技术出版社，2002）。

养羊生产补充数据

一、奶山羊的羊舍及主要设备

1. 舍址　要避风向阳，水源充足，地势高燥，排水良好和交通方便。

2. 舍内环境　地面干燥，光线充足，通风良好，清洁卫生。温度10～20℃，相对湿度70%～80%，氨气含量不超过20毫克/米^3。

3. 羊只占舍面积　成年母羊1.5米^2，青年母羊0.8米^2，羔羊0.4米^2，公羊2.0米^2，公羊单圈饲养者为4～6米^2，运动场面积为羊舍面积的2～3倍。

4. 坡度　采光舍内地面坡度1%～2%，采光系数1∶15。

5. 通风　冬季最低量30米^3/（小时·只），夏季最佳量120～150米^3/（小时·只），最高空气流速0.5米^3/秒，要求空气体积6～9米^3/（小时·只），水分蒸发50克/（小时·只）。

二、适宜发展滩羊的自然生态环境条件

（1）北纬35°～40°。

（2）年平均气温在5～10℃。

（3）≥0℃的年积温在3 900～4 000℃，≥10℃的年积温在2 900～3 300℃。

（4）每年的太阳辐射热量在619～628焦/厘米^2。

（5）日照长而阳光充足，年日照时数在2 180～3 390小时。

（6）年平均降水量在150～400毫米。

（7）相对湿度以40%～60%为宜。

（8）放牧草场属暖温性干旱荒漠化草原，草原植被稀疏，覆盖度30%～50%，正常年份每公顷产鲜草1 125～2 250千克，植被中以旱生半旱生的禾本科、豆科、菊科、莎草科以及蒿属类植物群落为优势种，并伴有半灌木植物群丛。

（9）放牧地较平坦或缓坡丘陵区，一般土质较为坚硬，土壤多为灰钙土或棕钙土，少数为栗钙土。

（10）饮水中多含有硫酸盐、碳酸盐成分，矿化程度较高，水质偏碱性，略带咸涩味。

三、羊的药浴池

大型药浴池可用水泥、砖、石等材料砌成长方形、狭长而深的水沟，长10～12米，池顶宽0.6～0.8米，池底宽0.4～0.6米，以羊能通过而不能转身为准，深1.0～1.2米，入口处设漏斗形围栏，使羊依顺序进入药浴池。

资料来源：赵有璋《羊生产学（第二版）》（中国农业出版社，2012）。

第十章　特种动物生产数据

第一节　兔及犬生产数据

表 10-1　兔的体重增重表

仔兔体重增重			幼兔和青年兔生长发育		
日龄	大型品种体重（克）	中型品种体重（克）	月龄	大型品种体重（克）	中型品种体重（克）
出生时	60～65	45～50	3月	1 700～2 000	900～1 000
6天	120～130	90～100	5月	2 600～2 800	1 500～1 700
10天	170～190	130～150	7月	3 200～3 500	1 900～2 000
20天	300～400	250～300			
30天	600～700	400～500			

注：该表可作为检查饲养工作是否存在问题的依据。

资料来源：徐立德、蔡流灵《养兔法》（农业出版社，1981）。

表 10-2　生长兔需水量

周龄	平均体重（千克）	每日需水量（千克）	每千克饲料干物质需水量（千克）	周龄	平均体重（千克）	每日需水量（千克）	每千克饲料干物质需水量（千克）
9	1.7	0.21	2.0	17～18	3.0	0.31	2.2
11	2.0	0.23	2.1	23～24	3.8	0.31	2.2
13～14	2.5	0.27	2.1	25～26	3.9	0.34	2.2

资料来源：徐立德、蔡流灵《养兔法》（农业出版社，1981）。

表 10-3　犬的生理参数

项目	正常值
体温（直肠）	37.5～38.5℃
心率	胚胎 120～170 次/分 新生仔犬 160～180 次/分 5 千克体重 105～125 次/分 15 千克体重 82～92 次/分 20 千克体重 85 次/分

（续）

项目	正常值
呼吸频率	雄犬 15.5±12.38 次/分 雌犬 11.23±8.02 次/分
血压	颈动脉 120～140 毫米汞柱 股动脉 100～120 毫米汞柱 成年犬（在不麻醉条件下，于腕部听诊测得）收缩压 112（65～136）毫米汞柱，舒张压 56（43～66）毫米汞柱；在戊巴比妥钠麻醉下应用血压计测得股动脉压为 134（100～175）毫米汞柱；在吗啡麻醉应用皮下光学血压计测得收缩压 180（100～275）毫米汞柱、舒张压 86（36～140）毫米汞柱
总血量	占体重 7（5.6～8.3）%
血液量分布	脾 16%、肝 20%、皮肤 10%、全身循环血量 50%
心输出量	14 毫升/搏
肝血流量	用收集血液的测定方法（不麻醉）每 100 克肝 415（226～612）毫升/分或 28.6（18.7～39）毫升/分，用产生内源性尿素的方法（不麻醉）每 100 克肝 383（241～705）毫升/分或 32（18～48）毫升/分；用温热血流速度计算法（硫喷妥钠麻醉）每 100 克肝 147（52～400）毫升/分或 15.5（5～37）毫升/分，用 BEP 稳定灌流法测定（麻醉）每 100 克肝 570±12.2 毫升/分或 29.5±9.3 毫升/分
肺血流量	在麻醉条件下用 Fick 氏法测定不用体重的肺血流量；9±2 千克犬 2.2±0.6 升/分；小于 12 千克犬 3.6±1.0 升/分；16～18 千克犬 3.5±9.2 升/分；20～25 千克犬 3.2±1.1 升/分
肾血流量	在麻烦条件下两肾的有效流量为 180 毫升/分，总流量 326 毫升/分
血容量	血浆容量 50 毫升/千克，红细胞容量 36.2 毫升/千克，全血容量 86.2 毫升/千克。静脉血细胞容量 43.5%
潮气量	雄犬 198.88±81.64 毫升；雌犬 206.77±121.06 毫升。每分钟通气量雄犬 2 923.2±2585.7 毫升/分；雌犬 1 806.4±1 231.4 毫升/分
氧耗量	体重 10 千克的犬，体温 38℃，环境温度 25.4℃时氧耗量为 72 毫升/分
能量代谢	142.12～163.02 焦/（千克·日） 3 218.6～3 344.0 焦/（米^2·日）

资料来源：白景煌《养犬与疾病》（吉林科学技术出版社，1990）。

表 10-4　犬分娩日期预知表（计 64 天）

交配日期1月	1	2	3	4	5	6	7	8	9	10	11	12	13	14	15	16	17	18	19	20	21	22	23	24	25	26	27	28	29	30	31
分娩日期3月	5	6	7	8	9	10	11	12	13	14	15	16	17	18	19	20	21	22	23	24	25	26	27	28	29	30	31	4月 1	2	3	4

（续）

交配日期2月	1	2	3	4	5	6	7	8	9	10	11	12	13	14	15	16	17	18	19	20	21	22	23	24	25	26		27	28			
分娩日期4月	5	6	7	8	9	10	11	12	13	14	15	16	17	18	19	20	21	22	23	24	25	26	27	28	29	30	5月	1	2			
交配日期3月	1	2	3	4	5	6	7	8	9	10	11	12	13	14	15	16	17	18	19	20	21	22	23	24	25	26	27	28	29		30	31
分娩日期5月	3	4	5	6	7	8	9	10	11	12	13	14	15	16	17	18	19	20	21	22	23	24	25	26	27	28	29	30	31	6月	1	2
交配日期4月	1	2	3	4	5	6	7	8	9	10	11	12	13	14	15	16	17	18	19	20	21	22	23	24	25	26	27	28		29	30	
分娩日期6月	3	4	5	6	7	8	9	10	11	12	13	14	15	16	17	18	19	20	21	22	23	24	25	26	27	28	29	30	7月	1	2	
交配日期5月	1	2	3	4	5	6	7	8	9	10	11	12	13	14	15	16	17	18	19	20	21	22	23	24	25	26	27	28	29		30	31
分娩日期7月	3	4	5	6	7	8	9	10	11	12	13	14	15	16	17	18	19	20	21	22	23	24	25	26	27	28	29	30	31	8月	1	2
交配日期6月	1	2	3	4	5	6	7	8	9	10	11	12	13	14	15	16	17	18	19	20	21	22	23	24	25	26	27	28	29		30	
分娩日期8月	3	4	5	6	7	8	9	10	11	12	13	14	15	16	17	18	19	20	21	22	23	24	25	26	27	28	29	30	31	9月	1	
交配日期7月	1	2	3	4	5	6	7	8	9	10	11	12	13	14	15	16	17	18	19	20	21	22	23	24	25	26	27	28	29		30	31
分娩日期9月	2	3	4	5	6	7	8	9	10	11	12	13	14	15	16	17	18	19	20	21	22	23	24	25	26	27	28	29	30	10月	1	2
交配日期8月	1	2	3	4	5	6	7	8	9	10	11	12	13	14	15	16	17	18	19	20	21	22	23	24	25	26	27	28	29		30	31

（续）

日期	
分娩日期10月	3 4 5 6 7 8 9 10 11 12 13 14 15 16 17 18 19 20 21 22 23 24 25 26 27 28 29 30 31 11月 1 2
交配日期9月	1 2 3 4 5 6 7 8 9 10 11 12 13 14 15 16 17 18 19 20 21 22 23 24 25 26 27 28 29 30
分娩日期11月	3 4 5 6 7 8 9 10 11 12 13 14 15 16 17 18 19 20 21 22 23 24 25 26 27 28 29 30 12月 1 2
交配日期10月	1 2 3 4 5 6 7 8 9 10 11 12 13 14 15 16 17 18 19 20 21 22 23 24 25 26 27 28 29 30 31
分娩日期12月	3 4 5 6 7 8 9 10 11 12 13 14 15 16 17 18 19 20 21 22 23 24 25 26 27 28 29 30 31 1月 1 2
交配日期11月	1 2 3 4 5 6 7 8 9 10 11 12 13 14 15 16 17 18 19 20 21 22 23 24 25 26 27 28 29 30
分娩日期1月	3 4 5 6 7 8 9 10 11 12 13 14 15 16 17 18 19 20 21 22 23 24 25 26 27 28 29 30 31 2月 1
交配日期12月	1 2 3 4 5 6 7 8 9 10 11 12 13 14 15 16 17 18 19 20 21 22 23 24 25 26 27 28 29 30 31
分娩日期2月	2 3 4 5 6 7 8 9 10 11 12 13 14 15 16 17 18 19 20 21 22 23 24 25 26 27 28 3月 1 2 3 3

表 10-5　犬常用药物剂量表

分类		名　称	剂　量	用　法
抗生素	抗革兰氏阳性菌	青霉素G（钾或钠）	4万～8万单位/千克	肌内注射、静脉注射，4次/天
		苄星青霉素G	5万单位/千克	肌内注射，1次/天
		苯唑青霉素钠（新青霉素Ⅰ）	100毫克/千克	口服、肌内注射、静脉注射，4次/天
		乙氧萘青霉素钠（新青霉素Ⅱ）	10毫克/千克	口服、肌内注射，4次/天
		邻氯青霉素钠	4～10毫克/千克	口服、肌内注射、静脉注射，4次/天
		氨苄青霉素	25毫克/千克	肌内注射，2次/天

（续）

分类		名　称	剂　量	用　法
抗生素	抗革兰氏阳性菌	羧苄青霉素	40 毫克/千克	静脉注射，2 次/天
		先锋霉素Ⅰ	20～30 毫克/千克	口服、肌内注射，2 次/天
		先锋霉素Ⅱ	11 毫克/千克	口服、肌内注射，2 次/天
		先锋霉素Ⅲ	20～30 毫克/千克	口服、肌内注射，2 次/天
		先锋霉素Ⅳ	35 毫克/千克	口服、肌内注射或皮下注射，3 次/天
		红霉素	10 毫克/千克	口服，3 次/天
		林可霉素（洁霉素）	2～10 毫克/千克	肌内注射、静脉注射，2 次/天
			15 毫克/千克	口服，3 次/天
		泰乐菌素	10 毫克/千克	口服，3 次/天
			5 毫克/千克	肌内注射、静脉注射，2 次/天
		麦迪霉素	4～8 毫克/千克	口服，2 次/天
		乙酰螺旋霉素	50～100 毫克/千克	口服，1 次/天
			25～50 毫克/千克	肌内注射，1 次/天
		新生霉素	10～25 毫克/千克	口服，2 次/天
			3～8 毫克/千克	肌内注射、静脉注射，2 次/天
		杆菌肽	1 000～1 500 单位/千克	口服，2 次/天
			200～1 000 单位/千克	肌内注射，2 次/天
		白霉素	10 000 单位/千克	静脉注射，2 次/天
	抗革兰氏阴性菌	头孢噻呋	2.2 毫克/千克	内服，2 次/天，连用 3 天
		克拉维酸	7 毫克/千克	肌内注射或皮下注射，1～2 次/天，连用 2～3 天
		链霉素	25 毫克/千克	肌内注射，4 次/天
		卡那霉素	15～25 毫克/千克	肌内注射、静脉注射，2 次/天
		丁胺卡那霉素	5～10 毫克/千克	肌内注射、静脉注射，2 次/天
		庆大霉素	2～5 毫克/千克	肌内注射、静脉注射，2 次/天
			12～48 毫克/千克	口服，3 次/天
		硫酸新霉素	3.5 毫克/千克	肌内注射、静脉注射，3 次/天
		硫酸多黏菌素 B	1～2 毫克/千克	口服、肌内注射，2 次/天
	广谱抗菌	土霉素	20 毫克/千克	口服，3 次/天
			5～10 毫克/千克	肌内注射、静脉注射，2 次/天
		甲烯土霉素	5 毫克/千克	口服，3 次/天

（续）

分类		名　称	剂　量	用　法
抗生素	广谱抗菌	强力霉素	3～10 毫克/千克	口服，1 次/天
			2～4 毫克/千克	静脉注射，1 次/天
		四环素	20 毫克/千克	口服，3 次/天
			5～10 毫克/千克	肌内注射、静脉注射，2 次/天
		二甲胺四环素	5 毫克/千克	肌内注射，2 次/天
		合霉素	20 毫克/千克	口服，2 次/天
		甲砜霉素	8～12 毫克/千克	口服，3 次/天
	抗真菌	制霉菌素	5 万单位/千克	口服，3 次/天
		灰黄霉素	30 毫克/千克	口服，1 次/天
		二性霉素 B	0.25～0.5 毫克/千克	静脉注射，1 次/天
		典古霉素	10 万～20 万单位/千克	口服，4 次/天
		克霉唑	10～20 毫克/千克	口服，3 次/天或外用
		球红霉素	1～2 毫克/千克	静脉注射，1 次/天
磺胺类药及增效剂		磺胺嘧啶（SD）	22 毫克/千克	口服（首量加倍），2 次/天
			50 毫克/千克	静脉注射，2 次/天
		磺胺甲基嘧啶（SM_1）	50 毫克/千克	静脉注射，2 次/天
			22 毫克/千克	口服，2 次/天
		磺胺二甲嘧啶（SM_2）	50 毫克/千克	口服、静脉注射，2 次/天
		磺胺甲基异噁唑（SMZ）	20 毫克/千克	口服，2 次/天
		磺胺甲氧嗪（SMP）	20～50 毫克/千克	口服，1 次/天，首量加倍
		磺胺二甲氧嘧啶（SDM）	50 毫克/千克	口服、肌内注射、静脉注射，1 次/天
			25 毫克/千克	肌内注射、静脉注射，1 次/天
		二甲氧苄氨嘧啶（TMP）		与其他药并用
		复方新诺明（SMZ+TMP）	20～25 毫克/千克	口服，2 次/天
		增效磺胺甲氧嗪（SMD+TMP）	20～25 毫克/千克	肌内注射、静脉注射，1 次/天
		二甲氧苄氨嘧啶（DVD）		与其他药并用
喹诺酮类药		吡哌酸	8～12 毫克/千克	口服，2 次/天
		氟哌酸	6～8 毫克/千克	口服，2 次/天
		恩诺沙星	2.5～5 毫克/千克	口服，2 次/天，连用 3～5 天
			2.5～5 毫克/千克	肌内注射，1～2 次/天，连用 2～3 天
		二氟沙星	5～10 毫克/千克	口服，2 次/天，连用 3～5 天

（续）

分类		名　　称	剂　　量	用　　法
抗寄生虫药	驱线虫药	左旋咪唑	10 毫克/千克	口服，2 次/周
		磷酸哌嗪	80 毫克/千克	口服
		噻咪唑（驱虫净）	10～20 毫克/千克	口服 1 次
		杀鞭虫灵	2 毫克/千克	口服
		甲苯唑	5 毫克/千克	随食物连服 5 天
		氯丁烷	0.5～2 毫升/千克	口服
		丙硫咪唑	10～20 毫克/千克	口服，1 次/天，连服 3 天
		硫苯唑	20 毫克/千克	口服
		复方甲苯咪唑	2 片/次	口服
	驱吸虫药	硫双三氯酚（别丁）	200 毫克/千克	口服
		六氯酚	15 毫克/千克	口服
	驱绦虫药	氯硝柳胺（灭绦灵）	157 毫克/千克	口服，禁食，2～3 周后再用 1 次
		氯硝柳胺哌嗪	110 毫克/千克	口服
		氢溴酸槟榔碱	2～4 毫克/千克	口服，120 毫克为极量
		南瓜籽	30 克/千克	口服，与槟榔合用效果更好
		槟榔	3 克/千克	口服，连用 3 次，每次间隔 7 天
	抗丝虫药	吡喹酮	5～10 毫克/千克	口服
		乙胺酮（海群生）	20 毫克/千克	口服，3 次/天，疗程 1 个月
		硫胂酰胺钠	2.2 毫克/千克	静脉注射，2 次/天，连用 2 天
		脒波芳	1～1.5 毫克/千克	静脉注射，1 次/天，使用数天
	抗原虫药	氨丙啉	100～200毫克/(千克·天)	混入食物或水，连用 7 天
		磺胺二甲氧嘧啶	55 毫克/（千克·天）	连服 21 天
		盐酸阿的平	100～200 毫克/头	第 1 天服 2 次，以后 6 天 1 次/天
		甲硝唑	50 毫克/（千克·天）	连服 5 天
		三氮脒（血虫净）	3.5 毫克/千克	皮下注射或肌内注射
		喹啉脲（阿卡普啉）	0.25 毫克/千克	皮下注射
		咪唑苯脲	0.25 毫克/千克	皮下注射或肌内注射
		台盼兰（1%）	5～10 毫升/头	静脉注射
	杀虫药	敌百虫	1%	药浴
		敌敌畏	1%	喷洒
		赛福丁	0.04%～0.08%	药浴
		蝇毒磷	0.025%～0.05%	药浴

（续）

<table>
<tr><th colspan="2">分类</th><th>名　　称</th><th>剂　　量</th><th colspan="2">用　　法</th></tr>
<tr><td rowspan="18">麻醉药</td><td rowspan="12">全身麻醉药</td><td>复麻－846</td><td>0.5～0.1毫升/头</td><td colspan="2">肌内注射</td></tr>
<tr><td rowspan="2">氟烷</td><td>3%</td><td colspan="2">吸入，诱导麻醉</td></tr>
<tr><td>0.5%～1.5%</td><td colspan="2">吸入，维持麻醉</td></tr>
<tr><td rowspan="2">甲氧氟烷</td><td>3%</td><td colspan="2">吸入，诱导麻醉</td></tr>
<tr><td>0.5%～1.5%</td><td colspan="2">吸入，维持麻醉</td></tr>
<tr><td>氯仿</td><td>—</td><td colspan="2">吸入，常用于安乐死</td></tr>
<tr><td rowspan="2">戊巴比妥钠</td><td>20～35毫克/千克</td><td colspan="2">静脉注射（麻醉量）</td></tr>
<tr><td>2～4毫克/千克</td><td colspan="2">口服（镇静量）</td></tr>
<tr><td>硫喷妥钠</td><td>15～20毫克/千克</td><td colspan="2">静脉注射</td></tr>
<tr><td rowspan="2">氯胺酮</td><td>5～7毫克/千克</td><td>镇静量</td><td rowspan="2">肌内注射或静脉注射</td></tr>
<tr><td>10～30毫克/千克</td><td>麻醉量</td></tr>
<tr><td>水合氯醛</td><td>300～1 000毫克/头</td><td colspan="2">口服</td></tr>
<tr><td rowspan="6">局麻药</td><td rowspan="2">普鲁卡因</td><td>0.25%～1%溶液</td><td colspan="2">浸润麻醉</td></tr>
<tr><td>2%溶液</td><td colspan="2">传导麻醉</td></tr>
<tr><td rowspan="3">可卡因</td><td>0.25%～0.5%</td><td colspan="2">封闭疗法</td></tr>
<tr><td>3%～5%溶液</td><td colspan="2">黏膜表面麻醉</td></tr>
<tr><td>2%～4%</td><td colspan="2">黏膜麻醉</td></tr>
<tr><td>利多卡因</td><td>0.25%～0.5%</td><td colspan="2">浸润麻醉</td></tr>
<tr><td colspan="2" rowspan="14">化学保定及镇静药</td><td>氯化琥珀胆碱</td><td>0.08～0.12毫克/千克</td><td colspan="2">肌内注射或静脉注射</td></tr>
<tr><td>二甲苯胺噻唑</td><td>1.5～2毫克/千克</td><td colspan="2">皮下注射或肌内注射</td></tr>
<tr><td>三碘季胺酚</td><td>0.25～0.5毫克/千克</td><td colspan="2">肌内注射或静脉注射</td></tr>
<tr><td>芬太尼</td><td>0.02～0.04毫克/千克</td><td colspan="2">皮下注射、肌内注射或静脉注射</td></tr>
<tr><td rowspan="2">乙酰普吗嗪</td><td>0.55～2.2毫克/千克</td><td colspan="2">口服</td></tr>
<tr><td>0.55～1.1毫克/千克</td><td colspan="2">肌内注射</td></tr>
<tr><td rowspan="2">氯丙嗪</td><td>3.3毫克/千克</td><td colspan="2">口服，1～4次/天</td></tr>
<tr><td>0.55～2毫克/千克</td><td colspan="2">肌内注射或静脉注射，1～4次/天</td></tr>
<tr><td>安定</td><td>2.5～20毫克/千克</td><td colspan="2">口服或静脉注射</td></tr>
<tr><td>氟哌啶</td><td>10毫克/千克</td><td colspan="2">静脉注射（控制癫痫）</td></tr>
<tr><td rowspan="2">异丙嗪（非那根）</td><td>0.2毫克/千克</td><td colspan="2">肌内注射，2次/天</td></tr>
<tr><td>0.2～1毫克/千克</td><td colspan="2">口服或皮下注射，2～3次/天</td></tr>
<tr><td>溴化钠</td><td>0.5～2克/头</td><td colspan="2">口服</td></tr>
<tr><td>溴化钾</td><td>0.5～2克/头</td><td colspan="2">口服</td></tr>
</table>

（续）

分类	名　称	剂　量	用　法
抗惊厥药	苯巴比妥	4毫克/千克	肌内注射、皮下注射，1次/天
	苯妥英钠	4～8毫克/千克	静脉注射
		2～6毫克/千克	肌内注射
	扑痫酮	55毫克/千克	口服
	硫酸镁注射液	40～60毫克/千克	静脉注射
镇痛药	盐酸吗啡	0.11～2.2毫克/千克	皮下注射
	阿片酊	1～5毫升/次	口服
	盐酸哌替啶（杜冷丁）	5～10毫克/千克	皮下注射，肌内注射
	乳酸镇痛新	1.5～3毫克/千克	肌内注射或静脉注射
解热镇痛及抗风湿药	扑热息痛	100～1 000毫克/次	口服，3次/天
	非那西汀	100～1 000毫克/次	口服，3次/天
	氨基比林	130～140毫克/次	口服，3次/天
	复方氨基比林	2.5毫克/千克	肌内注射，3次/天
	痛风宁	300～600毫克/次	皮下注射或肌内注射
		10毫克/千克	第1天3次，以后每天1次
	水杨酸钠	200～2 000毫克/次	口服，3次/天
		100～500毫克/次	静脉注射
	乙酰水杨酸（阿司匹林）	10毫克/千克	口服、镇痛，2次/天
		25～40毫克/千克	抗风湿，3次/天
	复方阿司匹林（APC）	1～2片/次	口服 口服，2次/天
	保泰松	20毫克/千克 22毫克/千克	静脉注射，3次/天，总量不超过800毫克/天
	消炎痛	2～3毫克/千克	口服，2次/天
	炎痛喜康	2毫克/千克	口服，2次/天
	风湿宁	2～4毫升/次	肌内注射，疗程15～30天
	骨宁	2毫升/次	肌内注射，疗程15～30天
	磷酸川芎嗪	0.8毫克/千克	静脉注射，1次/天
	柴胡注射液	2毫升/次	肌内注射，2～3次/天

（续）

分类	名　　称	剂　　量	用　　法
中枢兴奋药	苯甲酸钠咖啡因（安钠咖）	200～500 毫克/次	口服
		100～300 毫克/次	肌内注射或静脉注射
	尼可刹米	125～500 毫克/次	肌内注射或静脉注射，必要时可每1～2 小时重复 1 次
	樟脑磺酸钠	50～100 毫克/次	肌内注射、静脉注射
	强尔心	10～15 毫克/次	皮下注射、肌内注射、静脉注射
	回苏灵	4～8 毫克/次	皮下注射、肌内注射、静脉注射
	士的宁	0.5～0.8 毫克/次	皮下注射或肌内注射
拟胆碱及抗胆碱药	水杨酸毒扁豆碱	0.01～0.6 毫克/千克	皮下注射
	毛果芸香碱	3～20 毫克/千克	皮下注射
	硫酸新斯的明	0.5%～1%	滴眼
		0.25～1 毫克/次	皮下注射
	阿托品	0.1～0.5 毫克/次	口服
		0.05 毫克/千克	肌内注射或皮下注射
		0.2～2 毫克/千克	有机磷解毒
		1%	滴眼
	氢溴酸东莨菪碱	0.1～0.3 毫克/次	皮下注射
	颠茄酊	0.1～1 毫升/次	口服
拟肾上腺素药	盐酸肾上腺素	0.1～0.5 毫升/次	皮下注射，肌内注射
		0.1～0.3 毫升/次	10 倍稀释后静脉或心内注射
	去甲肾上腺素	0.4～2 毫克/次	静脉注射
	异丙肾上腺素	0.1～0.2 毫克/次	肌内注射、皮下注射，4 次/天
		15～30 毫克/次	口服
		1 毫克/次	混入 200 毫升葡萄糖中静脉注射
	甲氧胺	5～10 毫克/次	肌内注射、静脉注射
	多巴胺（儿萘酚乙胺）	20～40 毫克/次	静脉注射
	苄胺唑啉	5～10 毫克/次	肌内注射、静脉注射
健胃与助消化药	龙胆酊	1～5 毫升/次	口服，3 次/天
	复方大黄酊	1～5 毫升/次	口服，3 次/天
	橙皮酊	1～5 毫升/次	口服，3 次/天
	复方豆蔻酊	1～5 毫升/次	口服，3 次/天

（续）

分类	名　　称	剂　　量	用　　法
健胃与助消化药	姜酊	2～5毫升/次	口服，3次/天
	马钱子酊	0.1～0.6毫升/次	口服，2次/天
	芸香氨酯	0.6～4毫升/次	口服，3次/天
	人工盐	1～2克/次	口服
	甘罗溴铵（胃长宁）	0.01毫克/千克	肌内注射、皮下注射，1次/天
	西咪替丁	5～10毫克/千克	口服，3次/天
	甲异辛烯胺	0.5～1毫升	肌内注射，1次/天
	胃蛋白酶	0.1～0.5克/次	口服，3次/天
	胰酶	0.2～0.5克/次	口服，3次/天
	乳酶生	1～2克/次	口服，3次/天
	干酵母	8～12克/次	口服，3次/天
	药曲	2～5克/次	口服，3次/天
	复合维生素B液	5～10毫升/次	口服，1次/天
	乳酸	0.2～1毫升/次	口服，3次/天
	稀盐酸	0.1～0.5毫升/次	口服，3次/天
泻药	硫酸钠	5～20克/次	口服
	甘油（50%）	0.6毫升/千克	口服、灌肠，3次/天
	液状石蜡	10～30毫升/次	口服、灌肠
	双醋酚汀	5～10毫克/次	口服
	碳酰胆碱	2～4毫升/次	皮下注射
	硫代丁二酸二辛钠	0.05%溶液100毫升	灌肠
	番泻叶	1～15克煎成汁	口服
止泻药	鞣酸蛋白	0.3～2克/次	口服，4次/天
	药用炭	0.3～0.5克/次	口服，3～4次/天
	次硝酸铋	0.3～2克/次	口服，3～4次/天
	硫糖铝片	20毫克/千克	口服，3次/天
	颠茄酊	0.2～1毫升/次	口服
	复方樟脑酊	2～5毫升/次	口服，3次/天
	复方地芬诺酯片（止泻宁）	1～2片/次	口服，3次/天

（续）

分类	名　称	剂　量	用　法
催吐与镇痛药	盐酸阿扑吗啡	0.02 毫克/千克	静脉注射
		0.04 毫克/千克	皮下注射
	硫酸铜	0.2%～0.4%	口服
		溶液 50 毫升/次	—
	阿托品	0.015 毫克/千克	肌内注射、皮下注射
	胃复安	10 毫克/次	肌内注射
		10～20 毫克/次	口服
	晕海宁	1 毫克/次	口服
强心药	洋地黄毒苷	0.015～0.055 毫克/千克	口服，2 次/天
		0.006～0.012 毫克/千克	静脉注射，维持用量为其 1/10
	西地兰	0.025～0.04 毫克/千克全效量	—
		0.01 毫克/千克维持量	静脉注射，4 次/天
	毒毛旋花子苷 K	0.02～0.04 毫克/千克	静脉注射
	安钠加	100～300 毫克/千克	肌内注射、静脉注射
抗心率失常药	利血平	0.015 毫克/千克	口服，2 次/天
		0.005～0.01 毫克/千克	肌内注射、静脉注射，2 次/天
	心得宁	0.3～0.6 毫克/千克	口服，3 次/天
	异搏定	1～2 毫克/千克	口服，3 次/天
	苯妥英钠	2～4 毫克/千克	口服，2 次/天
	奎尼丁	10～20 毫克/千克	口服、肌内注射，3～4 次/天
	丙胺太林	5～15 毫克/次	口服，2～3 次/天
止血药、抗凝血药	6-氨基己酸	10%，2～4 毫升	口服，静脉注射
	对羟基苄胺	2～4 毫克/千克	静脉注射，2～3 次/天
	安络血	0.2 毫克/千克	口服，3 次/天
		0.5 毫克/千克	肌内注射，2 次/天
	止血敏	5～15 毫克/千克	肌内注射、静脉注射，2 次/天
	维生素 K	10～30 毫克/千克	肌内注射、静脉注射，2～3 次/天
	葡萄糖酸钙	10～30 毫升/次	静脉注射
	肾上腺素	0.1%	外用
	硝酸银	1%	外用

（续）

分类	名　称	剂　量	用　法
止血药、抗凝血药	枸橼酸钠	2.5%10 毫升+ 90 毫升全血	静脉注射
	肝素钠	10 毫克/次	生理盐水或 5%葡萄糖 100 毫升稀释后静脉注射
	双羟香豆素	5 毫克/（千克·天）	口服，维持用量为其 1/3
抗贫血药	硫酸亚铁	50～500 毫克/次	口服，3 次/天
	含糖氧化铁	20～40 毫克/次	肌内注射，1 次/天
	硫酸铜	50～100 毫克/次	口服，2 次/天
	维生素 B_{12}	0.1～0.2 毫克/天	肌内注射
	叶酸	5～10 毫克/天	口服、肌内注射
	人造补血浆	2 毫升/千克	口服，3 次/天
促进代谢药	谷氨酸钠	1 000～2 000 毫克/天	静脉注射
	三磷酸腺苷（ATP）	10～40 毫克/次	肌内注射、静脉注射
	辅酶 A	30～50 国际单位/次	肌内注射、静脉注射
	细胞色素 C	15～30 毫克/次	肌内注射、静脉注射
	肌苷	25～50 毫克/次	口服、肌内注射、静脉注射
	环噻吠	0.5～1 毫克/天	口服
	强力宁	2 毫升/千克	静脉注射，1 次/天
	维丙胺	2.5 毫克/千克	肌内注射，2 次/天
抗过敏药	盐酸苯海拉明	2～4 毫克/千克	口服，2 次/天
		5～50 毫克/千克	静脉注射，2 次/天
	盐酸异丙吠（非那根）	50～200 毫克/次	口服，3 次/天
		1～5 毫克/千克	肌内注射
	扑尔敏	4～8 毫克/次	口服，2 次/天
		5～10 毫克/次	肌内注射
祛痰药	氯化铵	0.2～1 克/次	口服，2 次/天
	碘化钾	0.2～1 克/次	口服，3 次/天
镇咳药	磷酸可待因	1～2 毫克/千克	口服，3 次/天
		2 毫克/千克	皮下注射（镇痛）
	咳必清	25 毫克/次	口服，2～3 次/天
	复方咳必清糖浆	5～10 毫升/次	口服，2～3 次/天
	复方甘草合剂	5～10 毫升/次	口服，3 次/天
	溴巴新（必咳平）	—	肌内注射，2～3 次/天
	川贝止咳糖浆	5～10 毫升/次	口服，3 次/天

（续）

分类	名　称	剂　量	用　法
平喘药	盐酸麻黄碱	10～30 毫克/次	皮下注射或口服，3 次/天
	氨茶碱	10 毫克/次	口服，3 次/天
	洋金花酊	0.5～2 毫升/次	口服，2 次/天
利尿脱水药	双氢克尿噻	2～4 毫克/千克	口服，2 次/天
	速尿	1～3 毫克/千克	口服，1～3 次/天
		0.5～1 毫克/千克	肌内注射
	利尿酸	0.5～1 毫克/千克	静脉滴注，1～3 次/天，疗程 4 天
	氨苯喋啶	0.5～3 毫克/千克	口服，3 次/天
	汞非林注射注	2～10 毫克/千克	肌内注射、静脉注射
	氯化钾	10～100 毫克/千克	口服，2 次/天
	乌洛托品	100～200 毫克/千克	口服、肌内注射，2 次/天
	甘露醇	1 000～2 000 毫克/千克	静脉注射，4 次/天
	5%葡萄糖	1～4 毫升/千克	静脉注射
解毒药	解磷定	40 毫克/千克	缓慢静脉滴注
	氯磷定	15～30 毫克/千克	肌内注射或静脉滴注
	硫代硫酸钠	20～30 毫克/千克	静脉注射
	亚硝酸钠	15～20 毫克/千克	静脉注射
	二巯基丙醇	4 毫克/千克	肌内注射，6 次/天
	二巯基丙磺酸钠	5～10 毫克/千克	皮下注射
	依地酸钠钙	25 毫克/千克	皮下注射、静脉注射，4 次/天
	青霉胺	10～15 毫克/次	口服，2 次/天
	乙酰胺	100 毫克/千克	肌内注射
维生素类药	浓鱼肝油	0.1～0.2 毫升/次	口服，1～3 次/天
	维生素 AD 注射液	1～2 毫升/次	肌内注射
	维生素 D_2 胶性钙	2 500～5 000 单位/次	肌内注射、皮下注射，隔日 1 次
	维生素 E（生育酚）	500 毫克/天	口服
		300～100 毫克/次	肌内注射，隔日 1 次
	维生素 B_1	50～100 毫克/次	皮下注射、肌内注射
	维生素 B_2	10～20 毫克/天	口服
	烟酰胺	50～100 毫克/次	口服、肌内注射，1～3 次/天
	维生素 B_6	25～50 毫克/天	口服、肌内注射、静脉注射

（续）

分类	名　称	剂　量	用　法
维生素类药	维生素 B_{12}	0.1～0.2 毫克/天	肌内注射
	复合维生素 B 片	1～2 片/次	口服、1～3 次/天
	维生素 K_3	10～30 毫克/千克	肌内注射、静脉注射，2～3 次/天
	泛酸钙片	20～40 毫克/千克	口服，3 次/天
	叶酸	5 毫克/天	口服
	维生素 C	100～1000 毫克/次	口服、肌内注射、静脉注射
激素类药	醋酸可的松	2～4 毫克/千克	口服、肌内注射，2 次/天
	氢化可的松	1～2 毫克/千克	肌内注射、静脉注射，1 次/天
	氢化泼尼松	0.5 毫克/千克	口服，2 次/天，抗过敏
	醋酸肤轻松	2 毫克/千克	肌内注射，2 次/天，免疫抑制
		0.025%乳膏剂	外用
	促肾上腺皮质激素（ACTH）	5～10 国际单位/次	肌内注射，2 次/周
	前列腺素（PG）	1～2 毫克/次	肌内注射
	抗利尿素	5～10 国际单位/次	皮下注射、肌内注射，3 次/天
	垂体后叶素	2～15 国际单位/次	口服
	催产素	5～10 国际单位/次	肌内注射、静脉注射
	甲状腺干制剂	5～30 毫克/次	口服，3 次/天
	三碘甲状腺原氨酸	1.5～10 微克/次	口服，3 次/天
	绒毛膜促性腺激素（HCG）	25～300 国际单位/次	肌内注射
	孕马血清（PMSG）	25～200 国际单位/次	肌内注射
	己烯雌酚	0.2～0.5 毫克/次	口服，肌内注射
	甲烯雌醇	0.2 毫克/次	口服
	黄体酮	2～5 毫克/次	肌内注射
	垂体前促性腺激素	100～500 国际单位/次	肌内注射
	麦角浸膏	0.3～5 毫升/次	口服
	甲基睾丸酮	0.5 毫克/千克	口服，1 次/天
	苯丙酸诺龙	2.5 毫克/千克	肌内注射，1 次/2 周
	胰岛素	50～2 国际单位/次	皮下注射、肌内注射，2 次/天

（续）

分类	名　称	剂　量	用　法
抗肿瘤药	氮芥	0.08～0.1毫克/千克	静脉注射，1次/天
	环磷酰胺	6.6毫克/千克	口服，1次/天，3天后其量的1/3
	6-巯基嘌呤	2毫克/千克	口服，1次/天
	氨甲蝶呤	0.1毫克/千克	口服、肌内注射，1次/天
	左旋门冬酰胺酶	100～200国际单位/千克	静脉注射，1次/天
	长春碱	0.1～0.5毫克/千克	静脉注射，每周1次
抗病毒药	阿糖胞苷	5～10毫克/千克	肌内注射、静脉注射，1次/天，疗程2周
	盐酸吗啉哌片	2片/次	口服，3次/天
	聚细胞	10毫克/次	肌内注射，2次/天
	板蓝根注射液	10～20毫升/次	静脉注射，2次/天
消毒、防腐药	乙醇	75%	皮肤、器械消毒
	碘酊	2%～3%	皮肤，之后用75%酒精脱碘，忌与红汞合用
	新洁尔灭	0.01%～0.1%	黏膜、创口、皮肤，器械消毒，忌与肥皂、碘酊、无机盐接触
	洗必泰	0.02%～0.1%	黏膜、创口、皮肤，器械消毒，忌与肥皂、碘酊、无机盐接触
	高锰酸钾	0.1%	黏膜新创口、化脓创、瘘管冲洗
	过氧化氢（30%）	3%	化脓创、瘘管等
	龙胆紫	1%	皮肤和黏膜创伤、溃疡、烧伤
	红药水	2%	小创口、擦伤、黏膜消毒
	硼酸	2%	创伤及洗眼
	碘甘油	含碘1%～2%	黏膜消毒
	氧化锌	膏剂	皮炎及湿疹
	来苏儿	2%	创面、皮肤、器械消毒
		5%～10%	犬舍、用具消毒
	漂白粉	粉剂	水、环境、排泄物消毒
	福尔马林	4%	犬舍、环境、排泄物消毒
	氢氧化钠	2%～5%	环境、排泄物消毒
	石灰		环境、排泄物消毒

资料来源：王力光、董君艳《犬病临床指南》（吉林科学技术出版社，1991），作者有补充。

第二节 蜜蜂生产数据

表 10-6 中国主要蜜源植物

名称	分类	花期	主要产区	产量（千克/公顷）	流蜜期（天）	常年每强群采蜜量（千克）
油菜	十字花科	1～4月	长江以南，四川、东北	50		10～25
苹果	蔷薇科	3～4月	辽宁、山东、河北、河南	20～30		
乌桕	大戟科	6～7月	山东、河南、四川、云南、江苏、浙江、江西、福建			20～40
紫云英	豆科	4～5月	江苏、浙江、江西、湖南			20～30
三叶草	豆科	5～6月	各地农场零星栽培	100	30	
草木樨	豆科	6～7月	东北、河北、山东、山西、江苏、四川	200	30	25～50
荔枝	无患子科	4～5月	福建、广东、四川			30～50
龙眼	无患子科	4～5月	福建、广东、四川			15～25
柑橘	芸香科	3～4月	浙江、江西、福建、广东、四川			15～25
枇杷	蔷薇科	11月	南方各地			
梨	蔷薇科	4月	河北、河南、山东、湖北、安徽、四川、云南、辽宁	20		
沙果	蔷薇科	4月	辽宁、河北、湖北、四川			
枣	鼠李科	5月	河北、河南、山东、湖北、浙江、云南、四川、广东			15～30
刺槐	豆科	4～5月	南北各地及东北	1 500	14	
芝麻	胡麻科	7月	长江南北各地			
中槐	豆科	7月	南北各地			
棉花	锦葵科	6～9月	南北各地、东北及西北	100～200	30	10～30
荞麦	蓼科	8～9月	散布各地	70～90	12～30	30～100
向日葵	菊科	6～8月	全国各地，东北较多	40～50	30	15～25
女贞	木樨科	6月	散布各地			
荆条	马鞭草科	6～8月	河北、辽宁、内蒙古、陕西、四川	1 800～2 000	20～30	15～50
苜蓿	豆科	5～7月	东北、华北、西北			15～25
梧桐	梧桐科	6月	浙江、江西、福建、广东、陕西、山东、云南、四川、安徽			

（续）

名称	分类	花期	主要产区	产量（千克/公顷）	流蜜期（天）	常年每强群采蜜量（千克）
椴树	田麻科	6～7月	吉林、辽宁、河北、山东、河南、内蒙古	1 000	14～17	30～50
山茶	山茶科	11～12月	散布各地			
柳树		5～6月			30～45	

资料来源：诸葛群《养蜂学》（农业出版社，1958），祁云巧、董秉义《实用养蜂技术（第二版）》（金盾出版社，2010）。

表 10-7　中蜂和意大利蜂发育天数

单位：天

蜂种		卵期	未封盖幼虫期	封盖幼虫和蛹期	从卵到成蜂共需天数
中蜂	工蜂	3	5	12	20
	母蜂	3	4～5	8	15～16
	雄蜂	3	6	13	22
意大利蜂	工蜂	3	6	12	22
	母蜂	3	5.5	7.5	16
	雄蜂	3	6.5	14.5	24

资料来源：诸葛群《养蜂学》（农业出版社，1958），祁云巧、董秉义《实用养蜂技术（第二版）》（金盾出版社，2010）。

表 10-8　蜜蜂生活的适宜温度

单位：℃

项目	最高	最低	最适宜
蜂体的临界温度	35	10	14
蜜蜂的飞翔温度	28	10	20～25
蜂巢中的温度	37	14	34～35
越冬蜂团中的温度	29	10	14～25
蜂群越冬室内的温度	5	−2	0～2

资料来源：刘中衡《养蜂学讲义》（锦州市农业专科学校，1962）。

表 10-9　各型蜂的寿命

蜂种	寿命时间
工蜂	自然寿命 6 个月
雄蜂	自然寿命 40 天
蜂王	自然寿命 8 年

资料来源：农业出版社《养蜂法（第三版）》（农业出版社，1970），祁云巧、董秉义《实用养蜂技术（第二版）》（金盾出版社，2010）。

表 10-10　蜂群越冬贮蜜量的标准

单位：千克

群势（框）	越冬月数				
	2	3	4	5	6
6	3.6	5.4	6.2	9.0	10.8
7	4.2	6.3	8.4	10.5	12.6
8	4.8	7.2	9.6	12.0	14.4
9	5.4	8.0	10.5	13.5	16.2

资料来源：诸葛群《养蜂学》（农业出版社，1958）。

表 10-11　各种巢框尺寸表

单位：毫米

部件名称	标准巢框	横卧式巢框	高窄式巢框	备注
上梁	长 480	470	264	横卧式箱的巢框与标准框同
	宽 27	25	25	
	厚 20	20	20	
下梁	长 425	415	216	
	宽 15	15	18	
	厚 9～10	9～10	9	
边条	长 226	290	290	标准框全高 235 毫米 苏式框全高 300 毫米 （边条长加框耳厚度）
	宽 27	23	25	
	厚 9～10	9～10	9	

（续）

部件名称	标准巢框	横卧式巢框	高窄式巢框	备注
内围	长 425 高 205	415 280	216 281	
外围	长 445 高 235	435 300	234 300	

资料来源：农业出版社《养蜂法（第三版）》（农业出版社，1970）。

表 10-12　每群蜂产品的产量

产品种类	最低产量	最高产量	一般产量
蜂蜜	5～10 千克	300～400 千克	40～50 千克
蜂蜡	0.1～0.3 千克	5～7 千克	0.5～1.0 千克
王浆	10～20 克	450 克	100～200 克
蜂毒	1～2 千克（水溶液）	5～6 千克	2～3 千克
花粉			一年能采 20～30 千克
蜂胶			5 万～6 万为蜂群一年产 100 克

资料来源：沈阳农学院《畜牧手册》。

第三节　骆驼及牦牛生产数据

表 10-13　骆驼体重、体尺、产品、役用性能等基本数据

名称	体重（千克）		肩高（厘米）	体长（厘米）	产乳量（千克）	屠宰情况		役用性能		
	公	母				屠宰体重（千克）	屠宰率（%）	骑乘	驮运	挽曳
双峰驼	580	480	180～195	120～200	1 254	550	50～60	10～15 千米/小时	占体重 33.8%～43.1% 即 100～200 千克	占体重 80% 369 千克
单峰驼	300～650		180～210	100～200	800～3 000	300～400		2～3 千米/小时	165～220 千克	负重可达 750 千克
羊驼	54～65						55			
美洲驼										

注：1. 引自赵兴绪等《骆驼养殖与利用》。

2. 美洲驼属包括美洲驼、羊驼、原驼也叫新大陆驼属或南美驼属，简称南美驼。

表 10-14 骆驼繁殖性能基本数据

名称	初情期		配种年龄		繁殖季节		母驼发情周期（天）	排卵时间（小时）	妊娠期（天）	分娩过程		
	公	母	公	母	公	母				开口期（小时）	产出期（分钟）	胎衣排出期（分钟）
双峰驼	3岁	2～3岁	5～6岁	4～5岁	12月中旬到翌年4月下旬，共4～5个月	春冬两季	可延长至70天	交配后的36～48小时	380～439		8～50	21～77
单峰驼	3岁	2～3岁	6岁	3岁	季节性发情	季节性多次发情			385～389	24～48	30	40
羊驼	1岁	17月龄	3岁	达成年体重的60%	季节性发情	全年	长达36天		342～346	87.54±67.26～101.54±67.26	30～40	77.13±38.61～80.76±38.33
美洲驼	1岁	5～6月龄	3岁	2岁	季节性发情	全年	长达36天		348±9			

注：公驼有严格而明显的发情、配种季节。
资料来源：赵兴绪、张通《骆驼养殖与利用》（金盾出版社，2002）。

表 10-15　我国牦牛体重、体尺、生产性能基本数据表

名称	产地类型	体重（千克）		体高（厘米）		产肉性能		产乳性能		产毛性能	
		公	母	公	母	净肉率（%）	屠宰率（%）	产乳量（千克）	乳脂率（%）	产毛量（千克）	产绒量（千克）
麦地牦牛		300～500	150～350	120～130	100～110	31.77～42.8	42.87～55.2	176.4	6.77	1.43±0.23～0.35±0.07	
天祝白牦牛		264.1	189.7	120.8	108.1	36.28～41.39	52	400	5.45（5～8.2）	裙毛 1.18～3.62，尾毛 0.35～0.62	0.40～0.75
西藏高山牦牛		420.6	242.8	130.0	107.0	43.02	46.3～53.1	137.73～230.18	5.95	0.25	0.5
青海牦牛	高原型	活重 443.9	活重 256.4	129.2	110.8	39.10	50.5	190.63～274	6.37～7.2	0.60±0.20～0.87±0.30	0.57±0.29～1.01±0.42
	环湖型	活重 323.1	活重 210.6	113.86	103	38.2	48.6	106～257.03		0.85±0.51～1.60±0.48	0.69±0.28 1.01±0.40
九龙牦牛		活重 474.09±45.27	活重 300.46±37.84			41～45	52.5～56	400	6.3～6.5	0.98～3.08	
香格里拉牦牛		活重 234.5	活重 192.4	119.0	105.2	32.31～48.41	45.18～55.06	201.6～216	6.17	1.32±0.33～3.55±0.34	
新疆巴州牦牛		活重 361.2	活重 251.7	126.8	110.7	30.32～31.84	47.28～48.25	日产奶量 2.56±0.08		0.5～3	0.43
野牦牛		500～600		165～200							

资料来源：张容昶、胡江《牦牛生产技术》（金盾出版社，2002）。

表 10-16　我国牦牛繁殖性能基本数据表

名　称	初配年龄		发情周期（天）	发情持续期（小时）	排卵期（小时）	妊娠期（天）	公、母比例（自然交配）	繁殖率（%）
	公	母						
天祝牦牛	3 岁	2～3 岁				270	1∶15～25	
九龙牦牛	3 岁	3 岁						64.33
麦洼牦牛	3 岁	3～4 岁	18.5±4.38	16～56		266±9.05		
青海牦牛	2 岁	2～2.5 岁	21.3	41～51	发情后 12～36	256.8		60
西藏牦牛	3.5 岁	3.5 岁	17.8	16～48		250～260	1∶14～25	繁活率 46.6～57
香格里拉牦牛	4 岁	3 岁	19	21～48		255		65.99
新疆巴州牦牛	3 岁	3 岁	3～30	16～48		224～284	1∶15～20	

注：1. 母牦牛的发情率为 50%～60%。

2. 牦牛的发情持续期为 16～56 小时，平均 32.2 小时。

3. 排卵时间为发情终止的 12 小时（5～16 小时）。

4. 发情周期为 21 天。

资料来源：张容昶、胡江《牦牛生产技术》（金盾出版社，2002）。

第十一章　养殖场建设数据

第一节　畜舍建设及环境要求

表 11-1　建筑物对地下水位深度的要求

建筑物层数	地下水位应低于地面数（米）
低层建筑	0.8～1.0
三层以下的建筑	1.0～1.5
有地下室的建筑	2.5～3.0
道路	1.0

资料来源：《城市规划知识小丛书·城市用地工程准备》（建工部出版社，1959）。

表 11-2　全国部分地区建筑朝向

地区	最佳朝向	适宜朝向	不宜朝向
北京	南偏东或西各 30°以内	南偏东或西各 45°以内	北偏西 30°～60°
上海	南至南偏东 15°	南偏东 30°，南偏西 15°	北，西北
太原	南偏东 15°	南偏东至东	西北
哈尔滨	南偏东 15°～20°	南至南偏东或西各 15°	西，西北，北
长春	南偏东 30°，南偏西 10°	南偏东或西各 45°	北，东北，西北
沈阳	南，南偏东 20°	南偏东至东，南偏西至西	东北东至西北西
济南	南，南偏东 10°～15°	南偏东 30°	西偏北 5°～10°
银川	南偏东 15°	南偏东 25°，南偏西 10°	西，北
合肥	南偏东 5°～15°	南偏东 15°，南偏西 5°	西
杭州	南偏东 10°～15°，北偏东 6°	南，南偏东 30°	北，西
福州	南，南偏东 5°～10°	南偏东 20°以内	西
郑州	南偏东 15°	南偏东 25°	西北
武汉	南偏西 15°	南偏东 15°	西，西北
长沙	南偏东 9°	南	西，西北
广州	南偏东 15°，南偏西 5°	南偏东 22°～30°，南偏西 5°至西	
南宁	南，南偏东 15°	南，南偏东 15°～25°，南偏西 5°	东，西

（续）

地区	最佳朝向	适宜朝向	不宜朝向
西安	南偏东 10°	南，南偏西	西，西北
银川	南至南偏东 23°	南偏东 34°，南偏西 20°	西，北
西宁	南至南偏西 30°	偏东 30°至南偏西 30°	北，西北
乌鲁木齐	南偏东 40°，南偏西 30°	东南，东，西	北，西北
成都	南偏东 45°至南偏西 15°	南偏东 45°至东偏北 30°	西，北
青岛	南，南偏东 5°～15°	南偏东 15°至南偏西 15°	西，北

资料来源：孙茂红、范佳英《蛋鸡养殖新概念》（中国农业大学出版社，2010）。

表 11-3　畜舍大门的大小和数量

畜舍别	门的大小（米）		每有若干家畜须有一扇大门（头/只）
	宽	高	
役用马厩	2.0	2.2	20
种用马厩	2.0	2.2	10
成年牛舍	2.0～2.2	2.0～2.2	25
犊牛舍	2.0～2.2	2.0～2.2	25
羊舍	2.5～3.0	2.0～2.5	200
羊舍暖室	1.5	1.8	—
母猪舍	1.5～1.6	2.0～2.2	10～15
种用仔猪舍	1.5～1.6	2.0～2.2	40～60
种用小猪舍	1.5～1.6	2.0～2.2	60～80
育肥猪舍	1.5～1.6	2.0～2.2	75～100
公猪舍	1.5～1.6	2.0～2.2	8～10

资料来源：梁达新《牧场管理》（畜牧兽医图书出版社，1954）。

表 11-4　畜舍窗的大小高低标准

畜舍别	窗台距舍内地面距离（米）	窗的大小（米）	
		宽	高
役用马舍	1.6～1.8	1.2～1.5	0.7～0.8
种用马舍	2.0～2.2	1.5～2.0	0.7～0.9
牛舍	1.2 以上	1.2～1.5	0.75～0.9
羊舍	1.3～1.5	1.0～1.2	0.7～0.9
猪舍	1.1～1.3	1.2～1.5	0.7～0.8

资料来源：梁达新《牧场管理》（畜牧兽医图书出版社，1954）。

表 11-5　标准状态下干燥空气的组成

空气成分	容积百分比	重量百分比
氮（N_2）	78.09	75.51
氧（O_2）	20.95	23.15
氩（Ar）	0.93	1.28
二氧化碳（CO_2）	0.03	0.046
氖（Ne）	0.001 8	0.001 25
氦（He）	0.000 52	0.000 072
甲烷（CH_4）	0.000 22	0.000 12
氪（Ke）	0.000 1	0.000 29
一氧化二氮（N_2O）	0.000 05	0.000 08
氢（H_2）	0.000 05	0.000 003 5
氙（Xe）	0.000 008	0.000 036
臭氧（O_3）	0.000 004	0.000 007

注：引自王振刚《环境卫生学》。

表 11-6　空气环境质量标准

项目	单位	缓冲区	场区	舍内			
				禽舍		猪舍	牛舍
				雏禽	成禽		
氨气	毫克/米^3	2	5	10	15	25	20
硫化氢	毫克/米^3	1	2	2	10	10	8
二氧化碳	毫克/米^3	380	750	1 500		1 500	1 500
恶臭	稀释倍数	40	50	70		70	70

注：1. 场区——规模化畜禽场围栏或院墙以内、舍内以的区域；缓冲区——在畜禽场外周围，沿场院向外≤500 米范围内的畜禽保护区，该区具有保护畜禽场免受外界污染的功能。

2. 恶臭的测定采用三点比较式臭袋法。

3. 表中数据皆为日测值。

4. 引自中华人民共和国农业行业标准《畜禽场环境质量标准》（NY/T 388—1999）。

表 11-7 噪声对各种动物的影响

动物种类	噪　　声	对家畜的影响
奶牛	105 分贝（Kovalcik and Sottnik，1971）	采食量减少，泌乳量减少，泌乳速度减慢
	拖拉机声音 97 分贝（Broucek 等，1983）	血液中血糖水平升高、白细胞含量增加，血红蛋白降低
	1 千赫兹，110 分贝（Broucek 等，1983）	血糖升高，血红蛋白和甲状腺素水平下降
	73.4 分贝（周祖华，1995）	多站立，烦躁不安，心率、脉搏加快，体温、呼吸无明显变化，食欲减退。在此环境中持续饲养 30 天，奶牛产奶量下降，牛奶酸度增高，同时母牛流产现象增多
	飞机低空飞行时噪声	狂暴、泌乳反射异常。挤乳量下降。噪声对奶牛的影响有延续性，在噪声发生后的第二个早晨，挤乳量继续下降
	噪声由 55～75 分贝增至 85～100 分贝	牛的站立时间增加 3%，反刍时间减少 5%，采食时间减少 1%，饮水时间也稍有减少
山羊	喷气式飞机（Sugawara 等，1979）	产奶量下降
猪	108～120 分贝（Borg，1981）	血液中 11 羟皮质酮和儿茶酚胺的含量增多，但是皮质醇水平下降
	93 分贝（Dufour，1980）	醛固酮分泌过多
	飞机噪音录音 120～135 分贝（Bond 等，1963）	心跳加快
绵羊	白噪声（white noise，用以掩盖令人心烦的杂音）100 分贝（Ames and Arehart，1972）	心跳加快、呼吸率加快，饲料利用率下降
	白噪声（90 分贝）（Arnes，1978）	甲状腺功能下降
	4 000 赫兹，100 分贝（Ames，1978）	黄体素增多，产羔率增多
	噪声由 75 分贝增至 100 分贝	可使绵羊的平均日增重显著下降，饲料利用率也降低
	90～100 分贝的噪声（陈宁，1991）	噪声发生初期，绵羊的反刍停止，后期有反刍活动，说明绵羊对噪音有较快的适应性，能在短期内恢复正常消化功能
鼠	间歇式噪声 110 分贝（Anthony and Ackerman，1955）	血液中嗜酸性细胞增多，肾上腺活动加强
	高速公路的录音 105 分贝（Busnel and Holin，1978）	增重减少

（续）

动物种类	噪　声	对家畜的影响
家兔	白噪声 107～112 分贝（Nayfield and Besch，1981）	肾上腺重量加大，脾脏和胸腺的重量减少
	白噪声 102～114 分贝（Friedman 等，1967）	下丘脑发生变化，血液中胆固醇含量和甘油三酯的含量增加
	电铃声 95～100 分贝（Zondek and Isacher，1964）	卵巢肿大，并持续性发情
鸡	每天用 110～120 分贝刺激 72～166 次，连续 2 个月	产蛋率下降，蛋重减轻，蛋的质量下降
	每天给予 1000 赫兹、85～90 分贝的噪声 4 小时（波兰 Domanski，1980）	4 周龄时，屠宰率显著下降
	90～100 分贝的噪声	鸡产生坠蛋现象，继之则逐渐适应。但持续地超过这一强度的噪声，会使产蛋量减少
	3 天以上飞机噪声的刺激	产蛋母鸡停止采食和饮水，产蛋下降
	100 分贝（Borg，1981）	血液中 11 羟皮质酮含量增多
	156.3 分贝（Jehl and Cooper，1980）	19 日龄时，体重降低
家犬	突然的响声（Stephens，1980）	血液中皮质激素水平增加

资料来源：李如治《家畜环境卫生学（第三版）》（中国农业出版社，2010）。

表 11-8　土地征用面积估算表

场别	饲养规模	占地面积（米^2/头）	备注
奶牛场	100～400 头成乳牛	160～180	
肉牛场	年出栏育肥牛 1 万头	16～20	按年出栏量
种猪场	200～600 头基础母猪	75～100	
商品猪	600～3 000 头基础母猪	5～6	
绵羊场	200～500 只母羊	10～15	
奶山羊场	200 只母羊	15～20	
种鸡场	1 万～5 万只种鸡	0.6～1.0	
蛋鸡场	10 万～20 万只产蛋鸡	0.5～0.8	
肉鸡场	年出栏肉鸡 100 万只	0.2～0.3	按年出栏量计

资料来源：李如治《家畜环境卫生学（第三版）》（中国农业出版社，2010）。

表 11-9　畜舍通风参数表

畜舍	换气量［米³/（时·千克）］			换气量［米³/（时·头）］			气流速度（米/秒）		
	冬季	过渡季	夏季	冬季	过渡季	夏季	冬季	过渡季	夏季
牛舍									
成年乳牛舍									
拴系或散养	0.17	0.35	0.70				0.3～0.4	0.5	0.8～1.0
散养、厚垫草	0.17	0.35	0.70				0.3～0.4	0.5	0.8～1.0
产间	0.17	0.35	0.70				0.2	0.3	0.5
0～20 日龄犊牛预防室				20	30～40	80	0.1	0.2	0.3～0.5
犊牛舍									
20～60 日龄				20	40～50	100～120	0.1	0.2	0.3～0.5
60～120 日龄				20～25	40～50	100～120	0.2	0.3	<1.0
4～12 月龄幼牛舍				60	120	250	0.3	0.5	1.0～1.2
1 岁以上青年牛舍	0.17	0.35	0.70				0.3	0.5	0.8～1.0
猪舍									
空怀及妊娠前期母猪舍	0.35	0.45	0.60				0.3	0.3	<1.0
种公猪舍	0.45	0.60	0.70				0.2	0.2	<1.0
妊娠后期母猪舍	0.35	0.45	0.60				0.2	0.2	<1.0
哺乳母猪舍	0.35	0.45	0.60				0.15	0.15	<0.4
哺乳仔猪舍	0.35	0.45	0.60				0.15	0.15	<0.4
后备猪舍	0.45	0.55	0.65				0.3	0.3	<1.0
育肥猪舍									
断奶仔猪	0.35	0.45	0.60				0.2	0.2	<0.6
165 日龄前	0.35	0.45	0.60				0.2	0.2	<1.0
165 日龄后	0.35	0.45	0.60				0.2	0.2	<1.0

（续）

畜舍	换气量［米³/（时·千克）］			换气量［米³/（时·头）］			气流速度（米/秒）		
	冬季	过渡季	夏季	冬季	过渡季	夏季	冬季	过渡季	夏季
羊舍									
公羊舍、母羊舍、断奶后				15	25	45	0.5	0.5	0.8
产间暖棚				15	30	50	0.2	0.3	0.5
公羊舍内的采精间				15	25	45	0.5	0.5	0.8
禽舍									
成年禽舍									
蛋鸡舍（笼养）	0.7		4.0					0.3～0.6	
肉鸡舍（地面平养）	0.75		5.0					0.3～0.6	
火鸡舍	0.60		4.0					0.3～0.6	
鸭舍	0.70		5.0					0.5～0.8	
鹅舍	0.60		5.0					0.5～0.8	
雏禽舍									
蛋用雏鸡（周龄）									
1～9	0.8～1.0		5.0					0.2～0.5	
10～22	0.75		5.0					0.2～0.5	
肉用雏鸡（周龄）									
1～9	0.75～1.0		5.5					0.2～0.5	
10～26	0.70		5.5					0.2～0.5	
肉用仔鸡（周龄）									
1～8（笼养）	0.70～1.0		5.0					0.2～0.5	
1～9（地面平养）	0.70～1.0		5.0					0.2～0.5	

（续）

畜舍	换气量［米^3/（时·千克）］			换气量［米^3/（时·头）］			气流速度（米/秒）		
	冬季	过渡季	夏季	冬季	过渡季	夏季	冬季	过渡季	夏季
雏火鸡、雏鸭、雏鹅（周龄）									
1～9	0.65～1.0		5.0				0.2～0.5		
9以上	0.60		5.0				0.2～0.5		

注：一般规定畜舍冬季换气应保持3～4次/小时，除炎热季节外，一般不超过5次/小时。冬季换气次数过多，容易引起气温降低。

资料来源：李如治《家畜环境卫生学（第三版）》（中国农业出版社，2010）。

表11-10 畜舍小气候参数

畜舍	温度（℃）	相对湿度（%）	噪声允许强度（分贝）	微生物允许含量（万个/米^3）	尘埃允许含量（毫克/米^3）	有害气体允许浓度		
						CO_2（%）	NH_3（毫克/米^3）	H_2S（毫克/米^3）
一、牛舍								
1. 成乳牛舍，1岁以上青年牛舍栓系或散放饲养	10(8～12)	70(50～85)	70	<7		0.25	34	4
散放厚垫草饲养	6(5～8)	70(50～85)	70	<7		0.25	34	4
2. 产间	16(14～18)	70(50～85)	70	<5		0.15	17	2
3. 0～20日龄犊牛预防室	18(16～20)	70(50～80)	70	<2		0.15	17	2
4. 犊牛舍								
20～60日龄	17(16～18)	70(50～85)	70	<5		0.15	17	2
60～120日龄	15(12～18)	70(50～85)	70	<4		0.25	26	4
5. 4～12月龄幼牛舍	12(8～16)	70(50～85)	70	<7		0.25	34	4
6. 1岁以上小公牛及小母牛舍	12(8～16)	70(50～85)	70	<7		0.25	34	4

（续）

畜舍	温度（℃）	相对湿度（%）	噪声允许强度（分贝）	微生物允许含量（万个/米^3）	尘埃允许含量（毫克/米^3）	有害气体允许浓度		
						CO_2（%）	NH_3（毫克/米^3）	H_2S（毫克/米^3）
二、猪舍								
1. 空怀、妊娠前期母猪舍	15(14～16)	75(60～85)	70	＜10		0.2	34	4
2. 公猪舍	15(14～16)	75(60～85)	70	＜6		0.2	34	4
3. 妊娠后期母猪舍	18(16～20)	70(60～80)	70	＜6		0.2	34	4
4. 哺乳母猪舍	18(16～18)	70(60～80)	70	＜5		0.2	26	4
哺乳仔猪	30～32	70(60～80)	70	＜5		0.2	26	4
5. 后备猪舍	16(15～18)	70(60～80)	70	＜5		0.2	34	4
6. 育肥猪舍								
断奶仔猪	22(20～24)	70(60～80)	70	＜5		0.2	34	4
165 日龄前	18(14～20)	75(60～85)	70	＜8		0.2	34	4
165 日龄后	16(12～18)	75(60～85)	70	＜8		0.2	34	4
三、羊舍								
1. 公羊舍、母羊舍、断奶后及势后的小羊舍	5(3～6)	75(50～85)		＜7		0.3	34	4
2. 产间暖棚	15(12～16)	70(50～85)		＜5		0.25	34	4
3. 公羊舍内的采精间	15(13～17)	75(50～85)		＜7		0.3	34	4
四、禽舍								
1. 成年禽舍								
鸡舍 笼养	20～18	60～70	90		2～5	0.15～0.2	17	2
鸡舍 地面平养	12～16	60～70	90		2～5	0.15～0.2	17	2
火鸡舍	12～16	60～70	90		2～5	0.15～0.2	17	2
鸭舍	7～14	70～80	90		2～5	0.15～0.2	17	2
鹅舍	10～15	70～80	90		2～5	0.15～0.2	17	2

（续）

畜舍		温度（℃）	相对湿度（%）	噪声允许强度（分贝）	微生物允许含量（万个/米³）	尘埃允许含量（毫克/米³）	有害气体允许浓度		
							CO_2（%）	NH_3（毫克/米³）	H_2S（毫克/米³）
2. 雏鸡舍									
1～30日龄	笼养	31～20	60～70	90		2～5	0.2	17	2
1～30日龄	地面平养	31～24（伞下35～22）	60～70	90		2～5	0.2	17	2
31～60日龄	笼养	20～18	60～70	90	0.2～0.5		0.2	17	2
31～60日龄	地面平养	18～16	60～70	90	0.2～0.5		0.2	17	2
61～70日龄	笼养	18～16	60～70	90	0.2～0.5		0.2	17	2
61～70日龄	地面平养	16～14	60～70	90	0.2～0.5		0.2	17	2
71～150日龄	笼养	16～14	60～70	90	0.2～0.5		0.2	17	2
71～150日龄	地面平养	16～14	60～70	90	0.2～0.5		0.2	17	2

注：一氧化碳的日平均最高容许浓度为1.0毫克/米³，一次最高容许浓度为3.0毫克/米³。

资料来源：李如治《家畜环境卫生学（第三版）》（中国农业出版社，2010）。

表 11-11 各种畜舍的采光系数

畜舍	采光系数	畜舍	采光系数	畜舍	采光系数
种猪舍	1∶10～1∶12	奶牛舍	1∶12	成绵羊舍	1∶15～1∶25
肥猪舍	1∶12～1∶15	肉牛舍	1∶16	羔羊舍	1∶15～1∶20
成鸡舍	1∶10～1∶12	犊牛舍	1∶10～1∶14	母马及幼驹厩	1∶10
雏鸡舍	1∶7～1∶9			种公马厩	1∶10～1∶12

资料来源：李如治《家畜环境卫生学（第三版）》（中国农业出版社，2010）。

表 11-12 畜舍人工光照标准

畜舍	光照时间（小时）	照度（勒克斯）	
		荧光灯	白炽灯
牛舍			
乳牛舍、种公牛舍、后备牛舍	16～18		
饲喂处		75	30
休息处或单栏、单元内		50	20

（续）

畜舍	光照时间（小时）	照度（勒克斯）	
		荧光灯	白炽灯
产间			
卫生工作间		75	30
产房		150	
犊牛预防室			100
犊牛舍		100	50
带犊母牛或保姆牛的单栏或隔间		75	30
青年牛舍（单间或群饲栏内）	14～18	50	20
育肥牛舍（单栏或群饲栏）	6～8	50	20
饲喂场或运动场		5	5
挤奶厅、乳品间、洗涤间、化验室		150	100
猪舍			
种公猪舍、育成猪舍、母猪舍、断奶仔猪舍	14～18	75	30
肥猪舍			
瘦肉型猪舍	8～12	50	20
脂用型猪舍	5～6	50	20
羊舍			
母羊舍、公羊舍、断奶羔羊舍	8～10	75	30
育肥羊舍		50	20
产房及暖圈	16～18	100	50
剪毛站及公羊舍内调教场		200	150
马舍			
种马舍、幼驹舍		75	30
役用马舍		50	20
鸡舍			
0～3 日龄	23	50	30
4 日龄至 19 周龄	23 渐减或突减为 8～9		5
成鸡舍	14～17		10
肉用仔鸡舍	23 或 3 明：1 暗		0～3 日龄 25，以后减为 5～10

（续）

畜舍	光照时间（小时）	照度（勒克斯）	
		荧光灯	白炽灯
兔舍及皮毛兽舍			
封闭式兔舍、各种皮毛兽笼、棚	16～18	75	50
幼兽棚	16～18	10	10
毛长成的商品兽棚	6～7		

注：有窗舍应减至当地培育期最长日照时间。

资料来源：李如治《家畜环境卫生学（第三版）》（中国农业出版社，2010）。

表 11-13　家畜污水排放量

家畜种类	污水排放量［升/（头·天）］
成年牛	15～20
青年牛	7～9
犊牛	4～6
种公牛	5～9
带仔母猪	8～14
后备猪	2.5～4
育肥猪	3～9

资料来源：李如治《家畜环境卫生学（第三版）》（中国农业出版社，2010）。

表 11-14　猪自动饮水器的安装高度

单位：毫米

猪群类别	鸭嘴式	杯式	乳头式
公猪	750～800	250～300	800～850
母猪	650～750	150～250	700～800
后备母猪	600～650	150～250	700～800
仔猪	150～250	100～150	250～300
培育猪	300～400	150～200	300～450
生长猪	450～500	150～250	500～600
育肥猪	550～600	150～250	700～800
备注	安装时阀体斜面向上，最好与地面成45°夹角	杯口平面与地面平行	与地面成45°～75°夹角

注：1. 饮水器的安装高度是指阀杆末端（鸭嘴式和乳头式）或杯口平面（杯式）距地（床）面的距离。

2. 鸭嘴式饮水器用135°弯头安装时，安装高度可再适当增高。

资料来源：李如治《家畜环境卫生学（第三版）》（中国农业出版社，2010）。

第二节　畜禽所要求的适宜温度

表 11-15　家畜所要求的适宜温度

畜别	体重（千克）	适宜温度（℃）	最适温度（℃）
妊娠母猪		11～15	
分娩母猪		15～20	17
带仔母猪		15～17	
初生仔猪		27～32	29
哺乳仔猪	4～23	20～24	
后备猪	23～57	17～20	
肥猪	55～100	15～17	
乳用母牛		5～21	10～15
乳用犊牛		10～24	17
肉牛		5～21	10～15
小阉牛		5～21	10～15
成年马		7～24	13
马驹		24～27	
母绵羊		7～24	13
初生羔羊		24～27	
哺乳羔羊		5～21	10～15

资料来源：王庆镐《家畜环境卫生学》（农业出版社，1981）。

表 11-16　禽舍的温度要求

禽别	最佳温度（℃）	最高温度（℃）	最低温度（℃）	备注
蛋鸡				
0～4 周龄雏鸡（育雏伞）	22	27	10	育雏区温度 33～35℃，第 4 周降至 21℃
整室加热育雏	34	36	32	0～3 日龄
育成鸡	18	27	10	
产蛋鸡	24～27	30	8	
肉鸡				
0～4 周龄雏鸡	24	30	20	育雏区温度 33～35℃，第 4 周降至 21℃

（续）

禽别	最佳温度（℃）	最高温度（℃）	最低温度（℃）	备注
4～8周龄生长鸡	20～25	30	10	
整室加热育雏	34	36	32	0～3日龄
成年种鸡	18	27	8	
鸭				
0～2周龄雏鸭	22	30	18	育雏区温度31～33℃，第4周降至21℃
4～8周龄生长鸭	20～25	32	8	
整室加热育雏	32	35	28	第1周
成年种鸭	18	30	6	

资料来源：《家禽生产学》（中国农业出版社，2002）。

表 11-17　家畜防寒与防热温度界限

畜别		防寒温度界限（℃）	防热温度界限（℃）
牛	乳用牛	4	21
	肉用牛	4	25
猪	繁殖猪*	6	22
	45千克肥猪	6	22
	90千克肥猪	6	22
鸡**	蛋鸡	1	21
	肉鸡	3	23

*：仔猪要用保温设备。

**：指大、中鸡，雏鸡最适温度为30～36℃。

表 11-18　一般羊的临界温度

管理情况	毛长（毫米）	风速（米/秒）	热代谢率（瓦/米^2）	临界温度（℃）
饥饿，舍饲	10	0.2	50	25
维持	60	0.2	50	9
舍饲	60	0.2	70	−7
舍外剪毛	10	0.9	90	13
有风	10	4.3	90	19
有风，毛干	6	4.3	90	−3

（续）

管理情况	毛长（毫米）	风速（米/秒）	热代谢率（瓦/米^2）	临界温度（℃）
有风，毛湿	60	4.3	90	12
全价饲养，舍饲	40	4.3	150	—40
初生羔羊，被毛				26
初生羔羊，被毛				16

资料来源：岳文斌《现代养羊》（中国农业出版社，2000）。

第十二章　牧草及饲料作物栽培数据

表 12-1　主要饲料作物及牧草栽培技术简表

作物	种植期	产量（千克/公顷）	播种量（千克/公顷）	行距（厘米）	株距（厘米）	播种复土深度（厘米）	种子利用年限（年）	种子发芽适宜温度（℃）
玉米	3～6月	鲜草：6万～8万，籽实：3 000～4 500	条播：45～60，做青贮增加20%～30%	60～70	24	5～6	3	25
高粱	4～5月	鲜草：6万～7.5万，籽实：3 750～6 000	30～45	45～60		3～5	2	20～30
燕麦	4～11月	鲜草：2万～3万，籽实：2 500～3 000	150～225	15～30		3～4	2～3	15～25
春大麦	3～4月	鲜草：2万～3万，籽实：4 500～6 000	150～225	条播15～30		3～5	2	18～25
饲用大豆	4～5月	干草：1万～1.5万，鲜草：3万，籽实：1 500	45～90	50～70		3～4	2～3	20～22
豌豆	春冬两季	籽实：2 000～3 000，青刈豆秧：1.5万～3万	75～225	25～40	10	5～7	2	6～12
饲用甜菜	4～5月	块根：5.2万～6万，鲜叶：1.5万，种子：750～1 125	22.5～30	40～60	25～30	3～4	2～3	8～10
甘蓝	2～4月	鲜草：37 000～75 000	750～1 500（克）					25～31
菊苣	春、秋皆宜	鲜草：9万～15万	2.25～3	条播30～40		2～3		
甘薯	3～7月	块根：6 000～135 000，茎蔓3万～4.5万	4.5万～9万					28～30
马铃薯	2～7月	块茎：8万	1 200～1 500	40～60	24～30	8～10		8～10
胡萝卜	6～8月	块根：4.5万～6万，叶：2.4万～3万，产种子：600～750	4.5～7.5	20～25	10～12	1～2	1	18～25

（续）

作物	种植期	产量（千克/公顷）	播种量（千克/公顷）	行距（厘米）	株距（厘米）	播种复土深度（厘米）	种子利用年限（年）	种子发芽适宜温度（℃）
菊芋	3～10月	块茎：1.8万～7.5万，叶：1.5万～8万	800～1 200	60～70	40～50	5～8	4～5	15～17
南瓜	3～5月	3万～4.5万，产种子：1 050～12 000	4.5	行株距：60×100		3	4	20～25
聚合草	春、季	产青饲料：22.25万～37.5万		50～60	45～50	3～4		
紫花苜蓿	3～8月	干草：12 000～22 500，鲜草：4.8万～20万，产种子：300～600	15～22.5	条播，行距：30～40		2～4	2～3	25～30
沙打旺	春夏播种	鲜草：30～120吨，种子：225～450	3.75～7.5	条播，行距：30～40		1～2		
紫云英	9～10月	鲜草：22.5万～37.5万，产种子：600～750	37.5～60					20～30
红三叶	春、秋均可	鲜草：3.75万～4.5万，产种子：225～300	7.5～15	条播，行距：30～40		1～2	1～2	25～31
冰草	春、夏、秋	鲜草：3 750～15 000，产种子：300～750	15～22.5	条播，行距：20～30		3～4	1	15～25
无芒雀麦	春、夏	鲜草：17 000，干草：4 500～7 500，产种子：600～700	22.5～30	条播：15～30		2～4	2～3	25～30
羊草（碱草）	春、秋	干草：3 000～4 500，产种子：150	45～60	条播：30		2～3		25～30
苏丹草	早春	鲜草：4.5万～7.5万，产种子：750～2 250	20～30	条播：20～30		5～8	3～4	20～30
墨西哥类玉米	早春	鲜草：1.5万～2万	7.5	条播：50				24～26
鸡脚草	春、秋	鲜草：5.25万～6万，种子：300～450	7.5～15	条播：15～30		2～3	2～3	20～30
猫尾草	夏、秋	鲜草：3.39万～3.6万，种子：510～750	7.5～12.0	条播：20～30		1～2	2～3	15～20

（续）

作物	种植期	产量（千克/公顷）	播种量（千克/公顷）	行距（厘米）	株距（厘米）	播种复土深度（厘米）	种子利用年限（年）	种子发芽适宜温度（℃）
鹅头稗	4～5月	干草：9 000～15 000，产籽实：3 000～7 500	6～7.5	条播：40～45		3～5		
西黏谷（繁穗苋）	4～8月	鲜草：7.5万～12万，种子：1 800～3 800	3～4	条播：30		1～1.5		20
白花草木樨	一年四季均可播种	青草：3万～5.25万，种子：750～1 500	7.5～15	条播，行距40～50		1～2	4～6	20～25

资料来源：陈宝书《牧草饲料作物栽培学》（中国农业出版社，2001）。

表 12-2　主要牧草种子千粒重及每千克种子粒数

种子名称	千粒重（克）	每千克种子粒数	种子名称	千粒重（克）	每千克种子粒数
紫花苜蓿	1.44～2.30	694 444.4～434 782.6	无芒雀麦	2.44～3.74	409 837.6～267 379.6
黄花苜蓿	2.2	454 545.4	扁穗雀麦	10～13	100 000～76 923.0
山野豌豆	17.9	55 865.8	高燕麦草	2.91～3.15	343 642～317 460
普通红豆草	18～21	76 923.0～62 500.0	草地早熟禾	0.37	27.027 02
高加索红豆草	13～16	55 555.6～47 619.0	扁秆早熟禾	0.4～0.43	2 500 000～2 325 581
沙地红豆草	11.8	84 745.6	冰草	2.9	344 827
百脉根	1～1.2	1 000 000～833 332.0	蒙古冰草	1.9	526 315
沙打旺	1.8	555 555.6～322 580	沙生冰草	2.57	389 105
小冠花	3.1～4.08	245 098	鸡脚草	0.97～1.34	1 030 927～746 268
红三叶	1.5～1.8	666 666.7～555 555.5	披碱草	4.82～5.62	207 468～177 935
杂三叶	0.75	1 333 333	垂穗披碱草	2.2～2.5	454 545～400 000
白三叶	0.5～0.7	2 000 000～1 428 571.4	老芒草	3.5～4.9	285 714～204 081
白花草木樨	2～2.5	500 000～400 000	多年生黑麦草	1.5～2	666 666～500 000
细齿草木樨	2.4	416 666.6	猫尾草	0.36～4	277 777～250 000
箭舌豌豆	50～60	20 000～16 666.6	苇状羊茅	2.51	398 406
紫云英	3.5	285 714.2	紫羊茅	0.7～1	1 428 571～1 000 000
黄花草木樨	2.17	460 829.5	草芦	6.8	14 705
无味草木樨	2.40	416 666	麦滨草	2.98	335 070
广布野豌豆	17.0	58 823	偃麦草	4.09	2 325 581
白花山黧豆	164.0	6 098	中间偃麦草	5.29	189 035
羊柴	9.33	10 718	弯穗鹅冠草	4.1	227 272
柠条	37.9	26 385	大米草	8.57	116 687
达乌里胡枝子	2.20	454 545	苏丹草	12.63	29 588.3

资料来源：陈宝书《牧草饲料作物栽培学》（中国农业出版社，2001）。

表 12-3　重要栽培牧草、饲料作物种子萌发时对温度的要求

单位:℃

种类	最低	最适	最高
紫花苜蓿	0～4.8	31～37	37～44
红豆草	2～4	20～25	32～35
三叶草	2～4	20～25	32～35
黄花苜蓿	0～5	15～30	35～37
箭舌豌豆	2～4	20～25	32～35
紫云英	1～2	30	39～40
大豆	10～12	15～30	40
无芒雀麦	5～6	25～30	35～37
猫尾草	5～6	25～30	35～37
羊草	5～6	25～30	35～37
黑麦草	2～4	20～30	35～37
苏丹草	8～10	28～30	40～50
黑麦	0～4.8	25～31	31～37
大麦	0～4.8	25～31	31～37
燕麦	0～4.7	25～31	31～37
玉米	4.8～10.5	37～44	44～50
高粱	4.8～10.5	37～44	44～50
胡萝卜	10 以上	15～25	30

注：多数种子萌发时所需的最低温度为 0～5℃（低于此温度不萌发），最高为 35～40℃（高于此温度也不萌发）。

资料来源：陈宝书《牧草饲料作物栽培学》（中国农业出版社，2001）。

表 12-4　主要栽培牧草饲料作物种子萌发时的吸水率（%）

豆科牧草和饲料作物		禾本科牧草和饲料作物	
种类	吸水率	种类	吸水率
红三叶	143.3	无芒雀麦	150.0
白三叶	102.0	紫羊茅	159.0
杂三叶	90.0	猫尾草	77.0
绛三叶	117.0	红顶草	80.0
紫苜蓿	53.7	黑麦草	113.0
白花草木樨	126.0	牛尾草	124.0
红豆草	118.0	高燕麦草	160.0
栽培山黧豆	103.0	草地早熟禾	124.0

（续）

豆科牧草和饲料作物		禾本科牧草和饲料作物	
种类	吸水率	种类	吸水率
箭舌豌豆	97.3	草地看麦娘	170.0
吐库曼毛苕子	84.8	鸡脚草	110.0
黄花羽扇豆	163.0	白翦股颖	80.0
白花羽扇豆	118.0	苏丹草	87.6
饲用蚕豆	157.0	玉米	39.8
紫花豌豆	105.8	大麦	48.2
鹰咀豆	75.7	黑麦	57.5
豌豆	186.0	燕麦	59.8
大豆	107.0	粟	25.0

资料来源：陈宝书《牧草饲料作物栽培学》（中国农业出版社，2001）。

表 12-5　主要栽培牧草饲料作物经验播种量

单位：千克/公顷

草种名称	播种量	草种名称	播种量	草种名称	播种量	草种名称	播种量
紫花苜蓿	7.5～15.0	山黧豆	150～180	纤毛鹅观草	15.0～30.0	玉米	60.0～105.0
金花菜	75～90（带荚）	小冠花	4.5～7.5	鸭茅	7.5～15.0	高粱	30.0～45.0
沙打旺	3.75～7.5	百脉根	6.0～12.0	黑麦草	15.0～22.5	谷子	15.0～22.5
紫云英	37.5～60.0	柱花草	1.5～3.0	多花黑麦草	1.05～22.5	燕麦	150～225
红三叶	9.0～15.0	羊草	60.0～75.0	猫尾草	7.5～11.25	大麦	150～225
白三叶	3.75～7.5	老芒麦	22.5～30.0	看麦娘	22.5～30.0	饲用大豆	60.0～75.0
红豆草	45～90	无芒雀麦	22.5～30.0	草芦	22.5～30.0	豌豆	105～150
草木樨	15.0～18.0	披碱草	22.5～30.0	短芒大麦草	7.5～15.0	蚕豆	225～300
羊柴	30.0～45.0	苇状羊茅	22.5～30.0	布顿大麦草	11.25～15.0	甜菜	22.5～30.0
柠条	10.5～15.0	羊茅	30.0～45.0	草地早熟禾	9.0～15.0	胡萝卜	7.5～15.0
普通苕子	60.0～75.0	冰草	15.0～18.0	碱茅	7.5～10.5	苦荬菜	7.5～12.0
毛苕子	45.0～60.0	偃麦草	22.5～30.0	鸡眼草	7.5～15.0	苏丹草	22.5～37.5

注：1. 牧草及饲料作物的经验播种量是根据理论播种量推断而得出。

2. 理论播种量（千克/公顷）＝田间合理密度（株/公顷）×千粒重（克）÷10^6。为了保证合理密度增加了保苗系数。一般保苗系数：牧草为3.0～9.0，饲料作物为1.5～5.0。

3. 经验播种量（千克/公顷）＝保苗系数×田间合理密度（株/公顷）×千粒重（克）÷10^6。

4. 实际播种量（千克/公顷）＝［保苗系数×田间合理密度（株/公顷）×千粒重（克）］÷［净度（%）×发芽率（%）×100］。

5. 主要牧草及饲料作物的田间合理密度、种子千粒重、种子净度、种子发芽率等数据本书牧草及饲料作物章节内有列表可查。

资料来源：陈宝书《牧草饲料作物栽培学》（中国农业出版社，2001）。

表 12-6　各种肥料的当年利用率（%）

肥料种类	利用率	肥料种类	利用率	肥料种类	利用率
圈肥	20～30	豆科绿肥	20～30	尿素	60
堆肥	25～30	氨水	30～50	过磷酸钙	10～25
人粪尿	40～60	碳酸氢铵	30～55	磷矿粉	10
草木灰	30～40	硫酸铵	70	硫酸钾	50
炕土	30～40	硝酸铵	65	氯化钾	50

资料来源：陈宝书《牧草饲料作物栽培学》(中国农业出版社，2001)。

表 12-7　牧草种子田的播量

单位：千克/公顷

牧草名称	窄行条播	宽行条播	牧草名称	窄行条播	宽行条播
紫花苜蓿	6	4.5	无芒雀麦	22.5	15
白花草木樨	12	9	冰草	15	10.5
黄花草木樨	12	9	羊草	37.5	30
红豆草	27	22.5	披碱草	22.5	15
沙打旺	4.5	3	老芒麦	22.5	15
红三叶	6	4.5	鸭茅	15	7.5
白三叶	4.5	3	草地羊茅	7.5	4.5
百脉根	6	4.5	紫羊茅	4.5	3
多变小冠花	4.5	3	黑麦草	7.5	4.5
大翼豆	3.75	3	野大麦	12	7.5
矮柱花草	30	22.5	猫尾草	7.5	4.5
蒙古岩黄芪（去荚）	30	22.5	看麦娘	12	7.5
柠条锦鸡儿	9	7.5	虉草	12	7.5
紫云英	30	22.5	草地早熟禾	4.5	3
野豌豆	45	30	苏丹草	22.5	15
毛苕子	37.5	30	狗尾草	7.5	4.5
山黧豆	45	30	燕麦	120	75

注：窄行条播行距为 7.5～15 厘米，宽行条播行距为 30～80 厘米。
资料来源：陈宝书《牧草饲料作物栽培学》(中国农业出版社，2001)。

表 12-8 牧草和饲料作物种子品质检验技术条件

草种名称	平均样品重量（克）	分析纯度试样（克）	发芽床	发芽温度*（℃）	规定发芽天数	
					发芽势（%）	发芽率（%）
豆科牧草						
紫花苜蓿	250	5	纸	20	3	7
黄花苜蓿	250	5	纸	20	4	10
天蓝苜蓿	250	5	纸	20	7	14
红豆草	500	25	沙	20～30	5	10
草木樨	250	5	纸	20	3	10
红三叶	250	5	纸	20	4	10
杂三叶	100	4	纸	20	4	10
绛三叶	250	5	纸	20	4	10
春箭舌豌豆	500	50	沙	20	3	10
冬箭舌豌豆	500	25	沙	20	3	10
山黧豆	1 000	100	沙	20	3	7
白三叶	100	2	纸	20	4	10
禾本科牧草						
无芒雀草	100	5	纸	20～30	4	10
冰草	50	5	纸	20～30	7	14
鸡脚草	30	2	纸	20～30	7	14
猫尾草	50	2	纸	20～30	4	8
牛尾草	50	5	纸	20～30	5	10
高燕麦草	50	5	纸	20～30	5	10
鹅冠草	50	2	纸	20～30	4	10
黑麦草	50	5	纸	20～30	5	10
苏丹草	200	25	沙	20～30	5	10
看麦娘	50	5	纸	20～30	7	14
草地早熟禾	30	1	纸	20～30	7	21
小糠草	30	1		20～30	6	14
饲料作物						
豌豆	1 000	200	沙	20	3	10
鹰嘴豆	1 000	200	沙	20	3	7
燕麦	1 000	50	沙	20	4	7
大麦	1 000	50	沙	20	3	7
玉米	1 000	200	沙	20～30	3	7
高粱	200	25	沙	20～30	5	10

*：20～30 代表交替变换温度，即指每天在 30℃下 6 小时，20℃下 18 小时。

资料来源：同禄云《畜牧兽医常用数值手册》（陕西科学技术出版社，1982）。

表 12-9　中国主要栽培牧草种子质量分级标准

牧草名称	级别	最低净度（%）	最低发芽率（%）	其他种子每千克最高粒数	最高水分（%）
冰草 *Agropyron cristatum*	1	80	80	2 000	11
	2	75	75	3 000	11
	3	70	70	5 000	11
羊草 *Leymus chinensis*	1	75	75	500	11
	2	70	45	1 000	11
	3	60	35	2 000	11
燕麦 *Avena sativa*	1	98	95	200	12
	2	95	90	500	12
	3	90	85	1 000	12
无芒雀麦 *Bromus inermis*	1	90	90	500	11
	2	85	85	1 000	11
	3	75	80	2 000	11
鸭茅 *Dactylis glomerata*	1	90	85	1 000	11
	2	85	75	2 000	11
	3	75	60	3 000	11
披碱草 *Elymus dahuricus*	1	95	90	1 000	11
	2	90	85	2 000	11
	3	80	80	4 000	11
老芒麦 *Elymus sibiricus*	1	90	90	1 000	11
	2	85	80	2 000	11
	3	75	75	4 000	11
野大麦 *Hordeum brevisubulatum*	1	90	80	1 000	11
	2	85	70	2 000	11
	3	75	60	3 000	11
多年生黑麦草 *Lolium perenne*	1	95	90	500	12
	2	90	85	1 000	12
	3	85	80	2 000	12
多花黑麦草 *Lolium multiflorum*	1	95	90	500	12
	2	90	85	1 000	12
	3	85	80	2 000	12
毛花雀稗 *Paspalum dilatatum*	1	90	60	500	11
	2	85	50	1 000	11
	3	80	40	2 000	11

（续）

牧草名称	级别	最低净度（%）	最低发芽率（%）	其他种子每千克最高粒数	最高水分（%）
草地早熟禾 *Poa pratensis*	1	88	80	2 000	11
	2	90	70	3 000	11
	3	75	60	5 000	11
非洲狗尾草 *Setaria anceps*	1	90	80	1 000	11
	2	85	70	2 000	11
	3	80	60	3 000	11
苏丹草 *Sorghum sudanense*	1	98	90	200	11
	2	95	85	500	11
	3	90	80	1 000	11
饲用玉米 *Zea mays*	1	98	95	200	12
	2	95	90	200	12
	3	90	85	500	12
沙打旺 *Astragalus adsurgens*	1	95	85	500	14
	2	90	80	1 000	14
	3	85	70	2 000	14
紫云英 *Astragalus sinicus*	1	95	90	500	12
	2	90	85	1 000	12
	3	85	80	2 000	12
小叶锦鸡儿 *Caragana microphylla*	1	80	80	200	12
	2	75	75	400	12
	3	70	70	600	12
多变小冠花 *Coronilla varia*	1	90	60	400	12
	2	85	50	500	12
	3	80	40	600	12
蒙古岩黄芪 *Hedysarum mongolicum*	1	90	60	200	13
	2	85	50	400	13
	3	80	40	600	13
山黧豆 *Lathyrus sativus*	1	98	95	50	13
	2	95	90	100	13
	3	90	85	200	13
二色胡枝子 *Lespedeza bicolor*	1	95	95	1 000	13
	2	90	80	2 000	13
	3	85	70	3 000	13
大翼豆 *Macroptilium atropurpureum*	1	98	85	200	12
	2	90	75	500	12
	3	85	65	1 000	12

（续）

牧草名称	级别	最低净度（%）	最低发芽率（%）	其他种子每千克最高粒数	最高水分（%）
金花菜 *Medicago hispida*	1	90	90	500	12
	2	85	85	1 000	12
	3	80	80	2 000	12
紫花苜蓿 *Medicago sativa*	1	95	90	1 000	12
	2	90	85	2 000	12
	3	85	80	4 000	12
白花草木樨 *Melilotus albus*	1	95	85	500	12
	2	90	80	1 000	12
	3	85	70	2 000	12
黄花草木樨 *Melilotus officinalis*	1	95	85	500	12
	2	90	80	1 000	12
	3	85	70	2 000	12
红豆草 *Onobrychis viciaefolia*	1	98	95	50	13
	2	95	85	100	13
	3	90	75	200	13
圭亚那柱花草 *Stylosanthes guianensis*	1	95	80	1 000	12
	2	90	70	2 000	12
	3	85	60	4 000	12
矮柱草 *Stylosanthes humilis*	1	95	60	1 000	12
	2	90	50	2 000	12
	3	85	40	4 000	12
红三叶 *Trifolium pratense*	1	95	90	1 000	12
	2	90	85	2 000	12
	3	85	80	4 000	12
白三叶 *Trifolium repens*	1	90	80	1 000	12
	2	85	70	2 000	12
	3	80	60	4 000	12
山野豌豆 *Vicia amoena*	1	98	80	200	12
	2	95	75	500	12
	3	90	60	1 000	12
春箭舌豌豆 *Vicia sativa*	1	98	95	50	13
	2	95	90	100	13
	3	90	85	200	13
毛叶苕子 *Vicia villosa*	1	95	90	100	13
	2	90	85	200	13
	3	85	80	400	13

（续）

牧草名称	级别	最低净度（%）	最低发芽率（%）	其他种子每千克最高粒数	最高水分（%）
白沙蒿 *Artemisia sphaeroceh pala*	1	95	85	2 000	11
	2	90	80	3 000	11
	3	80	75	4 000	11
木地肤 *Kochia prastrata*	1	90	70	1 000	11
	2	85	60	2 000	11
	3	75	50	3 000	11

注：一般要求豆科牧草种子含水量为12%～14%，禾本科牧草种子含水量为11%～12%。

资料来源：陈宝书《牧草饲料作物栽培学》（中国农业出版社，2001）。

表 12-10　牧草种子收获适宜期及种子脱落性

牧草种类	用联合收割机收获时	用简单机具收获时	种子的脱粒性
羊草	完熟期，花序呈黄褐色，长营养枝灰绿色	蜡熟期或部分完熟，花序黄色，长营养枝及生殖枝灰绿色	及时收获，种子脱落不多
披碱草	完熟期，花序呈紫色至秆黄色，上部及中部叶绿色，下部叶发黄	蜡熟，花序紫色	种子脱落性强，应及时在1～2天内收完
垂穗披碱草	完熟期，花序呈黄色或灰色，基部叶绿色，秆黄色	蜡熟至完熟初，花序褐色，秆淡黄色	种子脱落性强，应及时收获
老芒麦	完熟期	蜡熟期	种子强烈脱落
冰草	完熟初，植株除茎生叶外均呈穗黄色或黄褐色	蜡熟期，穗和秆黄色	较易脱落
野大麦草	蜡熟期，上部小穗变黄，其他呈淡紫色	蜡熟期，穗深紫色带黄色，秆黄色	种子成熟时，穗抽一节节地脱落
猫尾草	完熟期，30%～40%的花序上部开始脱落，植株上部白色，3%～5%植株上部花序种子明显脱落	蜡熟至完熟始期，种子不脱落，于手中轻轻磨搓时，种子与穗脱离	在干旱的天气时种子在花序上保存较好，下雨天气后，成熟的种子发生强烈脱落，未成熟完全的花序不脱落
无芒雀麦	完熟期，花序向一个方向变形散开，种子坚硬，长营养枝绿色	蜡熟期，种子坚硬，紧压花序时部分种子脱落	种子脱落不多，成熟整齐
多年生黑麦草	种子蜡熟，主穗轴绿色，当打击花序时种子脱落强烈	种子部分蜡熟，当打击花序时，上部种子脱落	种子脱落性强，收获必须在1～2天内完成

（续）

牧草种类	用联合收割机收获时	用简单机具收获时	种子的脱落性
草地羊茅	种子蜡熟未至完熟初，花序上部分的种子开始脱落	蜡熟初，种子不脱落	种子完熟后强烈脱落，应1～2天内收毕
鸭茅	完熟期，下中部叶片黄色，花序呈黄褐色	蜡熟期，中上部叶片尚为绿色时	过于成熟时易脱落
虉草	蜡熟期，大田外貌黄色具绿色斑纹，可看到有种子脱落	蜡熟初，大田外貌淡绿色且微具黄色斑点，紧压花序时种子脱落	成熟种子强烈脱落，应在1～2天内收获完毕
草地早熟禾	完熟期，成熟时，小穗在花序上卷成团，大田外貌淡灰色	蜡熟期，种子脱落较难，大田外貌淡褐色	及时收获种子脱落不多
苏丹草	主茎圆锥花序成熟时，花序及茎干燥；呈黄褐色；绝对不能使留种区受到霜冻	主茎圆锥花序大部分成熟或蜡熟	种子较容易脱落
扁穗雀麦	完熟期，生殖枝大部分或上部花序变黄色，下部部分叶片黄色，茎生叶及营养枝绿色	蜡熟期，花序黄色	种子脱落较严重
紫花苜蓿	90%～95%的荚果变成褐色	70%～80%的荚果变成褐色	不落粒
黄花苜蓿	60%～75%的荚果变成褐色	40%～50%的荚果变成褐色	不落粒
红豆草	70%～75%的荚果变褐色	50%～60%的荚果变褐色	不落粒
草木樨	植株下部荚果变成褐色或黑色时	植株下部荚果中种子蜡熟或完熟	种子成熟时间很长，植株下部分的种子首先成熟，种子强烈脱落
白三叶	90%～95%的头状总状花序变褐色，种子坚硬，正常黄色及紫色	70%～80%的总状花序呈褐色	及时收获种子脱落不多
箭舌豌豆	75%～85%的豆荚成熟后	60%～70%的豆荚成熟后	种子脱落性强
白花山黧豆（栽培山黧豆）	大多数豆荚呈黄色时收获	中下部豆荚变成黄色时	种子脱落性较强

资料来源：陈宝书《牧草饲料作物栽培学》（中国农业出版社，2001）。

表 12-11　牧草和饲料作物密度的查对数

单位：株/亩

行距（厘米）	株距（厘米）																	
	10	13.3	16.5	20	23.3	26.6	30	33.3	36.6	40	43.3	46.6	50	53.3	56.6	60	63.3	66.6
33	20 000	15 000	12 000	10 000	8 571	7 500	6 667	6 000	5 455	5 000	4 615	4 286	4 000	3 750	3 529	3 333	3 158	3 000
37	18 181	13 636	10 909	9 091	7 792	6 818	6 061	5 455	4 959	4 545	4 196	3 896	3 636	3 409	3 209	3 030	2 871	2 727
40	16 666	12 500	10 000	8 333	7 143	6 250	5 556	5 000	4 545	4 167	3 846	3 571	3 333	3 125	2 941	2 778	2 632	2 500
43	15 384	11 538	9 231	7 692	6 593	5 769	5 128	4 615	4 196	3 846	3 550	3 297	3 077	2 885	2 715	2 564	2 429	2 308
47	14 285	10 714	8 571	7 143	6 122	5 357	4 762	4 286	3 896	3 571	3 297	3 061	2 857	2 679	2 521	2 381	2 256	2 143
50	13 333	10 000	8 000	6 667	5 714	5 000	4 444	4 000	3 636	3 333	3 077	2 857	2 667	2 500	2 353	2 222	2 105	2 000
53	12 500	9 375	7 500	6 250	5 357	4 688	4 167	3 750	3 409	3 125	2 885	2 679	2 500	2 344	2 206	2 083	1 974	1 875
57	11 764	8 823	7 059	5 882	5 042	4 412	3 922	3 529	3 209	2 941	2 715	2 521	2 353	2 206	2 076	1 961	1 858	1 765
60	11 111	8 333	6 667	5 556	4 762	4 167	3 704	3 333	3 030	2 778	2 564	2 381	2 222	2 083	1 961	1 852	1 754	1 667
63	10 526	7 894	6 316	5 263	4 511	3 947	3 509	3 158	2 871	2 632	2 429	2 256	2 105	1 974	1 858	1 754	1 662	1 579
67	10 000	7 500	6 000	5 000	4 286	3 750	3 333	3 000	2 727	2 500	2 308	2 143	2 000	1 875	1 765	1 667	1 579	1 500
70	9 523	7 142	5 714	4 762	4 082	3 571	3 175	2 857	2 597	2 381	3 198	2 041	1 905	1 786	1 681	1 587	1 504	1 429
73	9 090	6 818	5 455	4 545	3 896	3 409	3 030	2 727	2 479	2 273	2 098	1 948	1 818	1 705	1 604	1 515	1 435	1 364
77	8 695	6 521	5 217	4 348	3 727	3 261	2 899	2 609	2 372	2 174	2 007	1 863	1 739	1 630	1 535	1 449	1 373	1 305
80	8 333	6 250	5 000	4 167	3 571	3 125	2 778	2 500	2 273	2 083	1 923	1 786	1 667	1 563	1 471	1 389	1 316	1 250
83	8 000	6 000	4 800	4 000	3 429	3 000	2 667	2 400	2 182	2 000	1 846	1 714	1 600	1 500	1 412	1 333	1 263	1 200
87	7 692	5 769	4 615	3 846	3 297	2 885	2 564	2 308	2 098	1 923	1 775	1 648	1 538	1 442	1 535	1 282	1 215	1 154

（续）

行距（厘米）	株距（厘米）																	
	10	13.3	16.5	20	23.3	26.6	30	33.3	36.6	40	43.3	46.6	50	53.3	56.6	60	63.3	66.6
90	7 407	5 555	4 444	3 704	3 175	2 778	2 469	2 222	2 020	1 852	1 709	1 587	1 481	1 389	1 307	1 235	1 170	1 111
93	7 142	5 357	4 286	3 571	3 061	2 679	2 381	2 143	1 948	1 786	1 648	1 531	1 429	1 339	1 261	1 190	1 128	1 072
97	6 896	5 172	4 138	3 448	2 956	2 586	2 299	2 069	1 881	1 724	1 592	1 478	1 379	1 293	1 217	1 149	1 089	1 035
100	6 666	5 000	4 000	3 333	2 857	2 500	2 222	2 000	1 818	1 667	1 538	1 429	1 333	1 250	1 176	1 111	1 053	1 000
103	6 451	4 838	3 870	3 243	2 764	2 419	2 150	1 935	1 759	1 612	1 488	1 382	1 290	1 209	1 138	1 075	1 018	967
107	6 250	4 687	3 750	3 125	2 674	2 343	2 083	1 875	1 704	1 562	1 442	1 339	1 250	1 171	1 102	1 041	986	937
110	6 061	4 545	3 636	3 030	2 597	2 272	2 020	1 818	1 852	1 515	1 398	1 298	1 212	1 136	1 069	1 010	956	909
113	5 882	4 411	3 529	2 941	2 521	2 205	1 960	1 764	1 604	1 470	1 357	1 260	1 176	1 102	1 038	980	928	882
117	5 714	4 286	3 429	2 857	2 449	2 143	1 905	1 714	1 558	1 439	1 319	1 225	1 114	1 071	1 008	552	902	857
120	5 556	4 166	3 333	2 777	2 362	2 083	1 851	1 666	1 515	1 388	1 247	1 190	1 111	1 041	980	925	877	833
123	5 405	4 054	3 243	2 702	2 316	2 027	1 801	1 621	1 474	1 351	1 247	1 158	1 081	1 013	953	900	853	810
127	5 263	3 947	3 157	2 631	2 255	1 973	1 754	1 578	1 435	1 315	1 214	1 127	1 052	986	928	877	831	789
130	5 128	3 846	3 076	2 564	2 197	1 923	1 709	1 538	1 398	1 288	1 183	1 098	1 025	961	904	854	809	769
133	5 000	3 750	3 000	2 500	2 142	1 875	1 867	1 500	1 363	1 250	1 154	1 071	1 000	938	882	833	789	750
137	4 878	3 658	2 926	2 439	2 090	1 829	1 626	1 463	1 330	1 219	1 125	1 045	975	914	860	813	770	731
140	4 761	3 571	2 857	2 380	2 040	1 785	1 587	1 428	1 298	1 190	1 098	1 020	952	892	840	793	752	714
143	4 651	3 488	2 790	2 325	1 993	1 744	1 550	1 395	1 268	1 162	1 073	996	930	872	820	775	734	697

资料来源：同禄云《畜牧兽医常用数值手册》（陕西科学技术出版社，1982）。

第十三章　兽医兽药数据

第一节　病原微生物及传染病

表 13-1　某些病原微生物在外界环境中的生存力

微生物名称	在土壤中	在水中	在厩肥中	直射阳光下	干燥条件下
炭疽杆菌	数十年	数年	数年	4～5 昼夜	数十年
气肿疽杆菌	数年		6 个月以上	24 小时	数年
结核分支杆菌	达一年以上	7 个月以上	一年	数小时	达一年
猪丹毒杆菌	数年	3 个月以上		12 天	三周
鼻疽杆菌			15～30 日	2～3 天	二周
布鲁氏菌	3 个月以上	达 3 个月	达 5 个月	4～5 小时	2 个半月
马链球菌		90 天	60 天	6～8 小时	数月
口蹄疫病毒	三周	9 天	30 天	数小时	5～11 天
传染性贫血病毒		90 天	30 天以上	数小时	7 个月
猪瘟病毒			数天	数小时	3 年

资料来源：甘肃农业大学兽医系《家畜传染病学总论》(农垦出版社，1966)。

表 13-2　几种常见畜禽传染病的有关数据

疾病名称	潜伏期			病程	易感动物	死亡率
	平均(天)	最短(天)	最长(天)			
炭疽	2～3	1	14	数小时至数周	马、牛、山羊、骆驼、鹿、猪、犬及人	最急性 100%，急性 70%～90%，亚急性 30%
气肿疽	2～3	1	5	1～10 天	牛、山羊、绵羊	新发生地区近 100%
破伤风	6～8	1	数月	3～10 天	各种家畜及人	45%～90%
坏死杆菌病	3	数小时	15		各种哺乳动物及家禽	
巴氏杆菌病	1	6 小时	2	各种畜禽病程不一，从几分钟到 10 天	牛、猪、羊、马	

（续）

疾病名称	潜伏期			病程	易感动物	死亡率
	平均(天)	最短(天)	最长(天)			
结核菌病	16～45	7	数月	数周至数年	牛、马、羊、猪、骆驼、犬	19%（牛）
猪丹毒	3～4	1	8	3天至3月	猪、羊、人	急性型80%、疹块型10%
布鲁氏菌病	14	5～7	60	慢性经过	牛、羊、猪、人	
鼻疽	14	2～3	数月	数周至数年	马、骡、驴	急性100%
腺疫	4～8	1～2	18	良性病程可延至数周	马、骡、驴	1%～3%
流行性淋巴管炎	30～90	15	一年	数月至一年	马、骡、驴	7%～10%，高时可达50%～70%
狂犬病	30～60	10	3年	2～12天	犬、猫、狼、人、鸡、鼠等	100%
口蹄疫	2～11	0.5	11	7～10天	偶蹄兽类	良性2%～3%，恶性50%；吃奶仔猪患病死亡率为60%～80%
羊痘	6～8	2～3	10～12		绵羊	2%～5%，重者50%
马传染性贫血	10～30（人工感染）	5（人工感染）	90（人工感染）	急性2～4周，慢性数年	马、骡、驴	急性70%～80%
马传染性脑脊髓炎	30		40	1～3周	马、骡、驴	
猪瘟	5～8	3～4	20	急性4～7天，慢性1月以上	猪	最急性100%，急性70%～90%
猪流感	3～4	1	7	4～7天	猪	1%～4%
猪水疱病	3～5		7～8	10～15	猪	
鸭瘟	3～4			2～7	不同品种鸭均易感	
牛肺疫	21～42	8	120	数周至慢性经过	牛	30%～50%
新城疫	3～5	1.5～2		10～20天	鸡、火鸡、珠鸡、野鸭	95%～100%
禽霍乱	4～9			数分钟到1个月	家禽	最急性100%，急性80%～90%

（续）

疾病名称	潜伏期			病程	易感动物	死亡率
	平均(天)	最短(天)	最长(天)			
猪肺疫	1～3	6小时	5～14	急性3～8天，慢性1个月以上	猪	最急性100%，急性80%～90%，慢性60%～75%
猪支原体肺炎（猪喘气病）	11～16	3～5	30天以上	急性1～2周，慢性数月或半年	猪	并发他病者，死亡率达30%
仔猪副伤寒	3～30			急性4～10天，慢性月余	猪	急性100%，慢性25%～70%
附红细胞体病	2～45			几天到数年	人畜共患	感染后多呈隐性经过
传染性脓疱	4～7			2～3周	羔羊	少数病例继发肺炎而死亡
脑心肌炎	人工感染2～4			未出现症状就突然死亡	猪、牛、马、啮齿动物、猴	80%～100%
轮状病毒	12～24			1～8天	仔猪、犊牛、羔羊、驹、幼兔	幼猪发病20%～50%
海绵状脑病(疯牛病)	52			14～180天		100%
猪传染萎缩性鼻炎				2～3个月	猪	死亡率低
猪细小病毒感染	7～9				猪、野猪	母猪妊娠早期感染，胚胎、胎猪死亡率可达80%～100%
猪传染性胃肠炎	12～18小时		有时可延长至2～3天	2～5天	猪	10内仔猪100%
猪繁殖与呼吸综合征（猪蓝耳病）	14			病程不一	母猪和胎儿	仔猪从2～28日龄感染后症状明显死亡率高达80%
猪流行性腹泻	5～8			3～4天	猪	1%～3%
蓝舌病	3～8			6～14天	绵羊	2%～90%
支原体性肺炎	18～20	5～6	3～4周	4～5天	山羊、绵羊	死亡率高
产蛋下降综合征				4～10周	鸡、鸭、鹅、野鸭	产蛋率下降20%～50%

（续）

疾病名称	潜伏期			病程	易感动物	死亡率
	平均(天)	最短(天)	最长(天)			
小鹅瘟	1日龄感染为3～5天，2～3周龄为5～10天			1～2	鹅、番鸭的幼雏最易感染	60%～100%
番鸭细小病毒病	4～9			2～7天	雏番鸭	20%～60%
禽流感	3～5	几小时	14		鸡、鸭、鹅、火鸡多种野鸟	40%，高致病禽流感时发病率和死亡率均为100%
犬瘟热	3～5		30～90	2～3个月	犬、狼、豺、熊等	30%～80%
犬传染性肝炎	6～9			2～14天	犬、狐狸、山狗、浣熊、黑熊	10%～25%
犬细小病毒感染	肠炎型7～14天				犬科动物	肠类型10%～50%，心肌炎型60%～100%
猪链球病	1～3		6	急性型多在30～36小时内死亡，慢性型最长病程可达3～5周	马、牛、羊、猪、鸡、兔、水貂、鱼等均易感染	因病类型不同死亡率不一
猪伪狂犬病	3～6	36小时	10	20小时至13天	猪、牛、羊、犬、猫易感染	15日内仔猪死亡率可达100%，断乳仔猪死亡率10%～20%
猪水肿病	突发			1～2天，个别长7天	是猪的急性型致死性疾病（病原为大肠杆菌）	80%～100%
羊快疫（腐败梭菌引起）	突发			数小时内死亡，极少数病例2～3天	绵羊最易感染	死亡率很高
羊猝狙（C型魏氏梭菌引起）	突发			未见到症状就突然死亡	成年绵羊易感染，山羊感染率低	发病羊死亡率接近100%
羊毒血症（D型魏氏梭菌）	突然发病			1～24小时内死亡	绵羊最易感染	死亡率很高

（续）

疾病名称	潜伏期			病程	易感动物	死亡率
	平均(天)	最短(天)	最长(天)			
马立克氏病		3～4周	几个月	病程长短不一，最长的可达半年之久	主要发生于鸡、鹌鹑，火鸡也可自然感染	死亡率和淘汰率10%～80%
传染性法氏囊病	2～3天			发病3～4天后达到死亡高峰，一周后死亡减少	雏鸡最易感染	30%～60%

资料来源：罗清生《家畜传染病学》（上海科学技术出版社，1965），王文三、许乃谦《畜牧兽医常用数据手册》（辽宁人民出版社，1982），蔡宝祥《家畜传染病学（第四版）》（中国农业出版社，2001）。

表13-3　几种重要传染病的封锁日期

疾病名称	封锁日期（天）	疾病名称	封锁日期（天）
气肿疽	14	马鼻疽	45
猪丹毒	14，在3个月内不准购入或出售猪只	猪瘟	60
口蹄疫	15，但在3个月内不许向安全地区运出动物作种用或一般利用	羊痘	60（包括绵羊、山羊）
炭疽	15，在4个半月内不许向安全地区运出或购入易感动物	马流行性淋巴管炎	90
新城疫	21	牛传染性胸膜肺炎	90
马脑脊髓炎	40	牛瘟	21天，5个月内不许向安全地区运出牛只
马传染性胸膜肺炎	45	马传染性贫血	1年
狂犬病	90天	坏死杆菌病	21

注：1. 各种传染病封锁时间的确定原则是：根据该病潜伏期和病后带毒时间长短来确定。

2. 解除封锁：最后一头患病动物急宰、补杀或痊愈，并且不再排出病原体时，经过该病一个最长潜伏期，再无疫发生时，经过终末消毒，可报请解除封锁。

资料来源：甘肃农业大学兽医系《家畜传染病学总论》（农垦出版社，1966），同禄云《畜牧兽医常用数值手册》（陕西科学技术出版社，1982），王文三、许乃谦《畜牧兽医常用数据手册》（辽宁人民出版社，1982）。笔者有修订。

表 13-4　检验材料的取样量

检验材料	最小取样量	检验材料	最小取样量
严重发霉饲料	1 000～1 500 克	肝脏	1/3
被毒物污染饲料	1 000 克	肾脏	1 只
可疑饲料	500 克	血液	50～100 毫升
剩余饲料	500 克	尿液	150～500 毫升
呕吐物	全部	骨 皮张	500 克 在每张皮的腿部或腋下边缘部位割取皮样 1 厘米^2
瘤胃内容物	少部分	被毛	10 克
皱胃内容物	全部	脑	50 克
马胃内容物	全部	土壤	1 000 克
肠内容物	500 克	饮水	1 000 毫升

注：1. 内脏病料，病畜死亡后尽快采集，夏季不超过 2 小时，冬季不超过 6 小时。

2. 血液样品，采集前要禁饲 8 小时。

3. 精液和胚胎的取样请参阅有关资料。

4. 冷冻物存放于－15℃下冰箱中，易腐物存放于 0～4℃冰箱内，其他样品放于常温冷暗处。

资料来源：同禄云《畜牧兽医常用数值手册》(陕西科学技术出版社，1982)，席俊《乡村兽医培训教程》(中国农业科学技术出版社，2012)。

表 13-5　送检样品送检时间要求

单位：小时

样品名称	送到实验室时间	备注
供细菌检验	24	冷藏样品
供寄生虫检验	24	冷藏样品
供血清学检验	24	冷藏样品
供病毒检验	数小时内	冷藏处理样品
冻结样品	24 小时	24 小时送不到实验室时，需要在运送过程中保持样品温度处于－20℃以下

资料来源：席俊《乡村兽医培训教程》(中国农业科学技术出版社，2012)。

表 13-6　常见传染病检验需用时间

单位：天

病名	检验需时间	病名	检验需时间
炭疽	1～2	腺疫	4～10
破伤风	10～15	气肿疽	5～15

（续）

病名	检验需时间	病名	检验需时间
恶性水肿	5～10	狂犬病	7～25
巴氏杆菌病	1～3	牛肺疫	7～10
结核病	7～14	羔羊痢疾、软肾病、快疫	5～10
放线菌病	1～2	猪瘟	2～5
布鲁氏菌病	1～15	仔猪副伤寒	2～5
口蹄疫	3～15	鸡新城疫	1～10
鼻疽	5～15	雏鸡白痢	1～5
流行性淋巴管炎	1～2	猪丹毒	1～5
马副伤寒流产	2～10		

资料来源：同禄云《畜牧兽医常用数值手册》（陕西科学技术出版社，1982）。

表 13-7 兽医常用菌种保存法

菌名	保存菌种的培养基	移植间隔	保存温度（℃）
芽孢杆菌	肉汤琼脂斜面	1～1.5 月	4～6
大肠杆菌属	肉汤琼脂斜面、半固体培养基	前者 1 个月，后者 3 个月	4～6
沙门氏杆菌属	肉汤琼脂斜面、半固体培养基	前者 1 个月，后者 3 个月	4～6
变形杆菌属	肉汤琼脂斜面、半固体培养基	前者 1 个月，后者 3 个月	4～6
马鼻疽杆菌	肉汤琼脂斜面、半固体培养基、甘油琼脂	半固体 3 个月，其他 2 周	室温
布鲁氏菌属	半固体琼脂或胰蛋白胨琼脂	前者 3 个月，后者 1 个月	4～6
巴氏杆菌属	鲜血琼脂斜面	2 周	室温或 4～6
嗜血杆菌属	巧克力琼脂或鲜血琼脂斜面	1 周	室温
结核杆菌属	罗-琴培养基或其他结核培养基	3 月	4～6
棒状杆菌属	鲜血琼脂	1 月	4～6
乳酸杆菌属	肉汤琼脂斜面	1 月	4～6
链球菌	肉汤琼脂斜面或鲜血琼脂	2 周	4～6
葡萄球菌	肉汤琼脂斜面或半固体琼脂	1 月	4～6
猪丹毒杆菌	鲜血琼脂或血清琼脂	1 月	4～6
弧菌属	肉汤琼脂或半固体琼脂	1 月	室温
放线菌	血清琼脂或鲜血琼脂	1 月	4～6
李氏杆菌	鲜血琼脂	2 周	4～6
真菌属	沙氏或察氏培养基	2 月	4～6
嗜盐杆菌	3%盐水肉汤琼脂或普通肉汤琼脂斜面	1 月	室温
噬菌体	肉汤	2～3 月	4～6
假单胞杆菌属	肉汤琼脂斜面或半固体培养基	前者 1 月后者 3 月	4～6
梭菌属	熟肉培养基	1～1.5 月	4～6

注：引自中国科学院菌种保藏委员会《应用微生物学》。

表 13-8　马传染性贫血与马鼻疽有关数据

病名	潜伏期（天）	体温变化（℃）	病理血液指标					点眼次数（次）	间隔时间（天）	检查时间（小时）	皮下热反应		
			红细胞数（万个/毫米^3）	白细胞数（万个/毫米^3）	血红蛋白（%）	血沉沉降速度（毫米）	吞铁细胞（个/万）				注射时间	注射剂量（毫升）	测温时间及次数
马传染性贫血	10～30	39～41	300～500	0.4～0.5	40	60	2	—	—	—	—	—	—
马鼻疽	平均14	弛张热	—	—	—	—	—	2～3	5～7	3.6.9	午夜12时	1.0	注射后6小时开始，每隔2小时测1次，共测10次

注：血沉15分钟，降到60毫米以上。检查时间系指点眼开始算，3小时检查1次，共检查3次，即9小时。

资料来源：王文三、许乃谦《畜牧兽医常用数据手册》（辽宁人民出版社，1982）。

表 13-9　猪的五种传染病的有关数据

病名	潜伏期（天）	体温（℃）	发病季节性	年龄	死亡率（%）	化验出结果时间（从化验开始计算）
猪瘟	5～8	40.5～41	一年四季	不分大小猪	最急性100，急性70～90	2～5日
猪肺疫	1～3	41～42	四季均可发生；春、秋两季发病较多	中小猪只	最急性100，急性80～90，慢性60～75	1～3时
副伤寒	3～30	41～42	四季均能发生，长途运输，气候突变，阴雨潮湿季节多发	2～4月龄	急性100，慢性25～70	2～5时
猪丹毒	3～4	42以上	夏末、秋初多发	断乳后到10月龄易感，架子猪多发	急性80，疹块型10	2～5时
猪支原体肺炎	4～12	38～40	无季节性	不分年龄	并发其他病死亡率为30	

资料来源：王文三、许乃谦《畜牧兽医常用数据手册》（辽宁人民出版社，1982）。

表 13-10　某种元素缺乏或过量引起的病症

元素	缺乏引起的病症	过量引起的病症	日粮干物质中含量的致毒反应量
钙	骨骼病变，骨软症	影响消化、扰乱代谢、骨畸形	持续含1%以上
磷	幼畜佝偻病；成畜骨质软化症。多发于牧草含磷量0.2%以下地区	甲状旁腺机能亢进、跛行、长骨骨折	持续超过干物质的0.75%以上
镁	低镁痉挛、惊厥，牛羊搐搦症。一般青草含镁量低于干物质的0.2%发病	降低采食量、腹泻	以不超过0.6%为宜
钾	生长停滞、痉挛、瘫痪。日粮干物质中的含量低于0.15%发病	影响镁的代谢，为镁痉挛的原因	
钠	生长迟缓、产乳量下降、异食癖	雏鸡食盐中毒	一般不超过5%，猪1%食盐
氯	阻碍雏鸡生长、神经系统病变		鸡3%食盐
硫	食欲不振、虚弱、产毛量下降	元素硫无明显致毒作用	硫酸盐形式的硫超过0.05%可中毒
铁	幼畜贫血、腹泻	瘤胃弛缓、腹泻、肾机能障碍	
铜	贫血，牛羊骨质疏松，后肢轻瘫；禽胚胎死亡；牧草中少于3毫克/千克，出现缺铜症	牛羊红细胞溶解、血红蛋白尿和黄疸	羊超过50毫克/千克；牛100毫克/千克；猪250毫克/千克；雏鸡300毫克/千克
钴	幼畜生长停滞、成畜消瘦、母畜流产。干物质中含钴低于0.1毫克/千克发病	食欲减退，贫血	肉牛8毫克/千克，羊10～12毫克/千克
硒	肝坏死、白肌病；鸡渗出性素质病、脑软化。饲料中低于0.1毫克/千克发病	慢性消瘦贫血、跛行；急性为瞎眼、痉挛、衰竭	鸡10毫克/千克
锰	生长停滞、骨质疏脆、鸡脱腱病、繁殖率低	食欲不良、体内贮铁下降，发生缺铁贫血	超过1 000毫克/千克

（续）

元素	缺乏引起的病症	过量引起的病症	日粮干物质中含量的致毒反应量
锌	生长受阻、皮肤角化不全、睾丸发育不良	对铁、铜吸收不利而贫血	为日粮干物质的500～1 000毫克/千克
碘	甲状腺肥大、生长迟缓、胚胎早死	鸡产蛋量下降；兔死亡率提高	以不超过4.8毫克/千克为宜
铬	胆固醇或血糖升高、动脉粥样硬化	致畸、致癌、抑制胎儿生长	
氟	牙齿保健不良。饲料和饮水中以0.5～1.0毫克/千克为佳	齿病变如波状齿、锐齿，骨畸形，跛行	以不超过20毫克/千克为宜
钼	雏鸡生长不良、种蛋质量下降	牛腹泻、消瘦，引起缺铜相同的骨骼病和贫血	超过6毫克/千克即可中毒
硅	骨骼和羽毛发育不良、形成瘦腿骨	在肾、膀胱、尿道中形成结石	

资料来源：李如治《家畜环境卫生学（第三版）》（中国农业出版社，2010）。

病原微生物及传染病补充数据

几种牛病监（检）测的有关数据

1. 对20日龄以上的牛进行布鲁氏菌病、结核病监测，每年进行2次或2次以上（适龄肉牛监测率100%）。

2. 健康牛群结核病，每年检测率须达100%。健康牛群检出的阳性，应于30～45天进行复检（包括犊牛群），连续2次，未发现阳性时，可认定为健康牛群。

3. 布鲁氏菌病，每年监测率为100%，检出阳性者，立即处理，可疑反应必须进行复检。犊牛80～90日龄进行第一次监测，6个月进行第二次监测，均为阳性方可转入健康牛群。

4. 引进有当地布鲁氏菌病和结核病检疫呈阴性证明的牛只，入场后再隔离观察一个月，再进行一次布鲁氏菌病和结核病检疫，全部呈阴性，才可转入健康牛群。如果发现有阳性牛要及时淘汰，其余牛再进行一次检疫，全部为阴性时方可转入健康群。

5. 定期进行血样抽查：对泌乳母牛，每年抽查血样2～4次，了解血液中各种成分的变化，预防体内营养失衡。

6. 酮体检测：产前一周、产后一个月内，隔日测尿液pH，尿酮体、乳酮体。凡尿液为酸性，尿（乳）酮体为阳性者要及时治疗。

7. 隐性乳房炎的测定：①对每毫升牛奶中体细胞数达9万个或9万个以上的牛进行检测，以便进行防治。②奶牛在干乳前15天进行隐性乳房检测，凡是检测结果2个（+）号的要及时治疗。

资料来源：昝林森《牛生产学（第二版）》（中国农业出版社，2011）。

第二节　家畜寄生虫

表 13-11　16 种畜禽寄生虫的成熟排卵时间

寄生虫名称	成虫在畜禽体内生存时间	成虫体长	成熟及排卵时间
六钩绦虫（猪囊虫的成虫）	在人体内生活数年至25年，在猪体内生活数年最后死亡钙化	3～5米	头节发育成成虫，2～3个月就可排卵。猪吃到绦虫卵后，卵随血液到全身组织中，再经过8～10周就发育成成熟的虫卵
无钩绦虫（牛囊虫的成虫）	在人体内生活数年至30年	3～12米	生成体节后，3个月可排卵
牛羊莫尼茨绦虫	2～6月	扩张莫尼次绦虫长1～6米，贝氏莫尼次绦虫长1～4米	从吃到囊蚴到发育成成虫，贝氏莫尼次绦虫50天，扩张莫尼次绦虫需30～40天
马裸头绦虫		大裸头绦虫35～80厘米，叶状裸头绦虫1.0～8.0厘米，侏儒裸头绦虫0.6～5.0厘米	吃到囊尾蚴后，经6～10周发育成成虫，即可排卵
马胃蝇	幼虫在畜体内寄生9～10个月	成蝇长10～16毫米	成蝇只生活数日，产卵后死亡
羊狂蝇	幼虫在羊的鼻内寄生9～10个月	成虫长10～12毫米	幼虫从鼻腔落地后，经过1个月羽化为成虫，产出幼虫。产在鼻腔内，成虫可存活2周
牛皮蝇	幼虫在畜体内移行达9～10个月之久	15毫米	从卵发育到成虫要1年左右，成虫只存活5～6天
牛、羊结节虫		因种类不同，长短不一，大致范围是1.2～2.1厘米	在吞入感染期幼虫30～40天，可见虫卵排出
猪巨吻棘头虫	10～23个月	雄虫体长7.0～15.0厘米，雌虫体长30.0～68.0厘米	猪自吞食幼虫至发育成成虫需70～110天
猪蛔虫	7～10个月	雄虫体长12～15厘米，雌虫体长30～35厘米	雌虫于感染后，62天初次排卵
猪肺丝虫	12个月	猪肺丝虫包括三种：最长的2.0～5.1厘米，最短的0.12～0.14厘米。雌雄长度不一	感染幼虫进入猪体后，24天就可排卵

（续）

寄生虫名称	成虫在畜禽体内生存时间	成虫体长	成熟及排卵时间
猪肾虫		雄虫长2.0～3.0厘米，雌虫长3.0～4.5厘米	感染幼虫进入畜体后，经6～12个月就发育成成虫，而后排卵
牛羊姜片吸虫	3～5年	肝片形吸虫，体长2.0～3.0厘米；大片形吸虫体长2.5～7.5厘米	从吃到囊蚴到发育成成虫，需2～4个月
鸡蛔虫	9～14月	雄虫长2.6～7.0厘米，雌虫长6.5～11.0厘米	鸡吃到虫卵，到发育成成虫需35～50天
狗狼带科多头绦虫（脑包虫的成虫）	在狗体内生活数年	40～80	从感染到发育成成虫，需41～73天
泡状带绦虫（细颈囊属蚴的成虫）	在狗或其他肉食动物体内生活数年	1.5～5米	经过3个月发育成感染性细颈囊尾蚴被犬等肉食动物吃后在其小肠内发育成成虫

资料来源：南京农学院、福建农学院、江苏农学院《家畜寄生虫病学》（上海科学技术出版社，1979），东北农学院松花江分院《家畜寄生虫病学》（1962）。

表13-12　几种寄生虫虫卵发育到感染侵袭期所需的时间

寄生虫名称	所需时间
猪蛔虫	在适宜湿度下，温度28～30℃，需要15～30天
马副蛔虫	在适宜湿度和温度下，7～8天
鸡蛔虫	在30℃时需7天
鸡球虫	24～48小时排出的卵，形成孢子体，具有感染性
兔球虫	在湿度55%～75%，温度20℃虫卵经过2～3天，具有感染侵袭性第一期幼虫，在
马圆虫	6～14天，经过两次脱变成为侵袭幼虫（温度和湿度适宜）
马尧虫	26℃4天；27℃2天
牛羊捻转胃虫	26℃时4～5天
羊狂蝇	羊狂蝇的发育是成虫直接产下幼虫，一只雌蝇几天内能产下600个有侵袭力的幼虫
牛吸吮线虫	本虫系胎生，幼虫经过30天，2次蜕化发育成感染性幼虫
泡状带绦虫	虫卵随犬的粪便排出，被猪、牛、羊采食，发育成囊尾蚴，再经3个月发育成感染性细颈囊尾蚴
猪肾虫	随尿排出的虫卵经72～108小时发育成具有感染性幼虫

资料来源：南京农学院、福建农学院、江苏农学院《家畜寄生虫病学》（上海科学技术出版社，1979），东北农学院松花江分院《家畜寄生虫病学》（1962）。

表 13-13　家畜传染病和寄生虫病的部分病原体致死温度与所需时间

病原名称	致死温度（℃）	所需时间
炭疽杆菌（非芽孢状态）	50～55	1小时
结核杆菌	60	1小时
鼻疽杆菌	50～60	10分钟
布鲁氏菌	65	2小时
巴氏杆菌	抵抗力弱	—
马腺疫链球菌	70～75	1小时
副伤寒菌	60	1小时
猪丹毒杆菌	50	15小时
猪丹毒杆菌	70	数秒钟
狂犬病病毒	50	1小时
狂犬病病毒	52～58	30分钟
口蹄疫病毒	50～60	迅速
传染性马脑脊髓炎病毒	50	1小时
猪瘟病毒	60	30分钟
寄生蠕虫卵和幼虫	50～60	1～3分（鞭虫卵1小时）

资料来源：李如治《家畜环境卫生学》（中国农业出版社，2003）。

表 13-14　各种常见家畜寄生虫每天产卵量

寄生虫名称	平均24小时产卵量（个）
猪肾虫	一个中等感染的猪一天可排出虫卵100万个
猪蛔虫（雌）	200 000～270 000
鞭虫（雌）	2 000
钩虫	10 000～20 000
姜片虫	21 000～28 000
华支睾吸虫	2 400
日本血吸虫（雌）	50～300
猪巨吻棘头虫	260 000～600 000
鸡蛔虫	72 500
牛羊捻转血矛线虫	5 000～10 000
猪六钩绦虫	每月排出孕节200片每个节片含卵4万个

资料来源：南京农学院、福建农学院、江苏农学院《家畜寄生虫病学》（上海科学技术出版社，1979），东北农学院松花江分院《家畜寄生虫病学》（1962）。

第三节　兽医常用药物

表 13-15　兽医消毒药品的种类与使用注意事项

药名	性状	溶液百分比及用途	使用注意事项
石炭酸	无色或微红色，结晶，有特殊臭味	2%创面溃疡防腐消毒用，3%器具消毒	防疫用石炭酸在 34℃就溶解，对无芽孢细菌消毒力强，对芽孢细菌消毒无效 手足误沾石炭酸（原液）时，宜用酒精或苏打水洗
煤酚皂溶液（来苏儿）	粗制来苏儿，呈黄色油状有臭气的液体，不易溶于水，其溶液呈乳状，防腐力强	2%～3%溶液，作为消毒用	一般在无芽孢性的消毒上，广泛应用
酒精	无色透明挥发性液体	75%酒精消毒力最强，主要用于擦拭器材，指头或注射部位消毒	对有芽孢菌消毒无效
漂白粉（含氯石灰）	白色粉末 有类似氮气的臭味 无臭气者无效	0.03%溶液，对炭疽芽孢 2 分钟杀死 1∶50 000～500 000 作为清水消毒 1∶200 溶液，用于污水尿坑消毒	1. 主要是用游离盐素的消毒作用 2. 应避光防潮
甲醛溶液（福尔马林）	无色透明有透性臭气的液体	1%（福尔马林 1 份，水 99 份）用于防腐、消毒、标本贮藏	
碘	灰黑色有金属光泽的片状结晶，难溶于水易溶于酒精	5%碘酊，碘片 50 克、碘化钾 20 克，加 75%酒精至 1 000 毫升 术部、注射部位、手指消毒、创伤防腐	应置玻璃器皿中，遮光密封保存
高锰酸钾（灰锰氧）	紫色结晶粉末	0.05%～0.2%溶液，腔道黏膜冲洗 1%溶液，创伤冲洗	
新洁尔灭	液态	0.1%溶液，用于外科器械消毒，加 0.5%的亚硝酸钠浸泡 30 分钟	忌与肥皂或盐类（硝酸盐、碘化物）相遇
硼酸	白色粉末	2%～4%溶液，作防腐消毒用 用于洗眼或冲洗黏膜	
硝酸银	结晶	0.5%～1.0%溶液，用于黏膜、创伤防腐用 5%～10%溶液，用于腐蚀溃疡创面	硝酸银棒用于腐蚀肉芽

资料来源：东北农业大学《畜牧兽医工作手册》（东北农业出版社，1951）。

表 13-16　国家对出口肉禽允许使用药物名录

药物名称	用药剂量和方法	宰前停药期（天）	最大残留限量（微克/千克）	其他
青霉素	5 000 单位/羽，2～4 次/日，饮水	14	ND	忌与氯丙嗪盐、四环素类、磺胺类药物合用
庆大霉素	肌内注射：5000 单位/羽/次；饮水 2 万～4 万单位/升	14	肌肉：100 肝：300	
卡那霉素	拌料：15～30 毫克/千克；肌内注射：每千克体重 10～30 毫克；饮水：30～120 毫克/千克，2～3 次/日	14（注射）	肌肉：100 肝：300	
丁胺卡那霉素	饮水：每千克体重 10～15 毫克，2～3 次/日	14	肌肉：100 肝：300	
新霉素	饮水：每千克体重 15～20 毫克，2～3 次/日	14	肌肉/肝：250	
土霉素	拌料：100～140 毫克/千克	30	肌肉：100 肝：300 肾：600	
金霉素	拌料：20～50 毫克/千克	30	肌肉：100 肝：300 肾：600	
四环素	拌料：100～500 毫克/千克	30	肌肉：100 肝：300 肾：600	
盐霉素	拌料：60～70 毫克/千克	7	肌肉：600 肝：1 800	禁止与泰妙菌素、竹桃霉素并用
莫能菌素	拌料：90～110 毫克/千克	7	可食用组织：50	
黏杆菌素	拌料：2～20 毫克/千克	14	肌肉/肝/肾：150	
阿莫西林	5 000 单位/羽，2～4 次/日，饮水	14	肌肉/肝/肾：50	
氨苄西林	5 000 单位/羽，2～4 次/日，饮水	14	肌肉/肝/肾：50	
诺氟沙星（氟哌酸）	每千克体重每日 15～20 毫克，饮水	10	肌肉：100 肝：200 肾：300	
恩诺沙星	饮水：500～1 000 毫克/千克，2～3 次/日	10	肌肉：100 肝：200 肾：300	

（续）

药物名称	用药剂量和方法	宰前停药期（天）	最大残留限量（微克/千克）	其他
红霉素	饮水：150～250 毫克/千克，2～3 次/日	7	肌肉：125	
氢溴酸常山酮	拌料：3 毫克/千克	5	肌肉：100 肝：130	
拉沙洛菌素	拌料：75～125 毫克/千克	5	皮＋脂：300	
林可霉素	饮水：15～20 毫克/千克，2～3 次/日；拌料：2.2～4.4 毫克/千克	7	肌肉：100 肝：500 肾：1 500	
壮观霉素	饮水：130 毫克/千克，2～3 次/日	7	可食用组织：100	
安普霉素	饮水：250～500 毫克/千克，2～3 次/日	7	未定	
达氟沙星	饮水：500～1 000 毫克/千克，2～3 次/日	10	肌肉：200 肝/肾：400	
越霉素 A	拌料：5～10 毫克/千克	5	可食用组织：2 000	
脱氧土霉素（强力霉素）	饮水：10～20 毫克/（千克·日）	7	肌肉：100 肝：300 肾：600	
乙氧酰胺苯甲酯	拌料：8 毫克/千克	7	肌肉：500 肝/肾：1 500	
潮霉素 B(效高素）	拌料：8～12 毫克/千克	7	可食用组织 ND	
马杜霉素	拌料：5 毫克/千克	7	肌肉：240 肝：720	饲料添加 6 毫克/千克以上，会引起中毒
新生霉素	拌料：200～350 毫克/千克	14	可食用组织：1 000	
赛杜霉素钠（禽旺）	拌料：25 毫克/千克	7	肌肉：369 肝：1 108	
复方磺胺嘧啶（磺胺嘧啶和甲氧苄啶）	拌料：SD200 毫克/千克＋DVD40 毫克/千克	21	肌肉/肝/肾：50	
磺胺二甲嘧啶	拌料：200 毫克/千克	21	肌肉/肝/肾：100	
磺胺-2，6 二甲氧嘧啶	拌料：125 毫克/千克	21	肌肉/肝/肾：100	

资料来源：国家质量监督检验检疫总局、对外贸易经济合作部公告 2002 年第 37 号。

表 13-17　临时性消毒和终末消毒时的消毒药剂的消耗标准

单位：千克

消毒药剂	无芽孢微生物区系		病毒		芽孢微生物区系	
	建筑良好的畜舍	普通畜舍	标准畜舍妥善饱平的墙壁	普通畜舍	标准畜舍	普通畜舍
用含25%有效氯的漂白粉配成：						
含2%有效氯溶液	8	16	—	—	—	—
含3%有效氯溶液	12	24	—	—	—	—
含5%有效氯溶液	—	—	—	—	20	40
配成10%熟石灰溶液	10	20	—	—	—	—
配成20%熟石灰溶液	20	40	—	—	—	—
配成5%硫酸、石炭酸合剂（石炭酸4.5、硫酸1.5千克），用热苛性钠配成	5	10	—	—	5	10
2%溶液	—	—	2	4	—	—
4%溶液	4	8	4	8	—	—
5%溶液	5	10	—	—	10	20
10%溶液	10	20	—	—	—	—

注：以一次处理100米^{2}面积计。

资料来源：王文三、许乃谦《畜牧兽医常用数据手册》（辽宁人民出版社，1982）。

表 13-18　发生传染病时应用的主要消毒剂

病　　别	消毒剂的浓度（%）					
	漂白粉澄清液	福尔马林	苛性钠热溶液	石灰混悬液	克辽林	草木灰
炭疽、气肿疽	5	3	10	—	—	—
鼻疽	3	1	5	20	5	—
口蹄疫、牛瘟	2	3	2	20	—	20～30
结核、副结核	5	—	3	20	5	—
布病	2.5	2	2	20	5	—
牛肺疫	2	1	2	20	3	—
传染性贫血、脑脊髓炎	2～3	2	4	—	5	—
猪肺疫、猪丹毒	3	2	4	20	5	—

（续）

病　　别	消毒剂的浓度（%）					
	漂白粉澄清液	福尔马林	苛性钠热溶液	石灰混悬液	克辽林	草木灰
猪瘟、猪痘、羊痘	2	2	2	20	—	20～30
仔猪、犊牛副伤寒	2～5	2	4	20	—	—
马流行性淋巴管炎	5	5	10	—	—	—
马胸疫、腺疫、流感，上呼吸道卡他	4	2	2	20	5	—
钩端螺旋体病	3	2	2	—	—	—
绵羊快疫	5	5	10	—	—	—
禽霍乱、伤寒、鸡白痢	2.5	5	2	20	5	—
鸡新城疫、禽瘟、白血病	2.5	—	3	—	—	20～30
山羊传染性胸膜肺炎	2	2	2	20	—	20～30

资料来源：王文三、许乃谦《畜牧兽医常用数据手册》（辽宁人民出版社，1982）。

表 13-19　预防性消毒时消毒药物的消耗标准（以 100 米^{2}面积计算）

单位：千克

药物名称	标准畜舍	普通畜舍
用含有效氯 25%的漂白粉配成含 2%有效氯的水溶液	8	16
熟石灰（配制成 10%的石灰乳）	10	20
热的硫酸、石炭酸配合剂（3 千克石炭酸和 1 千克硫酸）配成 3%溶液	3	6
热苛性钠溶液（用于配成 2%溶液）	2	4

注：上述消毒药剂的数量是按普通畜舍（每平方米用 2 升）和标准畜舍（每平方米用 1 升）的实际消毒处理面积计算出来的。

资料来源：王文三、许乃谦《畜牧兽医常用数据手册》（辽宁人民出版社，1982）。

表 13-20　猪场消毒常用化学消毒剂的使用

药物名称	用途	使用浓度	备注
漂白粉	饮水消毒	0.03%～0.15%	有效氯≥25%
消毒威、消特灵	喷雾、喷洒消毒	1∶300～1∶500	
杀灭王	喷雾或喷洒消毒	1∶300～1∶500	
过氧乙酸	喷雾或喷洒消毒	0.2%～0.5%现用现配	先将 A、B 液混合作用 24～48 小时后使用，其有效浓度为 18%左右
福尔马林	密闭猪舍的熏蒸消毒	每立方米 14 毫升的福尔马林加高锰酸钾 7 克/米^3。多为含 36%的甲醛	环境湿度大于 75%，密闭 24 小时后通风
50%的百毒杀	喷雾或喷洒消毒	1∶100～1∶300	

（续）

药物名称	用途	使用浓度	备注
拜洁	喷雾或喷洒消毒	1∶500	
菌毒敌、菌毒灭		1∶100～1∶300	
火碱	环境消毒	2%～3%	含量不低于98%
生石灰	环境消毒	用水稀释成10～20的石灰乳	
灭毒净		1∶500～1∶800	

资料来源：张长兴、杜垒《猪标准化生产技术》（金盾出版社，2008）。

表 13-21　兽医常用西药作用、用途、剂量表一

类别	药名	作用及用途	规格	用法	剂量	注意事项
麻醉镇静药	水合氯醛	麻醉、解痉、镇静、止痛；用于手术麻醉	结晶	内服	麻醉：马30～40克 镇静：马、牛10～25克，猪、羊2～4克	心脏病、肺水肿时禁用
	水合氯醛酒精注射液	麻醉、解痉、镇静、止痛；用于手术麻醉	（水合氯醛5%氯化钠1%乙醇15%）100毫升；250毫升	静脉注射	麻醉：马300～500毫升 镇静：马100～250毫升	防止漏到血管外
	水合氯醛硫酸镁	麻醉、解痉、镇静、止痛；用于手术麻醉	（水合氯醛8%硫酸镁5%）	静脉注射	麻醉：马200～300毫升 镇静：马100～150毫升	对呼吸中枢抑制作用强，中毒可用氯化钙
	乙醇（酒精）		溶液	内服40%溶液	麻醉：牛2.5～3毫升/千克	
	盐酸普鲁卡因（奴弗卡因）注射液	麻醉感觉神经末梢，消除局部痛觉作用，局部麻醉	注射剂	浸润麻醉（0.5%，1%） 封闭（0.5%） 肾囊封闭（0.5%） 传导麻醉（3%） 脊髓麻醉（2%）	马、牛50～100毫升 马、牛100～150毫升 马、牛5～10毫升 马、牛10～25毫升	静脉注射总量不超过1克

（续）

类别	药名	作用及用途	规格	用法	剂量	注意事项
麻醉镇静药	盐酸氯丙嗪（冬眠灵）注射液	镇静、解痉、抗休克，用于脑炎、破伤风等	注射剂，2毫升：0.05克，20毫升：0.5克	肌内注射	马、牛0.001～0.002克/千克；猪0.002克/千克	不能同时应用咖啡因、麻黄素
	溴化钠、溴化钙	镇静、缓解痉痛作用，用于癫痫、脑炎、胃肠炎时	结晶、白色颗粒	内服	马10～50克，牛15～60克，羊5～15克，猪5～10克	连续应用一般不得超过一周；蓄积中毒，表面沉郁、乏力
	硫酸镁注射液	镇静、解痉作用，用于破伤风及痉挛性疾病	注射剂，10毫升1克、50毫升12.5克、100毫升25克	静脉或肌内注射	马、牛10～25克，羊、猪5～10克	静脉注射应缓慢，中毒时，可静注钙剂
	注射用苯巴比妥钠	镇静、麻醉和抗惊厥、用于癫痫、惊厥、士的宁中毒	注射剂，0.1克、0.5克	肌内注射（临用前用注射用水稀释）	猪0.25～1.5克	镇静4毫克/千克，麻醉27毫克/千克
解热镇痛药	复方氨基比林注射液	有解热镇痛作用，用于发热、神经痛、关节痛和风湿症等	注射剂，（氨基比林7.15%、巴比妥2.85%）10毫升；20毫升	皮下或肌内注射	马、牛20～50毫升，羊、猪5～10毫升	
	安乃近注射液	解热镇痛作用，用于疝痛、神经痛、风湿症和发热等	注射剂，2毫升：0.6克，5毫升：1.5克，10毫升：3克（即30%）	皮下或肌内注射	马、牛3～10克，羊1～2克，猪1～3克	
	水杨酸钠注射液	解热镇痛作用，用于风湿症、类风湿性关节炎等	注射剂，10毫升、50毫升、100毫升	静脉注射	马5～15克，牛5～20克，羊、猪1～5克	
	阿司匹林	解热、镇痛、消炎、抗风湿	片剂：0.5克	内服	马、牛10～30克，猪、羊1～3克，犬0.2～1克	

（续）

类别	药名	作用及用途	规格	用法	剂量	注意事项
强心和中枢兴奋药	洋地黄毒苷注射液	有加强心脏收缩，减慢心率与传导的作用，用于心脏衰弱，心肌代偿性机能障碍，因心减弱引起的水肿	注射剂，5毫升：1毫克，10毫升：2毫克	静脉注射	马、牛 8～15毫升	
	安钠咖注射液	兴奋大脑皮质，呈苏醒作用。还可兴奋呼吸和血管运动中枢	注射剂，5毫升：0.5克，10毫升：1克（即10%）	皮下或肌内注射	马、牛 2～5克，羊、猪 0.5～2克	
	盐酸肾上腺素注射液	兴奋心脏，收缩血管，松弛平滑肌等作用； 用于心脏跳动停止的急救，过敏性急病，局部止血等	注射剂，1毫升：1毫克，5毫升：5毫克（即0.1%）	皮下注射	马、牛 2～5毫升，羊、猪 0.2～1毫升	患有心室颤动心脏器质病的病畜忌用；创伤性休克，肺炎等忌用
				静脉注射	马、牛 1～3毫升，羊、猪 0.2～0.6毫升	
	盐酸士的宁注射液	兴奋脊髓反射机能，兴奋延脑的呼吸中枢和血管运动中枢的作用； 用于神经、肌肉不全麻痹，解求麻醉药中毒	注射剂，1毫升：2毫克、10毫升：20毫克（即0.2%）	皮下注射	马、牛 15～30毫克，羊、猪 2～4毫克	
凝血和止血药	安特诺新（安络血）注射液	增进断裂血管的回缩作用，用于黏膜及皮肤出血，产后出血，鼻出血	注射剂，2毫升：10毫克，（即0.5%）	肌内注射	牛、马 5～10毫升，羊、猪2～3毫升	必要时每天两次注射
	维生素 K_3 注射液	促进肝细胞合成凝血酶原的作用， 用于实质性和毛细血管出血	注射剂，1毫升：4毫克，10毫升：40毫克（即0.4%）	肌内注射	牛、马 100～300毫克（1次量，2～3次/天） 猪、羊 3～5毫克（1次量，2～3次/天）	

（续）

类别	药名	作用及用途	规格	用法	剂量	注意事项
维生素类药	维生素AD注射液	促进生长，维持上皮组织及黏膜的正常机能，增强视网膜的感光性能，促进钙、磷代谢	注射剂，0.5毫升：维生素A25000单位、维生素D2500单位，5毫升：维生素A250000国际单位、维生素D25000国际单位	肌内注射	马、牛5～10毫升，驹、犊、羊、猪2～4毫升，1天1次	
	维生素C注射液	刺激造血机能，增加毛细血管致密性，增加机体对感染的抵抗力，用于贫血，齿龈黏膜出血	注射剂，10毫升：1克，20毫升：2克（即10%）	静脉或肌内注射	马10～15毫升，牛10～20毫升，羊、猪2.5～5毫升	
	维生素B_1注射液（盐酸硫胺）	有维持正常糖代谢和神经、消化、心脏正常功能，用于维生素B_1缺乏引起的胃肠弛缓、神经炎、痉挛等	注射剂，1毫升：10毫克（即1%） 1毫升：25毫克 （即2.5%）	肌内或皮下注射	马100～500毫克，犊10毫克，猪、羊25～50毫克，1天1次	
	维生素D_2注射液	促进肠内钙、磷吸收，维持血钙、磷平衡，用于软骨症，佝偻病等	注射剂，1毫升：40万单位	肌内注射	马、牛3～5毫升，驹、犊、猪、羊2毫升	用前经口补充钙剂
输液类药	氯化钠注射剂（生理盐水）	补充体液和钠离子，氯离子作用，用于脱水，失血时补充体液，中毒时使毒物排出	0.9%，10毫升、500毫升	静脉注射	马、牛1 000～3 000毫升，羊、猪200～500毫升	心力衰竭患畜慎用，大量应用时应缓慢
	复方氯化钠注射液（林格尔）	除了具有氯化钠的作用外，并可补充少量钾、钙离子的作用	（含氯化钠0.85%氯化钾0.03%氯化钙0.033%）500毫升	静脉注射	马、牛1 000～3 000毫升，猪、羊200～500毫升	

（续）

类别	药名	作用及用途	规格	用法	剂量	注意事项
输液类药	等渗葡萄糖注射液	供给热量、营养，补充体液等；用于心肌衰弱，肝脏病，术后休克，中毒等	5%500毫升	静脉注射	马、牛1 000～3 000毫升，猪、羊200～500毫升	
	碳酸氢钠注射液	提高血液缓冲能力，增加机体抵抗力的作用；用于酸中毒、各种传染病、化脓性疾病、肺炎、蹄叶炎等	10毫升：0.5克，250毫升：12.5克，500毫升：25克	静脉注射	马、牛250～500毫升，猪、羊50～100毫升	加温时不要超过家畜体温
	浓氯化钠注射液（浓盐水）	有补充体内氯化钠，提高血液渗透压，改变体液分布，促进胃肠蠕动机能；用于结症、前胃弛缓等	10% 250毫升、500毫升	静脉注射	马、牛200～300毫升（1毫升/千克）	缓慢注射
补钙药	氯化钙注射液	补充钙质、降低毛细血管渗透性，缓解平滑肌痉挛、消炎、促血凝、抗过敏、解毒等作用；用于骨软症、佝偻病、产后瘫痪等缺钙症	注射剂，20毫升：1克，50毫升：2.5克，100毫升：5克（即5%），20毫升：2克，50毫升：5克（即10%）	静脉注射	马、牛5～10克，羊、猪1～3克，1天1次	静注不可漏出血管外，以防局部坏死；注射时要缓慢，以滴注为宜

（续）

类别	药名	作用及用途	规格	用法	剂量	注意事项
补钙药	葡萄糖酸钙注射液	补充钙质、降低毛细血管渗透性，缓解平滑肌痉挛、消炎、促血凝、抗过敏、解毒等作用； 用于骨软症、佝偻病、产后瘫痪等缺钙症	注射剂，20毫升：2克，100毫升：10克（即1.0%）	静脉注射液	马、牛20～50克，羊、猪5～10克，1天1次	静注不可漏出血管外，以防局部坏死；注射时要缓慢，以滴注为宜
	乳酸钙	有补充钙质作用；用于缺钙症	粉剂	内服	马、牛10～30克，猪0.5～2克	
	碳酸钙	有补充钙质作用；用于缺钙症	粉剂	内服	马、牛30～120克，羊、猪3～10克	
利尿药	双氢克尿塞（双氢氯噻嗪）	抑制肾小管对钠阳离子的再吸收，产生利尿作用； 用于各种水肿	片剂25毫克	内服	马、牛250～500毫克，羊、猪50～100毫克，每日1～2次连用3～4日后停药1～2日再用	大剂量久服者可致低血钾，应与氯化钾同服
健胃药	龙胆酊	苦味健胃药，增加胃液分泌，刺激胃肠蠕动的作用； 用于食欲减退和消化不良	酊剂，龙胆二号粉100克，40%乙醇加至1 000毫升过滤	内服	马20～50毫升，牛30～50毫升，羊5～15毫升，猪3～8毫升	
	姜酊	有健胃、祛风作用； 用于胃肠道弛缓性消化不良	酊剂，姜流浸膏200毫升，90%乙醇加至1 000毫升过滤	内服	马、牛40～80毫升，羊、猪15～30毫升	
	人工盐	健胃、利胆、祛痰作用； 用于消化不良、胃肠弛缓	粉剂，无水硫酸钠44%，碳酸氢钠36%，氯化钠18%，硫酸钾2%	内服	马10～50克，牛20～100克，羊10～25克，猪2～5克	

（续）

类别	药名	作用及用途	规格	用法	剂量	注意事项
健胃药	大黄	健胃作用	粉剂	内服	健胃：马10～25克，牛20～40克，猪1～5克；止泻：马25～50克，牛50～100克，猪5～10克；导泻：马60～100克，牛100～150克，猪2～5克	小剂量健胃；中剂量，止泻；大剂量，导泻
泻下药	硫酸钠（芒硝）	有改变渗透压，阻止肠黏膜吸收水分，积集体液，稀释肠内容物，并机械地刺激肠壁，反射地加强蠕动； 用于结症、便秘、毒物排出	结晶	内服（稀释5%～10%溶液）	马200～500克，牛400～800克，羊40～100克，猪25～50克	孕畜忌用
	液状石蜡（石蜡油）	有滑润肠道，不吸收起缓泻作用； 用于便秘、肠炎初期、驹胎粪不下	透明油液	内服	马、牛500～1 500毫升，羊、猪50～200毫升	
收敛药	鞣酸蛋白	在肠内遇碱性环境放出鞣酸而起收敛止泻作用； 用于腹泻、肠炎	粉剂	内服	马10～20克，牛10～25克，羊3～5克，猪2～5克	细菌性肠炎时应先控制感染后使用
	矽炭银	吸附和收敛作用； 用于腹泻，肠内异常发酵，肠炎	颗粒状或片剂（固定配方）	内服	羊、猪5～10片，1天3次	

（续）

类别	药名	作用及用途	规格	用法	剂量	注意事项
收泻药	次硝酸铋	有保护肠黏膜，收敛止泻作用； 用于胃肠炎及腹泻等	片剂、粉剂	内服	马、牛 15～30 克，猪、羊 2～4 克	
拟胆碱和抗胆碱药	硝酸毛果云香碱注射液	拟胆碱药，增加腺体分泌和胃肠蠕动、缩瞳等作用； 用于马匹不完全阻塞的便秘疝，前胃弛缓和解救阿托品中毒	注射剂，1 毫升：30 毫克，5 毫升：150 毫克（即 3%）	皮下注射	马0.05～0.2 克（50～200毫克），牛 0.1～0.3 克（100～300 毫克），猪 0.005～0.05克	心脏、呼吸道疾患和肠蠕动音绝止的病畜及孕畜忌用
	甲基硫酸新斯的明注射液	拟胆碱药，兴奋平滑肌、增强胃肠、子宫和膀胱的收缩作用； 用于前胃弛缓、胎衣不下等	注射剂，1 毫升：0.5 毫克，10 毫升：5 毫克（即 0.05%）	皮下注射	马、牛 0.004～0.025 克，猪0.002～0.01 克	
	硫酸阿托品注射液	抗胆碱药，松弛平滑肌，抑制腺体分泌和扩张瞳孔； 用于消化道、呼吸道平滑肌痉挛，分泌增多和麻醉前给药；用于有机磷杀虫剂中毒解毒	注射液，1毫升：0.5毫克（即 0.05%），5 毫升：50毫克（即 1%）	皮下注射	马、牛 0.015～0.03 克，羊0.004～0.008 克，猪 0.002～0.004 克	
	颠茄酊	抗胆碱药，有松弛平滑肌，抑制腺体分泌的作用； 用于消化道平滑肌痉挛，腺体分泌过盛等	酊剂（含莨菪碱0.028%～0.032%）	内服	马 10～30 毫升，牛 20～40 毫升，猪、羊 2～5 毫升	

（续）

类别	药名	作用及用途	规格	用法	剂量	注意事项
抗原虫药	盐酸吖啶黄注射液（黄色素注射液）	抗血孢子虫药； 用于牛巴贝斯焦虫、牛双芽焦虫、马纳塔焦虫等	注射液，10毫升：50毫克，50毫升：250毫克	静脉注射	马、牛0.003～0.004克/千克，一次注射极量为2克	静注宜慢勿使药液漏于血管外；注射不超过二次，间隔24～48小时
	血虫净（贝尼尔）	有杀灭血液寄生性原虫的作用； 用于马媾疫、马牛锥虫、牛泰氏焦虫、马、牛焦虫、牛边虫病的治疗	注射用粉剂	肌内注射（临用时用注射用水稀释成7%的水溶液）	马：3.5～3.8毫克/千克，牛：3.5～7毫克/千克，1天1次，每个疗程3次	深部臀肌注射
	新胂凡纳明（九一四）	抗锥虫病；治疗马伊氏锥虫病、马媾疫家兔螺旋体、牛传染性胸膜肺炎、马胸疫等	注射用粉剂、0.15克、0.3克、1克	静脉注射（临用前用注射用水配成10%的溶液）	马0.01～0.015克/千克（极量6克），牛、羊0.01克/千克（极量3克）	切勿漏血管外心肾衰弱忌用；稀释后20分钟用完
驱虫药	精制敌百虫	有驱虫、杀虫和泻下作用；用于防治家畜体内外寄生虫（鞭虫、钩虫、蛔虫、羊捻转胃虫、羊鼻蝇蚴、疥螨、虱子、蜱等），也可用于马结症前、中期导泻	粉剂	内服	马、牛0.03～0.08克/千克，山羊0.05～0.07克/千克，绵羊0.08～0.1克/千克，猪0.08～0.1克/千克	中毒时用阿托品解毒
	驱虫净（四咪唑）	广谱驱虫药；用于家畜消化道线虫及牛、羊肉尾线虫、猪肺线虫的成虫、幼虫、鸡蛔虫等	结晶粉	内服配成5%水溶液灌服	牛5～10毫克/千克，羊10～20毫克/千克，猪30毫克/千克，鸡40～60毫克/千克	马慎用，骆驼不宜用

（续）

类别	药名	作用及用途	规格	用法	剂量	注意事项
磺胺类药	磺胺脒（止痢片）S.G	在肠内吸收少，保持高浓度，抑制肠道细菌	粉剂、片剂每片：0.5克	内服	首次剂量0.2～0.3克/千克，维持剂量0.1克/千克，每天2～3次	
	磺胺噻唑（消治龙）S.T	同长效磺胺对链球菌、沙门氏菌、葡萄球菌巴氏杆菌、大肠杆菌等有抗菌作用	粉剂、片剂每片：0.5克	内服	首次剂量0.2克/千克，维持剂量0.05～0.1克/千克，每6小时一次	
			注射剂（钠盐，即磺胺噻唑钠注射液），10%：10毫升、50毫升，20%：10毫升、50毫升	肌内或静脉注射	0.05克/千克，每日2次	
	二甲氧苄啶	主要用于防治禽、兔球虫病及畜禽肠道感染等	1. 磺胺对甲氧嘧啶、二甲氧苄啶片	内服	一次量：每千克体重家畜20～25毫克，每日2次，连用3～5天。	产蛋期禁用
			2. 磺胺对甲氧嘧啶、二甲氧四苄啶预混剂	混饲	每1 000千克饲料，猪、禽100克（以磺胺对甲氧嘧啶计），连续喂不超过10天	
	磺胺嘧啶（地亚净）S.D	对链球菌、沙门氏菌、葡萄球菌巴氏杆菌、大肠杆菌等有抗菌作用	粉剂、片剂每片0.5克	内服	首次剂量0.2克/千克，维持剂量0.1克/千克	
			注射剂，10%，10毫升、20毫升、50毫升	静脉或肌内注射	0.05克/千克，每天2次	

（续）

类别	药名	作用及用途	规格	用法	剂量	注意事项
磺胺类药	复方磺胺-5-甲氧嘧啶（兽病灵）（SMD）	本品具有双重阻断细菌，利用对氨基苯甲酸合成叶酸及四氢叶酸的代谢作用； 本品属广谱抗菌药物，对金葡球菌、大肠杆菌、绿脓杆菌、肺炎双球菌等均有活性	粉剂，5克/袋、10克/袋；片剂（每片含0.1克），100片/瓶、500片/瓶	内服	首次剂量0.12克/（千克·天），维持剂量0.06克/（千克·天）； 鸡、兔0.04～0.05克/（千克·天）	
抗生素药	注射用青霉素G钠（钾）	有对革兰氏阳性细菌（链球菌、葡萄球菌、猪丹毒杆菌、炭疽杆菌、肺炎双球菌、厌气性梭菌等）的抑制作用； 用于马腺疫、猪丹毒、肺炎、支气管炎、感染创、脓肿、蜂窝织炎、乳房炎、钩端螺旋体病等	注射用粉剂，20万单位、40万单位、100万单位	肌内注射，临用前用注射用水5～10毫升稀释	马、牛每千克体重1万～2万单位，猪、羊每千克体重2万～3万单位	稀释后不耐久藏，应当天用完
	注射用普鲁卡因青霉素G（青霉素混悬剂）	作用、用途同青霉素G钠，但效力较持久，用于链球菌、葡萄球菌、猪丹毒杆菌、炭疽杆菌等所引起的轻度感染	注射用粉剂，40万单位、60万单位、80万单位，内含青霉素1/4，普鲁卡因青霉素3/4	肌内注射，临用时用注射用水5～10毫升稀释	马、牛每千克体重1万～2万单位，猪、羊每千克体重2万～3万单位，每日一次	
	注射用苄星青霉素G（长效西林）	同青霉素G钠，但效力持久	注射用粉剂，40万单位、100万单位	肌内注射（临用前加注射用水使成混悬液）	马、牛每千克体重2万～3万单位，猪、羊每千克体重3万～4万单位	

（续）

类别	药名	作用及用途	规格	用法	剂量	注意事项
抗生素药	硫酸链霉素	对结核杆菌、布鲁氏菌、巴氏杆菌、沙门氏菌、牛放线菌、大肠杆菌、猪丹毒杆菌、绿脓杆菌、钩端螺旋体有抑制作用	注射用粉剂，1克（100万单位）、2克（200万单位）	肌内注射（用注射用水稀释）	0.01克/千克（10 000单位/千克），1天2次	硫酸双氢链霉素作用同本品
	注射用盐酸土霉素	广谱抗生素，对革兰氏阳性和阴性细菌、支原体、立克次氏体有抗菌作用； 用于治疗幼畜肺炎、巴氏杆菌、马腺疫、乳房炎、螺旋体、细菌性肠炎、马副伤寒、流产、仔猪副伤寒、鸡白痢等	注射用粉剂（每1毫克相当于1 000单位）	肌内注射（用专用溶媒溶解成每毫升5万单位分点深层肌内注射）	马、牛、羊、猪5 000～10 000单位/千克，一天量分1～2次注射；猪支原体肝炎4 000单位/千克，1天1次	草食家畜不可内服
	注射用盐酸四环素	广谱抗生素，对革兰氏阳性和阴性细菌、支原体、立克次氏体有抗菌作用； 用于治疗幼畜肺炎、巴氏杆菌、马腺疫、乳房炎、螺旋体、细菌性肠炎、马副伤寒、流产、仔猪副伤寒、鸡白痢等	注射用粉剂，200 000单位、1 000 000单位	静脉或肌内注射，临用时用注射用水溶解。静脉注射时再用5%葡萄糖液稀释	马、牛、羊、猪5 000单位/千克，一天量分1～2次注	

（续）

类别	药名	作用及用途	规格	用法	剂量	注意事项
抗生素药	硫酸卡那霉素	为广谱抗生素，有对革兰氏阳性菌及阴性杆菌的抗菌作用； 用于耐青霉素金黄葡萄球菌和一些格兰氏阴性菌引起的各种严重感染等，适用于革兰氏阳性及阴性的敏感菌所致病症	注射剂，0.5克、1克	肌内注射（用生理盐水、5%葡萄糖液溶解）	马、牛、猪、羊10～15毫克/千克，1天2次	
解毒药	亚甲蓝注射液（美蓝注射液）	解毒药。大剂量时使血红蛋白氧化成为能与氰化物结合变性的血红蛋白，以解除氰化物中毒，小剂量时能使变性血红蛋白还原成血红蛋白，以解除亚硝酸盐中毒； 用于氰化物与亚硝酸盐中毒的解救	注射剂，2毫升：20毫克，5毫升：50毫克，10毫升：100毫克	静脉注射	家畜0.1毫升/千克，猪1毫升/千克（亚硝酸盐中毒），家畜0.25～0.3毫升/千克（氰化物中毒）	氰化物中毒时，本品与硫代硫酸钠交替使用
	注射用硫代硫酸钠（硫化硫酸钠）	解毒药，在体内能与各种金属形成无毒硫化物而由尿排出；与氰化物形成无毒的硫氰酸盐排出体外，与碘结合形成无毒的碘化钠； 用于氰化物、砷、汞、铅、铋、碘等中毒的解救	注射用粉剂，0.32克，0.64克，3.2克	静脉或肌内注射（用生理盐水溶解成5%～20%溶液）	马、牛5～10克，羊、猪1～3克	不能与亚硝酸钠混合后同时静脉注射

注：猪亚硝酸盐中毒时可用1%～2%亚甲蓝注射液静脉注射，每千克体重1毫升。大的用药标准另有列表。

资料来源：马洪辉《兽医药理学》（农业出版社，1980），沈阳农学院畜牧兽医系《畜牧生产技术手册》（1978），陈杖榴《兽医药理学（第三版）》（中国农业出版社，2009）。

表 13-22　兽医常用西药作用、用途、用量表二

药名	作用和应用	用法和用量	注意事项
尼可刹米	常用于各种原因引起的呼吸抑制	静脉、肌内或皮下注射，一次量：马、牛 2.5～5 克，羊、猪 0.25～1 克，犬 0.125～5 克	本品以静脉注射间歇给药为优
卡托普利	患有充血性心脏衰竭的犬用	1 千克体重 1～2 毫克，每日 3 次，内服	
酚磺乙胺（止血敏）	止血。适用于各种出血，也可与其他止血药合用	肌内或静脉注射，一次量，马、牛 1.25～2.5 克，猪、羊 0.25～0.5 克	
甲氧氯普胺（胃复安）	能够抑制催吐化学感受区而呈现强大的中枢性镇吐。用于胃肠胀满、恶心呕吐及用药引起的呕吐等	内服：一次量，犬、猫 10～20 毫克 肌内注射：一次量，犬、猫 10～20 毫克	犬、猫妊娠时禁用。本品忌与阿托品、颠茄制剂等配合，以防降低药效
阿扑吗啡（去水吗啡）	中枢反射性催吐药	皮下注射：一次量，猪 10～20 毫克，犬 2～3 毫克	猫不用
氨甲酰甲胆碱	主要用于胃肠弛缓等	皮下注射：一次量，每千克体重，马、牛 0.05～0.1 毫克	肠道完全阻塞、创伤性网胃炎及孕畜禁用
氯化铵	祛痰药，适用于支气管炎初期	内服：一次量，马 8～15 克，牛 10～25 克，羊 2～5 克，猪 1～2 克，犬、猫 0.2～1 克，每日 2～3 次	有肝脏、肾脏功能异常的患畜，内服氯化铵容易引起血氯过高性酸中毒和血氯升高，应慎用或禁用
喷托维林（咳必清）	临床上用于伴有剧烈干咳的急性上呼吸道感染	内服：一次量，马、牛 0.5～1 克，羊、猪 0.05～0.1 克	心功能不全并有肺瘀血患畜忌用
氨茶碱	1. 支气管平滑肌松弛。2. 兴奋呼吸。3. 强心。主要用作支气管扩张药，常用于带有心功能不全和/或肺水肿的患畜	内服：一次量，每千克体重，马 5～10 克，犬、猫 10～15 克。 静脉注射：一次量，马、牛 1～2 克，羊、猪 0.25～0.5 克，犬 0.05～0.1 克	注射液必须稀释后再缓慢静脉推注
甲基睾丸素	促进雄性生殖器官及副生殖器官发育，维持第二性征，保证精子正常发育成熟，维持精囊腺和前列腺的分泌功能。治疗雄激素缺乏所致的隐睾症，成年公畜雄激素分泌不足的性欲缺乏，抑制泌乳。治疗母犬的假妊娠	内服：一次量，家畜 10～40 毫克，犬 10 毫克，猫 5 毫克	孕畜禁用，泌乳母畜禁用

（续）

药名	作用和应用	用法和用量	注意事项
卵泡刺激素	对母畜，刺激卵泡颗粒细胞增生和膜层迅速生长发育，对公畜，促进生精上皮细胞发育和精子形成。促进母畜发情，治疗卵巢静止，使不发情母畜发情和排卵，提高受胎率和同期发情的效果。用于超数排卵、治疗持久黄体、卵泡发育停止等	静脉、肌内或皮下注射：一次量，马、牛 10～50 毫克，羊、猪 5～25 毫克，犬 5～15 毫克。 临用时以灭菌生理盐水溶解	引起单胎动物多发性排卵，是本品的不良反应
缩宫素（催产素）	用于临产前子宫收缩无力母畜的引产治疗，产后出血、胎盘滞留和子宫复原不全，在分娩后 24 小时内使用	静脉、肌内或皮下注射（用于促进子宫收缩）：一次量，马 75～150 国际单位，牛 75～100 国际单位，羊、猪 10～50 国际单位，犬 5～25 国际单位，猫 5～10 国际单位。如果需要可间隔 15 分重复使用。 肌内或皮下注射（用于促进排乳）：马、牛 10～20 国际单位，羊、猪 5～20 国际单位，犬 2～10 国际单位	产道阻塞、胎位不正、骨盆狭窄及子宫颈尚未开放时禁用催产素
地塞米松（氯美松）	炎症性疾病、过敏性疾病、牛酮血病及羊的妊娠毒血症，也用于母畜的同期分娩，但对马没有引产效果	肌内或静脉注射：一日量，马 2.5～5 毫克，牛 5～20 毫克，羊、猪 4～12 毫克，犬、猫 0.125～1 毫克。 内服：一日量，马 5～10 毫克，牛 5～20 毫克，犬、猫 0.125～1 毫克	对马没有引产效果
地诺前列素（黄体溶解素）	对生殖、循环、呼吸以及其他系统具有广泛作用。用于同期发情。治疗持久性黄体和卵巢黄体囊肿。用于马、牛、猪催情。用于公畜可增加精液射出量和提高人工授精效果。用于催产、引产、排出死胎	肌内注射：一次量，牛 25 毫克，猪 5～10 毫克；每千克体重，马 0.02 毫克，犬 0.05 毫克	
甘露醇	在静脉注射其高渗溶液后，使血液渗透压迅速升高，可促使组织间液的水分向血液扩散，产生脱水作用，阻碍水从肾小管的重吸收而产生利尿作用。通过渗透压作用能降低眼内压和脑脊液压。甘露醇主要用于急性少尿症肾衰竭，以促进利尿作用；降低眼内压、创伤性脑水肿，还用于加快某些毒物的排泄	静脉注射：一次量，马、牛 1 000～2 000 毫升，羊、猪 100～250 毫升，每千克体重，犬、猫 0.25～0.5 毫克，一般稀释成 5%～10%溶液（缓慢静脉注射，4 毫升/分）	

（续）

药名	作用和应用	用法和用量	注意事项
硫酸铜	用于防治铜缺乏症。也可用于浸泡奶牛的腐蹄，做辅助治疗	内服：1天量，牛2克，犊1克；每千克体重，羊20毫克。 混饲：每吨饲料，猪80克，鸡20克	高剂量铜作为促生产剂的应用应予限制
亚硒酸钠	主要用于防治白肌病及雏鸡发生渗出性素质等硒缺乏症	肌内注射：一次量，马、牛30～50毫克，驹、犊5～8毫克，羔羊、仔猪1～2毫克 混饲：每吨饲料，畜禽0.2～0.4克	不可超量和长期使用
头孢噻呋	具有广谱杀菌作用。主要用于治疗牛的急性呼吸系统感染，尤其是溶血性巴氏杆菌或出血性巴士杆菌引起的支气管肺炎、牛乳腺炎，猪放线杆菌性胸膜肺炎等	肌内注射:一次量,每千克体重牛1.1毫克,猪3～5毫克,犬2.2毫克。每日一次,连用3天 皮下注射：一日龄雏鸡，每羽0.1毫克	①引起胃肠道菌群紊乱或二重感染。②有肾毒性。③能引起牛特征性脱毛和瘙痒
红霉素	一般起抑菌作用，高浓度对敏感菌有杀菌作用。主要用于对青霉素耐药的金黄色葡萄球菌所致的轻、中度感染和对青霉素过敏的病例，如肺炎、败血症、子宫内膜炎、乳腺炎和猪丹毒等	内服：一次量，每千克体重，仔猪、犬、猫10～20毫克。每日2次，连用2～3天 混饮：每升水，禽125毫克(效价)。连用3～5天。 静脉注射：一次量，每千克体重，马、牛、羊、猪3～5毫克，犬、猫5～10毫克。每日2次，连用2～3天	宜深部肌内注射，静脉注射要缓慢，犬内服时要慎用
恩诺沙星	为动物专用的杀菌性广谱抗菌药，对支原体有特效	内服：一次量，每千克体重，反刍前犊牛、猪、犬、猫、兔2.5～5毫克，禽5～7.5毫克。每日2次，连用3～5天 混饮：每升水，鸡50～75毫克。连用3～5天 肌内注射：一次量，每千克体重，牛、羊、猪2.5毫克，犬、猫、兔2.5～5毫克。每日1～2次，连用2～3天	
乙酰甲喹(痢菌净)	具有广谱抗菌作用，对革兰氏阴性菌的作用强于革兰氏阳性菌，对猪痢疾密螺旋体的作用尤为突出。经临床证实，为治疗猪密螺旋体性痢疾的首选药。此外，对仔猪黄痢、白痢，犊牛副伤寒，鸡白痢、禽大肠杆菌病等有较好的疗效。不能用作生长促进剂	内服：一次量，每千克体重，牛、猪、鸡5～10毫克。每日2次，连用3天 肌内注射：一次量，每千克体重，牛、猪2.5～5毫克，鸡2.5毫克。每日2次，连用3天	不能作生长促进剂

（续）

药名	作用和应用	用法和用量	注意事项
伊维菌素	具有广谱、高效、用量小和安全等优点的新型大环内酯类抗寄生虫药，对线虫、昆虫和螨均具有高效驱杀作用	皮下注射：一次量，每千克体重，牛、羊 0.2 毫克，猪 0.3 毫克。 内服：混饲，每日每千克体重，猪 0.1 毫克。连用 7 天	泌乳动物及母牛临产前 1 个月禁用。Collies 品系牧羊犬对本药异常敏感，不宜使用。牛、羊泌乳期禁用
左咪唑（左旋咪唑，驱蛔钩片）	为广谱、高效、低毒驱虫药，对牛、羊主要消化道线虫和肺线虫有极佳的驱虫作用	内服、皮下注射和肌内注射：一次量，每千克体重，牛、羊、猪 7.5 毫克，犬、猫 10 毫克，家禽 25 毫克	马慎用，骆驼禁用，泌乳期禁用
吡喹酮	为较理想的新型广谱驱绦虫药、抗血吸虫药和驱吸虫药。主要用于动物血吸虫病，也用于绦虫病和囊尾蚴病	内服：一次量，每千克体重，牛、羊、猪 10～35 毫克，犬、猫 2.5～5 毫克，禽 10～20 毫克	
硝氯酚（拜耳-9015）	是驱除牛、羊肝片吸虫较理想的药物，治疗量一次内服，对肝片吸虫成虫驱虫率几乎达 100%	内服：一次量，每千克体重，黄牛 3～7 毫克，水牛 1～3 毫克，羊 3～4 毫克，猪 3～6 毫克 深层肌内注射：一次量，每千克体重，牛、羊 0.5～1 毫克	用药后 9 天内的乳禁止上市；休药期 15 天
莫能菌素	是较理想的抗球虫药。广泛用于世界各地	混饲：每吨饲料，禽 90～110 克，兔 20～40 克	①产蛋期禁用，鸡休药期 3 天。②马属动物禁用。③禁止与泰妙菌素、竹桃霉素及其他抗球虫药配伍使用。④工作人员搅拌配料时，应防止本品与皮肤和眼睛接触
氨丙啉	用于禽、牛和羊球虫病	治疗鸡球虫病：以每千克饲料 125～250 毫克浓度混饲，连喂 3～5 天；接着以每千克饲料 60 毫克浓度混饲再喂 1～2 周，也可混饮，加入饮水的氨丙啉浓度为 60～240 毫克/升。预防球虫病：常与其他抗球虫药一起制成预混剂	产蛋期禁用
托曲珠利（百球清）	用于治疗和预防鸡球虫病	制成饮水剂混饮，每升水，鸡 25 毫克，连用 2 天	

（续）

药名	作用和应用	用法和用量	注意事项
皮蝇磷（芬氯磷）	专供兽用的有机磷杀虫剂。对双翅目昆虫有特效，内服或皮肤给药有内吸杀虫作用，主要用于牛皮蝇蛆	内服：一次量，每千克体重，牛100毫克 外用：喷淋，每100升水，加1升24%皮蝇磷乳油溶液	泌乳期乳牛禁用；母牛产犊前10天内禁用。肉牛休药期10天
亚硝酸钠	主要用于氰化物中毒	静脉注射：每千克体重，15～25毫克	不宜重复给药，不宜剂量过大和注射过快
乙酰胺（解氟灵）	是有机氟杀虫药和杀鼠药氟乙酰胺、氟乙酸钠等动物中毒的解毒剂	静脉或肌内注射：一次量，每千克体重，家畜50～100毫克	本品酸性强，肌内注射时有局部疼痛，可配合应用普鲁卡因或利多卡因，以减轻疼痛

资料来源：陈杖榴《兽医药理学（第三版）》（中国农业出版社，2009），作者有修订。

表 13-23　兽药停药期规定表

兽药名称	执行标准	停药期
乙酰甲喹片	兽药规范92版	牛、猪35日
二氢吡啶	部颁标准	牛、肉鸡7日，弃奶期7日
二硝托胺预混剂	兽药典2000版	鸡3日，产蛋期禁用
土霉素片	兽药典2000版	牛、羊、猪7日，禽5日，弃蛋期2日，弃奶期3日
土霉素注射液	部颁标准	牛、羊、猪28日，弃奶期7日
马杜霉素预混剂	部颁标准	鸡5日、产蛋期禁用
巴胺磷溶液	部颁标准	羊14日
水杨酸钠注射液	兽药规范65版	牛0日，弃奶期48小时
四环素片	兽药典90版	牛12日、猪10日、鸡4日，产蛋期禁用，产奶期禁用
甲砜霉素片	部颁标准	28日，弃奶期7日
甲砜霉素散	部颁标准	28日，弃奶期7日，鱼500度日
甲基前列腺素$F2_{a}$注射液	部颁标准	牛1日，猪1日，羊1日
甲磺酸达氟沙星注射液	部颁标准	猪25日
甲磺酸达氟沙星粉	部颁标准	鸡5日，产蛋鸡禁用
甲磺酸达氟沙星溶液	部颁标准	鸡5日，产蛋鸡禁用
甲磺酸培氟沙星可溶性粉	部颁标准	28日，产蛋鸡禁用
甲磺酸培氟沙星注射液	部颁标准	28日，产蛋鸡禁用

（续）

兽药名称	执行标准	停药期
甲磺酸培氟沙星颗粒	部颁标准	28日，产蛋鸡禁用
亚硒酸钠维生素E注射液	兽药典2000版	牛、羊、猪28日
亚硒酸钠维生素E预混剂	兽药典2000版	牛、羊、猪28日
亚硫酸氢钠甲萘醌注射液	兽药典2000版	0日
伊维菌素注射液	兽药典2000版	牛、羊35日，猪28日，泌乳期禁用
吉他霉素片	兽药典2000版	猪、鸡7日，产蛋期禁用
吉他霉素预混剂	部颁标准	猪、鸡7日，产蛋期禁用
地西泮注射液	兽药典2000版	28日
地克珠利预混剂	部颁标准	鸡5日，产蛋期禁用
地克珠利溶液	部颁标准	鸡5日，产蛋期禁用
地塞米松磷酸钠注射液	兽药典2000版	牛、羊、猪21日，弃奶期3日
安乃近片	兽药典2000版	牛、羊、猪28日，弃奶期7日
安乃近注射液	兽药典2000版	牛、羊、猪28日，弃奶期7日
安钠咖注射液	兽药典2000版	牛、羊、猪28日，弃奶期7日
那西肽预混剂	部颁标准	鸡7日，产蛋期禁用
吡喹酮片	兽药典2000版	28日，弃奶期7日
芬苯哒唑片	兽药典2000版	牛、羊21日，猪3日，弃奶期7日
芬苯哒唑粉（苯硫苯咪唑粉剂）	兽药典2000版	牛、羊14日，猪3日，弃奶期5日
苄星邻氯青霉素注射液	部颁标准	牛28日，产犊后4天禁用，泌乳期禁用
阿司匹林片	兽药典2000版	0日
阿苯达唑片	兽药典2000版	牛14日，羊4日，猪7日，禽4日，弃奶期60小时
阿莫西林可溶性粉	部颁标准	鸡7日，产蛋鸡禁用
阿维菌素片	部颁标准	羊35日，猪28日，泌乳期禁用
阿维菌素注射液	部颁标准	羊35日，猪28日，泌乳期禁用
阿维菌素粉	部颁标准	羊35日，猪28日，泌乳期禁用
阿维菌素胶囊	部颁标准	羊35日，猪28日，泌乳期禁用
阿维菌素透皮溶液	部颁标准	牛、猪42日，泌乳期禁用
乳酸环丙沙星可溶性粉	部颁标准	禽8日，产蛋鸡禁用

（续）

兽药名称	执行标准	停药期
乳酸环丙沙星注射液	部颁标准	牛 14 日，猪 10 日，禽 28 日，弃奶期 84 小时
乳酸诺氟沙星可溶性粉	部颁标准	禽 8 日，产蛋鸡禁用
注射用三氮脒	兽药典 2000 版	28 日，弃奶期 7 日
注射用苄星青霉素（注射用苄星青霉素 G）	兽药规范 78 版	牛、羊 4 日，猪 5 日，弃奶期 3 日
注射用乳糖酸红霉素	兽药典 2000 版	牛 14 日，羊 3 日，猪 7 日，弃奶期 3 日
注射用苯巴比妥钠	兽药典 2000 版	28 日，弃奶期 7 日
注射用苯唑西林钠	兽药典 2000 版	牛、羊 14 日，猪 5 日，弃奶期 3 日
注射用青霉素钠	兽药典 2000 版	0 日，弃奶期 3 日
注射用青霉素钾	兽药典 2000 版	0 日，弃奶期 3 日
注射用氨苄青霉素钠	兽药典 2000 版	牛 6 日，猪 15 日，弃奶期 48 小时
注射用盐酸土霉素	兽药典 2000 版	牛、羊、猪 8 日，弃奶期 48 小时
注射用盐酸四环素	兽药典 2000 版	牛、羊、猪 8 日，弃奶期 48 小时
注射用酒石酸泰乐菌素	部颁标准	牛 28 日，猪 21 日，弃奶期 96 小时
注射用喹嘧胺	兽药典 2000 版	28 日，弃奶期 7 日
注射用氯唑西林钠	兽药典 2000 版	牛 10 日，弃奶期 2 日
注射用硫酸双氢链霉素	兽药典 90 版	牛、羊、猪 18 日，弃奶期 72 小时
注射用硫酸卡那霉素	兽药典 2000 版	28 日，弃奶期 7 日
注射用硫酸链霉素	兽药典 2000 版	牛、羊、猪 18 日，弃奶期 72 小时
环丙氨嗪预混剂（1%）	部颁标准	鸡 3 日
苯甲酸雌二醇注射液	兽药典 2000 版	28 日，弃奶期 7 日
复方水杨酸钠注射液	兽药规范 78 版	28 日，弃奶期 7 日
复方甲苯咪唑粉	部颁标准	鳗 150 度日
复方阿莫西林粉	部颁标准	鸡 7 日，产蛋期禁用
复方氨苄西林片	部颁标准	鸡 7 日，产蛋期禁用
复方氨苄西林粉	部颁标准	鸡 7 日，产蛋期禁用
复方氨基比林注射液	兽药典 2000 版	28 日，弃奶期 7 日
复方磺胺对甲氧嘧啶片	兽药典 2000 版	28 日，弃奶期 7 日
复方磺胺对甲氧嘧啶钠注射液	兽药典 2000 版	28 日，弃奶期 7 日
复方磺胺甲噁唑片	兽药典 2000 版	28 日，弃奶期 7 日
复方磺胺氯哒嗪钠粉	部颁标准	猪 4 日，鸡 2 日，产蛋期禁用

（续）

兽药名称	执行标准	停药期
复方磺胺嘧啶钠注射液	兽药典 2000 版	牛、羊 12 日，猪 20 日，弃奶期 48 小时
枸橼酸乙胺嗪片	兽药典 2000 版	28 日，弃奶期 7 日
枸橼酸哌嗪片	兽药典 2000 版	牛、羊 28 日，猪 21 日，禽 14 日
氟苯尼考注射液	部颁标准	猪 14 日，鸡 28 日，鱼 375 度日
氟苯尼考粉	部颁标准	猪 20 日，鸡 5 日，鱼 375 度日
氟苯尼考溶液	部颁标准	鸡 5 日，产蛋期禁用
氟胺氰菊酯条	部颁标准	流蜜期禁用
氢化可的松注射液	兽药典 2000 版	0 日
氢溴酸东莨菪碱注射液	兽药典 2000 版	28 日，弃奶期 7 日
洛克沙胂预混剂	部颁标准	5 日，产蛋期禁用
恩诺沙星片	兽药典 2000 版	鸡 8 日，产蛋鸡禁用
恩诺沙星可溶性粉	部颁标准	鸡 8 日，产蛋鸡禁用
恩诺沙星注射液	兽药典 2000 版	牛、羊 14 日，猪 10 日，兔 14 日
恩诺沙星溶液	兽药典 2000 版	禽 8 日，产蛋鸡禁用
氧阿苯达唑片	部颁标准	羊 4 日
氧氟沙星片 58	部颁标准	28 日，产蛋鸡禁用
氧氟沙星可溶性粉	部颁标准	28 日，产蛋鸡禁用
氧氟沙星注射液	部颁标准	28 日，弃奶期 7 日，产蛋鸡禁用
氧氟沙星溶液（碱性）	部颁标准	28 日，产蛋鸡禁用
氧氟沙星溶液（酸性）	部颁标准	28 日，产蛋鸡禁用
氨苯胂酸预混剂	部颁标准	5 日，产蛋鸡禁用
氨茶碱注射液	兽药典 2000 版	28 日，弃奶期 7 日
海南霉素钠预混剂	部颁标准	鸡 7 日，产蛋期禁用
烟酸诺氟沙星可溶性粉	部颁标准	28 日，产蛋鸡禁用
烟酸诺氟沙星注射液	部颁标准	28 日
烟酸诺氟沙星溶液	部颁标准	28 日，产蛋鸡禁用
盐酸二氟沙星片	部颁标准	鸡 1 日
盐酸二氟沙星注射液	部颁标准	猪 45 日
盐酸二氟沙星粉	部颁标准	鸡 1 日
盐酸二氟沙星溶液	部颁标准	鸡 1 日
盐酸大观霉素可溶性粉	兽药典 2000 版	鸡 5 日，产蛋期禁用
盐酸左旋咪唑	兽药典 2000 版	牛 2 日，羊 3 日，猪 3 日，禽 28 日，泌乳期禁用
盐酸左旋咪唑注射液	兽药典 2000 版	牛 14 日，羊 28 日，猪 28 日，泌乳期禁用
盐酸多西环素片	兽药典 2000 版	28 日

（续）

兽药名称	执行标准	停药期
盐酸异丙嗪片	兽药典2000版	28日
盐酸异丙嗪注射液	兽药典2000版	28日，弃奶期7日
盐酸沙拉沙星可溶性粉	部颁标准	鸡0日，产蛋期禁用
盐酸沙拉沙星注射液	部颁标准	猪0日，鸡0日，产蛋期禁用
盐酸沙拉沙星溶液	部颁标准	鸡0日，产蛋期禁用
盐酸沙拉沙星片	部颁标准	鸡0日，产蛋期禁用
盐酸林可霉素片	兽药典2000版	猪6日
盐酸林可霉素注射液	兽药典2000版	猪2日
盐酸环丙沙星、盐酸小檗碱预混剂	部颁标准	500度日
盐酸环丙沙星可溶性粉	部颁标准	28日，产蛋鸡禁用
盐酸环丙沙星注射液	部颁标准	28日，产蛋鸡禁用
盐酸苯海拉明注射液	兽药典2000版	28日，弃奶期7日
盐酸洛美沙星片	部颁标准	28日，弃奶期7日，产蛋鸡禁用
盐酸洛美沙星可溶性粉	部颁标准	28日，产蛋鸡禁用
盐酸洛美沙星注射液	部颁标准	28日，弃奶期7日
盐酸氨丙啉、乙氧酰胺苯甲酯、磺胺喹噁啉预混剂	兽药典2000版	鸡10日，产蛋鸡禁用
盐酸氨丙啉、乙氧酰胺苯甲酯预混剂	兽药典2000版	鸡3日，产蛋期禁用
盐酸氯丙嗪片	兽药典2000版	28日，弃奶期7日
盐酸氯丙嗪注射液	兽药典2000版	28日，弃奶期7日
盐酸氯苯胍片	兽药典2000版	鸡5日，兔7日，产蛋期禁用
盐酸氯苯胍预混剂	兽药典2000版	鸡5日，兔7日，产蛋期禁用
盐酸氯胺酮注射液	兽药典2000版	28日，弃奶期7日
盐酸赛拉唑注射液	兽药典2000版	28日，弃奶期7日
盐酸赛拉嗪注射液	兽药典2000版	牛、羊14日，鹿15日
盐霉素钠预混剂	兽药典2000版	鸡5日，产蛋期禁用
诺氟沙星、盐酸小檗碱预混剂	部颁标准	500度日
酒石酸吉他霉素可溶性粉	兽药典2000版	鸡7日，产蛋期禁用
酒石酸泰乐菌素可溶性粉	兽药典2000版	鸡1日，产蛋期禁用
维生素B_{12}注射液	兽药典2000版	0日
维生素B_1片	兽药典2000版	0日
维生素B_1注射液	兽药典2000版	0日

（续）

兽药名称	执行标准	停药期
维生素 B_2 片	兽药典 2000 版	0 日
维生素 B_2 注射液	兽药典 2000 版	0 日
维生素 B_6 片	兽药典 2000 版	0 日
维生素 B_6 注射液	兽药典 2000 版	0 日
维生素 C 片	兽药典 2000 版	0 日
维生素 C 注射液	兽药典 2000 版	0 日
维生素 C 磷酸酯镁、盐酸环丙沙星预混剂	部颁标准	500 度日
维生素 D_3 注射液	兽药典 2000 版	28 日，弃奶期 7 日
维生素 E 注射液	兽药典 2000 版	牛、羊、猪 28 日
维生素 K_1 注射液	兽药典 2000 版	0 日
喹乙醇预混剂	兽药典 2000 版	猪 35 日，禁用于禽、鱼、35kg 以上的猪
奥芬达唑片（苯亚砜哒唑）	兽药典 2000 版	牛、羊、猪 7 日，产奶期禁用
普鲁卡因青霉素注射液	兽药典 2000 版	牛 10 日，羊 9 日，猪 7 日，弃奶期 48 小时
氯羟吡啶预混剂	兽药典 2000 版	鸡 5 日，兔 5 日，产蛋期禁用
氯氰碘柳胺钠注射液	部颁标准	28 日，弃奶期 28 日
氯硝柳胺片	兽药典 2000 版	牛、羊 28 日
氰戊菊酯溶液	部颁标准	28 日
硝氯酚片	兽药典 2000 版	28 日
硝碘酚腈注射液（克虫清）	部颁标准	羊 30 日，弃奶期 5 日
硫氰酸红霉素可溶性粉	兽药典 2000 版	鸡 3 日，产蛋期禁用
硫酸卡那霉素注射液（单硫酸盐）	兽药典 2000 版	28 日
硫酸安普霉素可溶性粉	部颁标准	猪 21 日，鸡 7 日，产蛋期禁用
硫酸安普霉素预混剂	部颁标准	猪 21 日
硫酸庆大—小诺霉素注射液	部颁标准	猪、鸡 40 日
硫酸庆大霉素注射液	兽药典 2000 版	猪 40 日
硫酸粘菌素可溶性粉	部颁标准	7 日，产蛋期禁用
硫酸黏菌素预混剂	部颁标准	7 日，产蛋期禁用
硫酸新霉素可溶性粉	兽药典 2000 版	鸡 5 日，火鸡 14 日，产蛋期禁用

（续）

兽药名称	执行标准	停药期
越霉素 A 预混剂	部颁标准	猪 15 日，鸡 3 日，产蛋期禁用
碘硝酚注射液	部颁标准	羊 90 日，弃奶期 90 日
碘醚柳胺混悬液	兽药典 2000 版	牛、羊 60 日，泌乳期禁用
精制马拉硫磷溶液	部颁标准	28 日
精制敌百虫片	兽药规范 92 版	28 日
蝇毒磷溶液	部颁标准	28 日
醋酸地塞米松片	兽药典 2000 版	马、牛 0 日
醋酸泼尼松片	兽药典 2000 版	0 日
醋酸氟孕酮阴道海绵	部颁标准	羊 30 日，泌乳期禁用
醋酸氢化可的松注射液	兽药典 2000 版	0 日
磺胺二甲嘧啶片	兽药典 2000 版	牛 10 日，猪 15 日，禽 10 日
磺胺二甲嘧啶钠注射液	兽药典 2000 版	28 日
磺胺对甲氧嘧啶，二甲氧苄氨嘧啶片	兽药规范 92 版	28 日
磺胺对甲氧嘧啶、二甲氧苄氨嘧啶预混剂	兽药典 90 版	28 日，产蛋期禁用
磺胺对甲氧嘧啶片	兽药典 2000 版	28 日
磺胺甲噁唑片	兽药典 2000 版	28 日
磺胺间甲氧嘧啶片	兽药典 2000 版	28 日
磺胺间甲氧嘧啶钠注射液	兽药典 2000 版	28 日
磺胺脒片	兽药典 2000 版	28 日
磺胺喹噁啉、二甲氧苄氨嘧啶预混剂	兽药典 2000 版	鸡 10 日，产蛋期禁用
磺胺喹噁啉钠可溶性粉	兽药典 2000 版	鸡 10 日，产蛋期禁用
磺胺氯吡嗪钠可溶性粉	部颁标准	火鸡 4 日、肉鸡 1 日，产蛋期禁用
磺胺嘧啶片	兽药典 2000 版	牛 28 日
磺胺嘧啶钠注射液	兽药典 2000 版	牛 10 日，羊 18 日，猪 10 日，弃奶期 3 日
磺胺噻唑片	兽药典 2000 版	28 日
磺胺噻唑钠注射液	兽药典 2000 版	28 日
磷酸左旋咪唑片	兽药典 90 版	牛 2 日，羊 3 日，猪 3 日，禽 28 日，泌乳期禁用
磷酸左旋咪唑注射液	兽药典 90 版	牛 14 日，羊 28 日，猪 28 日，泌乳期禁用
磷酸哌嗪片（驱蛔灵片）	兽药典 2000 版	牛、羊 28 日、猪 21 日，禽 14 日
磷酸泰乐菌素预混剂	部颁标准	鸡、猪 5 日

表 13-24　外科常用制剂配方的数据

类别	名　称	组　成	主要用途
溶液剂	5%碘酊	碘 5.0、碘化钾 2.0，75%酒精加至 100.0	皮肤、术部、手指消毒
	稀碘酊	碘 1.0、碘化钾 1.0，75%酒精加至 1 000.0	术者手指消毒
	复方碘溶液	碘 5.0、碘化钾 10.0，蒸馏水加至 100.0	黏膜炎症
	碘甘油溶液	碘 5.0、碘化钾 10.0、甘油 20.0，蒸馏水加至 100.0	口腔黏膜炎症、溃疡
	碘甘油	10%碘酊 10.0，甘油加至 100.0	黏膜损失
	樟脑醑	樟脑 10.0，95%酒精加至 100.0	急性炎症、消炎消肿
	冰片酒精	冰片 10.0，75%酒精加至 100.0	急性炎症、消炎消肿
	冰片雄黄酒精	冰片 3.0、雄黄 6.0，70%酒精加至 100.0	消炎消肿
	复方醋酸铅溶液	醋酸铅 5.0、明矾 2.5，蒸馏水加至 100.0	关节性挫伤、扭伤、冷敷
	20%硫呋液	硫酸镁 20.0，0.01%呋喃西林溶液加至 100.0	化脓创引流
	血污洗剂	双氧水 200.0、氨水 4.0	清洗血液污染被毛
	碘仿醚溶液	碘仿 10.0，乙醚加至 100.0	用于化脓创及瘘管
软膏	磺胺软膏	磺胺粉 10.0、凡士林 90.0	抗菌消炎
	碘仿软膏	碘仿 10.0、凡士林 90.0	抗菌消炎
	碘仿磺胺软膏	碘仿 5.0、磺胺粉 10.0、凡士林 85.0	抗菌消炎
	硼酸软膏	硼酸 10.0、凡士林 90.0	防腐用于肉芽创
	氧化锌软膏	氧化锌 10～20.0、凡士林 80～90.0	防腐，收敛
	樟脑软膏	樟脑 10.0、凡士林 90.0	消炎消肿
	冰片软膏	冰片 10～20.0、凡士林 80～90.0	消炎消肿
	樟脑冰片软膏	樟脑 10.0、冰片 10.0、凡士林 80.0	消炎消肿
	呋喃西林软膏	呋喃西林 2.0、凡士林 98.0	抗菌消炎
	鱼石脂软膏	鱼石脂 10～30.0、凡士林 90～70.0	消炎

（续）

类别	名　　称	组　　成	主要用途
软膏	水杨酸软膏	水杨酸 1.0～5.0、凡士林 99～95.0	止痒、防腐
	酚软膏	石炭酸 2.0、凡士林 98.0	止痒防腐
	黄降汞软膏	黄降汞 2.0、凡士林 98.0	结膜炎、角膜炎
	碘软膏	碘 10.0、碘化钾 5.0、酒精适量、凡士林 90.0	为强刺激剂，用于慢性炎症
	蹄软膏	松馏油 20.0、碘仿 20.0、凡士林 60.0	蹄外伤、防腐、消毒
	松节油软膏	松节油 20.0，凡士林加至 100.0	刺激剂，用于局部水肿
	敌百虫软膏	敌百虫 10.0、凡士林 90.0	各种化脓创
擦剂合剂	四三一擦剂	樟脑酯 4 份、氨擦剂 3 份、松节油 1 份	刺激、消炎
	氨擦剂	氨溶液 1 份、植物油 3 份	刺激、消炎
	松节油擦剂	松节油 65.0、樟脑 5.0、软皂 7.5，加水至 100.0	刺激药用于慢性炎症
	松碘油膏	松馏油 5.0、碘 3.0，蓖麻油加至 100.0	消炎防腐，作创伤引流
	磺胺乳剂	磺胺 10.0、碘仿 5.0，甘油加至 100.0	作创伤引流
	敌甘合剂	敌百虫 5～10.0，甘油加至 100.0	作创伤引流
	硫甘碘合剂	硫酸镁 4.0、5%碘酊 1.0、碳酸钠 0.2、甘油 14.0、蒸馏水 4.0、洋地黄叶浸液 3～9.0	作创伤引流
	樟脑醚合剂	碘片 20.0、酒精 100.0、乙醚 60.0、樟脑 20.0、薄荷脑 3.0、蓖麻油 25.0	外用涂擦、治关节挫伤
外敷消炎剂	复方醋酸铅消炎粉	醋酸铅 10.0、明矾 50.0、樟脑 20.0、薄荷脑 10.0、白陶土 820.0	消炎消肿，用于急性炎症（湿敷剂）
	碘仿磺胺	碘仿 1 份、磺胺 9 份	治疗创伤、溃疡
	碘磺炭合剂	碘仿、磺胺、活性炭各等份	治疗创伤、溃疡
	湿疹粉	氧化镁 25.0、淀粉 25.0、水杨酸 2.0、滑石粉 48.0	皮肤湿疹

资料来源：王文三、许乃谦《畜牧兽医常用数据手册》（辽宁人民出版社，1982）。

表 13-25　乙醇稀释中所需 95%乙醇体积

单位：毫升

稀释后乙醇的浓度（%）	稀释后乙醇体积				
	1 000	2 000	3 000	4 000	5 000
90	947	1 894	2 842	3 789	4 737
85	895	1 790	2 684	3 579	4 474
80	842	1 684	2 527	3 369	4 211
75	790	1 579	2 369	3 158	3 948
70	737	1 474	2 211	2 948	3 685
65	684	1 368	2 053	2 737	3 421
60	632	1 263	1 895	2 527	3 159
55	579	1 158	1 737	2 316	2 895
50	526	1 053	1 549	2 106	2 632
45	474	948	1 421	1 895	2 369
40	421	842	1 263	1 684	2 106
35	368	737	1 105	1 474	1 342
30	316	632	797	1 263	1 579
25	263	526	789	1 052	1 316
20	211	421	632	842	1 053
15	158	316	474	632	790
10	105	211	316	421	527

资料来源：王文三、许乃谦《畜牧兽医常用数据手册》（辽宁人民出版社，1982）。

表 13-26　乙醇稀释所需原体积

原浓度	稀释度								
	95	90	85	80	75	70	60	50	40
100	93.70	88.31	80.29	78.54	72.68	64.94	57.85	48.20	38.67
95		93.97	88.23	82.68	77.20	71.84	61.34	51.04	40.90
90			93.84	87.87	82.04	76.30	68.04	54.11	43.33
85				93.60	87.34	81.22	69.22	57.49	46.01
80					93.26	85.19	73.85	61.31	49.02
75						92.91	79.08	65.61	52.43
70							85.05	70.83	56.31

注：1. 原浓度是指未经稀释以前的浓度；2. 原容积是指未经稀释时，乙醇的体积（毫升）数；3. 稀释度是指原浓度稀释成所需的浓度；4. 表中所列者是 15.5℃时的温度为标准；5. 稀释方法是以原浓度的原容积，加水至 100 毫升即为稀释度。如原浓度为 95%的乙醇需要稀释成 70%，即取 71.84 毫升加水至 100 毫升，即为 70%浓度的乙醇。

资料来源：王文三、许乃谦《畜牧兽医常用数据手册》（辽宁人民出版社，1982），同禄云《畜牧兽医常用数值手册》（陕西科学技术出版社，1982）。

表 13-27　某些药物的保存条件及保存期限

药物名称	毒药和剧药	潮解	风化	吸收 CO_2	感光	引火	要求冷藏	要求特殊条件	保存期（年）
冰醋酸								+	5
无水亚砷酸	A								8
结晶硼酸									∞
铬酸	B	+							1
纯盐酸	B							+	5
乳酸									5
纯硝酸	B				+			+	5
水杨酸									5
纯硫酸	B							+	5
酒石酸		+							5
亚硝酸异戊酯	B				+		+		2
安替比林	B								5
盐酸去水吗啡	A				+				
苦扁桃仁水	B				+				1
硝酸银	B				+				3
阿司匹林									2
挥发油						+	+		∞
苯甲酸萘酯									3
次硝酸铋									8
次硝酸铋片									2
三氯醋酸	B	+			+				1
盐酸肾上腺素	A				+				1/2
乙醚	B				+	+	+		∞
麻醉用醚	B				+	+	+		1
氯乙烷	B				+	+	+		2
芦荟									3
明矾									5
苛性铵液					+		+		3
氯化铵		+							5

（续）

药物名称	毒药和剧药	潮解	风化	吸收 CO_2	感光	引火	要求冷藏	要求特殊条件	保存期（年）
淀粉									3
含氯石灰		+			+		+		1
氧化钙									2
结晶氯化钙		+		+					2
樟脑									5
盐酸奎宁					+				∞
氯仿	B				+		+		5
水合氯醛	B	+							2
麻醉氯仿	B				+		+		
盐酸可卡因	A	+							5
可待因	B				+				5
磷酸可待因	B				+				3
咖啡因	B								8
苯甲酸钠咖啡因	B								5
火棉胶					+	+	+		2
克疗林									5
硫酸铜	B								5
利尿素	B	+		+	+				2
汞硬膏							+		1
水杨酸依色林	A				+				3
颠茄浸膏	B						+		2
甘汞	B				+				2
30%过氧化氢					+				3
鱼石脂									3
碘仿	B				+				5
碘	B				+				∞
溴化钾					+				3
高锰酸钾									5
碘化钾					+				3

（续）

药物名称	毒药和剧药	潮解	风化	吸收 CO_2	感光	引火	要求冷藏	要求特殊条件	保存期（年）
木溜油	B				+		+		3
来苏儿									5
甘草浸膏		+							3
乳酸铁									2
还原铁									5
福尔马林					+			+	2
甘油									∞
阿拉伯胶									8
升汞	A				+				
升汞片	A				+				5
水杨酸钠									3
无水硫酸钠		+							8
氧化镁				+					1
结晶硫酸镁			+						3
薄荷脑									5
亚砷酸钠	A	+							1
苯甲酸钠									5
硼砂									5
溴化钠		+							3
纯碳酸钠			+						3
碘酊					+				1/2
阿片酊	B				+				2
奴弗卡因	B								2
九一四	A				+				1
蓖麻油					+		+		2
精制松节油					+		+		3
液状石蜡								+	∞
非那西汀									5
石炭酸	B				+				5

（续）

药物名称	毒药和剧药	潮解	风化	吸收 CO_2	感光	引火	要求冷藏	要求特殊条件	保存期（年）
盐酸毛果云香碱	A	+							3
缬草酊					+				3
灰汞软膏							+		2
凡士林						+			∞
鞣酸					+				3
白降汞	A				+				2
胡麻油					+		+		3
阿片末	B	+							5
胃蛋白酶									2
大黄末		+							3
利凡诺尔					+				5
山道年	B				+				5
樟脑油					+		+		3
硝酸士的宁	A								5
鞣酸蛋白					+	+	+		2
吐酒石	B								5
洋地黄酊	B				+				1
阿片末片剂	B								3
鱼肝油					+		+		1
磷酸甘油钙									2
碘化铋奎宁									1
胶状银	B				+				1
可可油					+		+		2
雷锁辛					+				1/2
木焦油									5

注：1. “A”是毒药，“B”是剧药；“∞”代表无限大，表示在库中无限期保存，但要定期检查瓶塞。

2. 表内“+”表示某些药物在保存时，对提出的条件，加以限制和注意。

3. 凉暗处指避光且不超过 20℃，阴凉处指不超过 20℃，冷凉处指 2～10℃。

资料来源：王文三、许乃谦《畜牧兽医常用数据手册》（辽宁人民出版社，1982）。

表 13-28　几种剧毒药对成年畜禽最大一次剂量表

药物名称	马	牛	羊	猪	犬	鸡	备注
副肾素（1∶1 000）（毫升）	10	—	—	—	2	—	静脉注射
去水吗啡（毫升）	0.05	0.05	0.02	0.02	0.003	—	皮下注射
槟榔碱（克）	0.05	0.06	0.04	0.04	0.003	0.004	
阿托品（克）	0.10	0.10	0.05	0.05	0.05	0.005	
芦荟末（克）	50.0	50.0	15.0	10.0	3.00	0.50	
硝酸银（棒）（克）	2.0	2.0	3.0	3.0	0.05	0.02	
柳酸铋（克）	25.0	25.0	8.0	5.0	2.60	0.30	
藜芦碱（毫升）	0.08	0.15	0.03	0.03	0.002	—	皮下注射
利尿素（克）	10.0	10.0	2.0	2.0	0.20	0.10	
咖啡因（克）	8.0	8.0	2.0	2.0	0.5	0.1	
克辽林（克）	25.0	25.0	4.0	4.0	2.0	0.2	
白藜芦根茎（克）	10.0	12.0	4.0	4.0	0.2	0.01	
洋地黄叶（克）	8.0	8.0	1.0	1.0	0.15	—	
颠茄叶（克）	30.0	40.0	15.0	10.0	1.0	—	
吗啡（克）	0.6	—	—	—	0.15	—	
麦角（克）	25.0	50.0	10.0	10.0	2.0	—	
三溴乙醇（克）	40.0	—	—	—	1.0	—	
纳加宁（克）	4.5	—	—	—	0.3	—	
洋地黄酊（克）	50.0	50.0	10.0	10.0	1.0	0.25	
番木鳖酊（克）	10.0	15.0	5.0	5.0	10 滴	—	
藜芦酊（克）	10.0	20.0	5.0	—	0.3	—	
阿片末（克）	25.0	25.0	3.0	3.0	0.5	—	
盐酸毛果芸香碱（毫升）	0.8	0.6	0.05	0.05	0.02	—	皮下注射
吐酒石（克）	15.0	20.0	—	—	—	—	
番木鳖碱（毫升）	0.1	0.15	0.005	0.004	0.001	0.000 5	皮下注射
山道年（克）	0.6	—	—	2.5	0.3	—	
铅糖（克）	10.0	5.0	1.0	1.0	0.3	0.05	
福尔马林（毫升）	20.0	15.0	—	—	2.0	—	
毒扁豆碱（克）	0.05	0.1	0.02	0.02	0.006	—	
水合氯醛（毫升）	45.0	40.0	—	5.0	2.0	—	静脉注射
阿片浸膏（克）	10.0	10.0	1.5	1.5	0.25	—	
麦角浸膏（克）	10.0	10.0	5.0	5.0	1.0	—	

资料来源：张峰山、杨继宗《家畜中毒的诊断和防治》。

表 13-29　毒物分析样品的选择与保存

样品	必需的最小量	可疑中毒
尿	可获得的全部	砷、氟、磷
胃内容物	可获得的全部	各种毒物
肠内容物	可获得的全部	各种毒物
血液	100 毫升	硝酸盐、钠、氯化物、碳、一氧化物、铅、巴比妥
脑	500 克	挥发性毒物、生物碱、巴比妥、铊、硼酸
肝	500 克	锑、砷酸盐、铜、铅、汞、铊、锌、氟、巴比妥、硼酸、氰化物
肾	大家畜 1 个　小家畜 2 个	铜、铅、汞、钼
骨	200 克	氟、钼、放射性物质
肺	200 克	吸入性毒物
筋肉	200 克	急性中毒、氰、铊
脂肪	200 克	硼酸、氯烃杀虫剂
混合饲料的谷物	113.2～226.4 克	
水	4.55 升	

注：1 样品尽量冷藏保存，进行组织学检查的组织投入 10%的福尔马林瓶中。
资料来源：同禄云《畜牧兽医常用数值手册》(陕西科学技术出版社，1982)。

表 13-30　青饲料中硝酸盐与亚硝酸盐的含量

饲料名称	状态	硝酸盐（毫克/千克）	亚硝酸盐（毫克/千克）
小白菜叶	新鲜	1 621.8	6.7
萝卜菜叶	新鲜	1 219.0	9.9
萝卜块茎	新鲜	7 126.0	2.84
南瓜叶	放置 3～5 天	750.0	500.0
红苕蔓	放置 3～5 天	1 240.0	111.0
水浮莲	放置一定时间	100.0	5.0

注：亚硝酸钠对猪的最小致死量为每千克体重 70～75 毫克；对牛为每千克体重 650～750 毫克。
资料来源：同禄云《畜牧兽医常用数值手册》(陕西科学技术出版社，1982)。

表 13-31　某些物质的口服致死量

名称	致死量	
	牛	马
氰酸（克）	0.4	0.4～1
DDT（克/千克）	0.44	0.3
六六六（克/千克）	1.0	1.0
氟乙酰胺（毫克/千克）	15～30	0.5～1.75
砒霜（克）	15～30	10～15
亚砷酸钠（克）	1～4	1～3
硒酸钠（毫克/千克）	10	3.3
磷化锌（毫克/千克）	20～40	
安妥（毫克/千克）		30～80
食盐（千克）	1～1.5	0.75～1
士的宁（克）	0.7～0.9	0.5～0.6

资料来源：同禄云《畜牧兽医常用数值手册》（陕西科学技术出版社，1982）。

表 13-32　三氧化二砷（砒霜）对家畜的致死量

畜别	口服致死量（克）	创口致死量（克）
马	10.0～15.0	2.0
牛	15.0～30.0	2.0
羊	10.0～15.0	0.2
猪	0.5～1.0	0.2
鸡	0.1～0.15	0.01
犬	0.1～0.2	0.02

资料来源：同禄云《畜牧兽医常用数值手册》（陕西科学技术出版社，1982）。

表 13-33　常用农药的半数致死量 LD_{50} 值及毒性大小

药剂名称	对一些动物口服致死中量 LD_{50} 的概括数据	毒性大小	药剂名称	对一些动物口服致死中量 LD_{50} 的概括数据	毒性大小
1 059	6～12	特毒	五氯硝基苯	1 200	低毒
甲基 1059	50～120	毒物	氯丹	457（大白鼠）	毒物
1 605	3～32	特毒	除虫菊	1 500 以上	低毒
甲基 1605	21～321	剧毒	白砒	32～48	剧毒
马拉硫磷	1 400～5 000	低毒	磷化锌	2（小白鼠）	特毒
甲拌磷	1.75	特毒	倍硫磷	250（大白鼠）	毒物
敌百虫	400～625	低毒	异丙磷	84.5（大白鼠）	毒物
敌敌畏	50～70	毒物	滴滴涕	250～400	毒物

资料来源：王文三、许乃谦《畜牧兽医常用数据手册》（辽宁人民出版社，1982）。

表 13-34　给药方法与治疗量的比例关系

投药途径	剂量比例
口服	1
直肠灌注	1.5～2
皮下注射	1/3～1/2
肌内注射	1/4～1/3
静脉注射	1/4
气管注射	1/4

资料来源：文传良《兽医验方新编》（四川科学技术出版社，1991）。

表 13-35　各种家畜用药量的比例关系

家畜种类	马（体重300千克）	牛（体重300千克）	驴（体重150千克）	羊（体重40千克）	猪（体重60千克）	犬	禽（体重1.5千克）
治疗量比例	1	$1\sim1\frac{1}{2}$	$\frac{1}{3}\sim\frac{1}{2}$	$\frac{1}{6}\sim\frac{1}{5}$	$\frac{1}{8}\sim\frac{1}{5}$	$\frac{1}{16}\sim\frac{1}{10}$	$\frac{1}{40}\sim\frac{1}{20}$

资料来源：沈阳农学院畜牧兽医系《畜牧生产技术手册》（1978）。

表 13-36　家畜年龄与药物治疗量的比例关系

畜别	年龄（岁）	比例
马	3～19	1
	20以上	0.5～0.75
	2～3	0.5～1
	1～2	0.125～0.5
	1岁以内	0.062 5～0.125
牛	3～14	1
	15岁以上	0.5～0.75
	2～3	0.5～1
	1～2	0.125～0.5
	1～12月龄	0.062 5～0.125
羊	1岁以上	1
	6～12月龄	0.25～1
	1～6月龄	0.1～0.25

（续）

畜别	年龄（岁）	比例
猪	10 月龄以上	1
	6～10 月龄	0.75～1
	3～6 月龄	0.25～0.75
	1～3 月龄	0.125～0.25
犬	0.5 岁以上	1
	4～6 月龄	0.5

资料来源：沈阳农学院畜牧兽医系《畜牧生产技术手册》（1978）。

兽医兽药补充数据

带鸡消毒的几个有关数据

使用电动喷雾装置，常用消毒药物有 0.3%的过氧乙酸、0.1%的新洁尔灭、0.1%的次氯酸钠，每平方米地面用药液 60～180 毫升，每隔 1～2 天喷一次。鸡群发生传染病时每天消毒 1～2 次，连用 3～5 天（鸡蛋收净后开始消毒。）

雏鸡消毒时，药液温度要高于供热室温 3～4℃。

资料来源：孙茂红、范佳英《蛋鸡养殖新概念》（中国农业大学出版社，2010）。

第十四章　畜禽产品数据

表 14-1　不同品种驴的屠宰率

驴种	年龄（岁）	数量（头）	屠宰率（%）	净肉率（%）	宰前活重（千克）	备注
关中驴	16 以上	16	39.32～40.38	—	—	西北农林科技大学，冬季补料 20～25 天
凉州驴	16 以上	16	36.38～37.59	—	—	西北农林科技大学，冬季补料 20～25 天
凉州驴	1.5～20	12	48.20	32.23	127.21	甘肃农业大学，秋季优质牧草育肥 60 天
晋南驴	15～18	5	51.50	40.25	249.15	秋季优质草料育肥 70 天（预饲 10 天）
广灵驴	—	6	45.10	30.60	211.50	中等膘度
泌阳驴	5～6	5	48.29	34.91	118.80	中等膘度
佳米驴	14	8	49.18	35.05	—	未育肥，中等膘度
华北驴（江苏铜山）	—	8	41.70	35.30	115.60	膘度六成
西南驴（四川）	—	15	45.17	30.00	91.13	

资料来源：侯文通、侯宝申《驴的养殖与肉用》（金盾出版社，2002）。

表 14-2　我国主要猪种的皮肤厚度和皮肤占胴体的百分比

猪种	皮厚（厘米）	皮肤占胴体的比例（%）	猪种	皮厚（厘米）	皮肤占胴体的比例（%）
太湖猪	0.57	14.02	赣中南花猪	0.58	—
内江猪	0.56	13.00	广东大花白猪	0.39	9.78
荣昌猪	—	14.15	宁乡猪	0.40	11.84（胴体已剥去板油）
东北民猪	0.52	9.98	陆川猪	0.41	9.10
太谷本地猪	0.55	—	金华猪	0.33	8.56
关岭猪	0.50	—	莆田猪	0.33	—
监利猪	0.47	11.60	槐猪	0.34	—

资料来源：中国猪种编写组《中国猪种（一）》（上海人民出版社，1976）、李炳坦《中国猪种（二）》（上海科学技术出版社，1982）。

表 14-3　各种畜禽肉的化学组成

名称	水分（%）	蛋白质（%）	脂肪（%）	碳水化合物（%）	灰分（%）	热量（J/kg）
牛肉	72.91	20.07	6.48	0.25	0.92	6 186.4
羊肉	75.17	16.35	7.98	0.31	1.19	5 893.8
肥猪肉	47.40	14.54	37.34	—	0.72	13 731.3
瘦猪肉	72.55	20.08	6.63	—	1.10	4 869.7
马肉	75.90	20.10	2.20	1.88	0.95	4 305.4
鹿肉	78.00	19.50	2.50	—	1.20	5 358.8
兔肉	73.47	24.25	1.91	0.16	1.52	4 890.6
鸡肉	71.80	19.50	7.80	0.42	0.96	6 353.6
鸭肉	71.24	23.73	2.65	2.33	1.19	5 099.6
骆驼肉	76.14	20.57	2.21	—	0.90	3 093.2
牦牛肉	66.2～76.32	18.79～21.59	2～5	—	0.83～1.40	5 591.76～9 618.88
驴肉	70.04～73.60	21～25.21	2.63～6.20	—	0.72～1.98	—

资料来源：陈伯祥《肉与肉制品工艺学》。

表 14-4　各种家畜乳汁的成分（%）

种类	水分	蛋白质	脂肪	乳糖	灰分	磷	钙	能量（千焦）
牛的初乳	75.1	17.2	4.0	2.3	1.5	—	—	—
牛乳	86.3	3.4	3.7	4.9	0.70	0.095	0.121	309.32
山羊乳	86.9	3.7	4.1	4.6	0.85	0.104	0.131	330.22
绵羊乳	82.7	5.5	6.4	4.7	0.92	0.168	0.201	455.62
马乳	89.0	2.7	1.6	6.1	0.51	0.058	0.088	225.72
猪乳	82.0	6.2	6.8	4.0	0.96	0.151	0.252	472.34
水牛乳	77.1	6.0	12.0	4.0	0.90	0.125	0.203	—
驴乳	90.1	1.9	1.4	6.2	0.47	—	—	—
骆驼乳	87.1	3.9	2.9	5.4	0.74	0.105	0.143	—
驯鹿乳	67.2	9.9	17.1	2.8	1.49	—	—	—
兔乳	90.5	12.0	13.5	2.0	2.5	—	—	—
牦牛乳	81.6	5.00	7.80	5.00	0.77～0.90	—	—	—

资料来源：武云峰《简明畜牧手册》(内蒙古人民出版社，1974)，王文三、许乃谦《畜牧兽医常用数据手册》(辽宁人民出版社，1982)。

表 14-5　各种家畜初乳和常乳比较（%）

项目	初乳（%）					常乳（%）				
	乳牛	绵羊	山羊	猪	马	乳牛	绵羊	山羊	猪	马
水	73.3	58.8	81.2	69.8	85.1	87.3	83.7	86.6	78.8	89.0
脂肪	5.1	17.7	8.2	7.2	2.4	3.7	5.3	4.1	9.6	1.6
乳糖	2.2	2.2	3.4	2.4	4.7	4.8	4.6	4.7	4.6	6.1
蛋白质	17.6	20.1	5.7	18.8	7.2	3.3	5.5	3.3	6.1	2.7
灰分	1.0	1.0	0.9	0.6	0.6					

资料来源：许振英《家畜饲养学》（农业出版社，1982）。

表 14-6　不同品种奶牛乳的组成成分（%）

奶牛品种	乳脂	蛋白质	乳糖	灰分	每 100 毫升总固体物
荷斯坦牛	3.54	3.29	4.68	0.72	12.16
爱尔夏牛	3.95	3.48	4.60	0.72	12.77
更赛牛	4.72	3.75	4.71	0.76	14.04
娟姗牛	5.13	3.98	4.83	0.77	14.42
瑞士褐牛	3.99	3.64	4.94	0.74	13.08

资料来源：昝林森《牛生产学（第二版）》（中国农业出版社，2011）。

表 14-7　各种蛋类的营养成分（%）

种类	可食部分	水分	蛋白质	脂肪	糖	热量（卡）	矿物质			维生素			
							钙	磷	铁	A	B	C	D
鸭蛋	86	67.27	14.24	16.0	0.56	210	0.037	0.276	0.006 1	++	++	－	++
鹅蛋	72.32	61.32	13.14	16.0	8.32	229.8	0.088	0.13	0.003 9	++	++	+	++
鸽蛋	80	81.69	10.3	6.65	0.5	103.05	0.108	0.116	0.003 9	++	++	+	++
皮蛋	90	61.05	13.55	12.4	4.02	181.8	0.082	0.212	0.003	++	－	－	++
咸鸭蛋	90	57.73	14.02	16.6	4.12	229	0.102	0.214	0.003 6	+	－	－	+
鸡蛋	91	70.32	12.33	15.41	0.81	197	0.066	0.271	0.004	+++	++	－	++

资料来源：吉林农业大学《兽医卫生检验》（农业出版社，1961）。

表 14-8　各种蜂蜜的营养成分（%）

蜂蜜	葡萄糖	果糖	蔗糖	糊精	粗蛋白质	灰分	水分
紫云英蜜	35.37	39.75	3.54	0.75	0.20	0.05	18.13
油菜蜜	42.20	34.25	3.36	0.37	0.22	0.04	18.31
荞麦蜜	31.10	43.91	—	1.45	1.26	0.04	22.10
橙蜜	36.77	37.54	3.29	0.78	0.19	0.08	19.28
椴树蜜	35.26	37.03	1.89	0.97	0.29	0.20	19.55
棉桃蜜	38.97	42.90	0.70	1.99	0.40	0.08	14.68
栗蜜	34.61	37.93	1.87	1.45	0.43	0.20	18.14
大豆蜜	33.51	36.13	2.75	2.23	0.41	0.07	23.41
白三叶草蜜	33.10	36.49	3.18	1.49	0.31	0.08	18.77
苜蓿蜜	36.82	39.40	2.82	3.41	0.43	0.05	17.00

资料来源：农业出版社《养蜂法（第三版）》(农业出版社，1970)。

表 14-9　冷库存储肉蛋的温度、湿度要求

品名	库房温度（℃）	安全期（月）
冻猪肉	−15～−18	7～10
冻牛、羊肉	−15～−18	8～11
冻禽、冻兔	−15～−18	6～8
冻鱼	−15～−18	6～9
鲜蛋	−1.5～−2.5	6～8（相对湿度 80%～85%）
鲜蛋	2～0	4～6（相对湿度 80%～85%）
冰蛋（听装）	−15～−18	8～15
畜禽的冻副产品	−15～−18	5～6

注：鲜蛋库昼夜温差不能超过 0.5℃。

资料来源：东北农学院《畜产品加工学》(农业出版社，1962)，吉林农业大学《兽医卫生检验》(农业出版社，1961)，周光宏《畜产品加工学》(中国农业出版社，2002)。

表 14-10　畜禽屠宰工艺有关数据

畜别	宰前停食时间（小时）	电压（伏）	电流强度（安）	麻电时间（秒）	放血时间（分）	烫毛水温（℃）
猪	12～24	60～80	0.5～1.4	4～6	6～12	62～68
牛	24	70～120	1.0～1.5	6～8		
羊	24	60～70	0.2	3～5		
兔	24	60～65	0.75	2～3		
鸡	18～24	60～85	0.1～0.2	2～6	1	58～62
鸭	28～30	85～95	0.1～0.2	1.5～2.5	1	58～62
鹅	36	75	0.1～0.2	3～4	2	58～62

注：屠宰畜禽宰前 2～4 小时停止给水。

资料来源：东北农学院《畜产品加工学》(农业出版社，1962)，吉林农业大学《兽医卫生检验》(农业出版社，1961)，周光宏《畜产品加工学》(中国农业出版社，2002)。

表 14-11　无公害畜禽肉产品有毒有害物质限量要求

项目	最高限量（毫克/千克）
砷（以 As 计）	≤ 0.5
汞（以 Hg 计）	≤ 0.05
铜（以 Cu 计）	≤ 10
铅（以 Pb 计）	≤ 0.1
铬（以 Cr 计）	≤ 1.0
镉（以 Cd 计）	≤ 0.1
氟（以 F 计）	≤ 2.0
亚硝酸盐（以 $NaNO_2$ 计）	≤ 3
六六六	≤ 0.2
滴滴涕	≤ 0.2
蝇毒磷	≤ 0.5
敌百虫	≤ 0.1
敌敌畏	≤ 0.05
氯霉素	不得检出（检出限 0.01）
盐酸克伦特罗	不得检出（检出限 0.01）
恩诺沙星	≤ 牛/羊：肌肉 0.1，肝 0.3，肾 0.2
庆大霉素	≤ 牛/猪：肌肉 0.1，脂肪 0.1，肝 0.2，肾 1
土霉素	≤ 畜禽可食性组织：肌肉 0.1，脂肪 0.1，肝 0.3，肾 0.6
四环素	≤ 畜禽可食性组织：肌肉 0.1，肝 0.3，肾 0.6
青霉素	≤ 牛/羊/猪：肌肉 0.05，肝 0.05，肾 0.05
链霉素	≤ 牛/羊/猪/禽：肌肉 0.5，脂肪 0.5，肝 0.5，肾 1
泰乐菌素	≤ 牛/猪/禽：肌肉 0.1，肝 0.1，肾 0.1
氯羟吡啶	≤ 牛/羊:肌肉0.2,肝3,肾1.5;猪(可食性组织)0.2;禽:肌肉5,肝1.5,肾1.5
喹乙醇	≤ 猪：肌肉 0.004，肝 0.05
磺胺类	≤ 畜禽可食性组织：0.1
己烯雌酚	不得检出（检出限 0.05）

资料来源：杨公社《猪生产学》（中国农业出版社，2002）。

表 14-12　微生物指标要求

项目	指标		
	鲜畜禽肉产品		冻畜禽肉产品
菌落总数（cfu/克）	$\leqslant 1\times10^{6}$		5×10^{5}
大肠菌群（MPN/100 克）	$<1\times10^{4}$		1×10^{3}
沙门氏菌		不得检出	
致泻大肠埃希氏菌		不得检出	

资料来源：杨公社《猪生产学》（中国农业出版社，2002）。

表 14-13　各类畜产品的畜产品单位折算表

畜产品	畜产品单位数
1 千克育肥牛增重	1.0
1 头活重 50 千克羊的胴体	22.5（屠宰率 45%）
1 头活重 280 千克牛的胴体	140.6（屠宰率 50%）
1 千克可食内脏	1.0
1 千克含脂率 4%的标准奶	0.1
1 千克各类净毛	13.0
1 匹三岁出场役用马	500.0
1 头三岁出场役用牛	400.0
1 峰四岁出场役用骆驼	750.0
1 头三岁出场役用驴	200.0
1 匹役马工作一年	200.0
1 头役牛工作一年	160.0
1 峰役驼工作一年	300.0
1 头役驴工作一年	80.0
1 张羔皮（羔皮品种羊所产）	13.0
1 张裘皮（裘皮品种羊所产）	15.0
1 张牛皮	20.0（或以活重的 7%计）
1 张马皮	15.0（或以活重的 5%计）
1 张羊皮	4.5（或以活重的 9%计）
1 头淘汰的中上肥度的肉牛（活重 280 千克）	196.0（或以活重的 70%计）
1 头淘汰的中上肥度的肉羊（活重 50 千克）	34.5（或以活重的 60%计）

资料来源：同禄云《畜牧兽医常用数值手册》（陕西科学技术出版社，1982）。

第十五章　畜牧技术综合数据

表 15-1　各种畜禽将饲料中的能量和蛋白质转化为畜产品的效率

畜禽种类		饲料转化率（%）	
		能量	蛋白质
反刍家畜	奶牛（奶和肉统计）	17	25
	肉牛（按净肉，除去内脏）	3	4
	绵羊（按净肉，除去内脏）	—	4
单胃家畜	蛋鸡（鸡蛋）	7.1	26
	肉鸡	7.1	52.4
	火鸡	9	22
	猪	4.6	12.7

注：生产效率指每千克产品需要的饲料、营养。除牛奶、鸡蛋外其他产品均以活体计。猪为出生至1岁育肥结束。

资料来源：昝林森《牛生产学（第二版）》（中国农业出版社，2011）。

表 15-2　动物饥饿的最大持续期

类别	持续时间	类别	持续时间
马	8天	狗	47天
牛	8天	家鼠	4天
羊	8天	豚鼠	5天
猪	6天	蜘蛛	1年
鸡	34天	蛙	1.5年
鸽	13天	蜗牛	2年
兔	14天		

注：本表数据，主要用于科学试验及特殊险境下救治的需要。

资料来源：同禄云《畜牧兽医常用数值手册》（陕西科学技术出版社，1982）。

表 15-3　部分动物的染色体数

动物	学名	染色体对数（对）
猪	*Sus scrofa*	19
牛	*Bos taurus*	30
瘤牛	*Bos indicus*	30
牦牛	*Bos gunniens*	30
水牛	*Bobalus buffelus*	24
山羊	*Capra hircus*	30
马	*Equus caballus*	32
驴	*Equus asinus*	31
兔	*Oryctolagus cuniculus*	22
狗	*Canis familiaris*	39
猫	*Felis catus*	19
豚鼠	*Cavia cobaya*	32
家鼠	*Mus musculus*	20
鸡	*Gallus gallus*	39
鸭	*Anao platyrhyrcha*	40
火鸡	*Meieagris gallopavo*	41
鸽	*Columba livia*	40
普通果蝇	*Drosophila Melanogaster*	4

注：绵羊 27 对染色体对数。绵羊学名为 Ovis aries。骆驼：$2n=74$（2 倍染色体）。水牛河流型 $2n=50$，沼泽型 $2n=48$。

表中数字主要引自 Friderick. B. Hutt. Animal Genetics。1964 以及 Robert C. King，Editor. Handbook of Genetics，Volume 4. 1975。水牛引自大沢竹次郎、川田信平共著《家畜组织学》。

表 15-4　各种家畜的世代间距

家畜种类	世代间距
乳牛	5～5.5 年
肉牛	4.5～5.0 年
猪	2.5 年
鸡	1.5 年
绵羊	4～4.5 年
山羊	4 年

注：世代间隔是动物出生时双亲的平均年龄，或者是上代到下代所经历的时间。

资料来源：吴仲贤《动物遗传学》（农业出版社，1981）。

表 15-5　各种畜牧场、场址选择的基本参数

场　别	地势要求（坡度）	各种畜禽所需场地面积计算	地下水位	水质要求	距交通主干道距离（米）	噪声要求	距居民区及其他的距离要求（米）	饲料地及放牧场要求
养牛场	坡度不超过2.5%	按每头牛160～200米^{2}计算。牛舍及房舍面积为场地总面积的10%～20%	2米以下，青贮窖底部0.5米以下	符合（NY 5027）指标	200以上	附近不应有超过90分贝的噪声	1 000	按每头成年牛0.26公顷计算
养猪场	1%～5%，最大不超过5%。舍向以南偏西45°以内为宜	基本面积按年出栏数乘以3米^{2}计算。能繁母猪每头按45～50米^{2}计算。育肥猪每头按3～4米^{2}计算	2米以下，建筑物基础的0.5米以下	符合（NY 5027）指标	1 000以上		距居民区：1 500 距牛羊场：2 000 距屠宰场：5 000以上	
养羊场	1%～3%	根据各种羊只所需场地面积计算	2米以下	符合（NY 5027）指标	300		距居民区300～500，距其他场150	放牧场面积15～20米^2/只
养鸡场	1%～3%	按每只鸡0.21～0.24米^{2}计算	2米以下	符合（NY 5027）指标	500		距居民区，1 000～2 000，距其他场1 000	

资料来源：李如治《家畜环境卫生学（第三版）》（中国农业出版社，2010），昝林森《牛生产学（第二版）》（中国农业出版社，2011），杨公社《猪生产学》（中国农业出版社，2002），赵有璋《羊生产学》（中国农业出版社，2002），杨宁《家禽生产学》（中国农业出版社，2002）。

表 15-6　各种家畜的生长强度比较

畜别	妊娠期（天）	生长期（月）	初生重（千克）	成年体重（千克）	体重增加倍数
猪	114	36	1	200	7.64
牛	280	48～60	35	500	3.84
羊	150	24～56	3	60	4.32
马	340	60	50	500	3.44

资料来源：杨公社《猪生产学》（中国农业出版社，2002）。

表 15-7　各种家畜粪便的主要养分含量（%）

种类	水分	有机物	氮（N）	磷（P_2O_5）	钾（K_2O）
猪粪	72.4	25.0	0.45	0.19	0.60
牛粪	77.5	20.3	0.34	0.16	0.40
马粪	71.3	25.4	0.58	0.28	0.62
羊粪	64.6	31.8	0.83	0.23	0.67
鸡粪	50.5	25.5	1.63	1.54	0.85
鸭粪	56.6	26.2	1.10	1.40	0.62
鹅粪	77.1	23.4	0.55	0.50	0.95
鸽粪	51.0	30.8	1.76	1.78	1.00

资料来源：李如治《家畜环境卫生学（第三版）》（中国农业出版社，2010）。

表 15-8　牛、羊生产中概念数据查对表

名称	数据	名称	数据
干乳期	一个泌乳期结束到下一个产犊期，45～75 天	马海毛	安哥拉山羊所产，毛长平均 20～25 厘米
围产期	产前 15 天至产后 15 天	羔皮	是从流产或生产后1～3 天内羔羊剥取的毛皮
眼肌面积（牛）	第 12～13 肋骨眼肌的横截面积(厘米^2)	裘皮	从生后 1 月龄以上的羊只剥取的毛皮

（续）

名称	数据	名称	数据
眼肌面积（猪）	眼肌面积（胸、腰椎结合处背最长肌的横截面积，厘米^2）＝眼肌宽度（厘米）×眼肌厚度（厘米）×0.7	卡拉库尔羔皮	是该品种生后3天内的羔羊宰剥所得的羊皮
小牛肉	犊牛出生后1周，在特殊条件下育肥生产的牛肉	小湖羊皮	生后3天内羔羊屠宰或死亡所剥取的毛皮
白牛肉	犊牛出生后14～16周内，用全乳、脱脂乳喂，体重达到95～125千克时屠宰生产的肉	青山猾子皮	济宁山羊生后1～3天内羔羊宰杀剥取的毛皮
常乳	母牛产犊后1周到干奶前1周所产的奶	滩羊毛皮	羔羊生后1月龄左右时宰杀剥取的毛皮
4％乳脂校正乳	为了便于比较奶牛之间产奶量，统一奶牛产奶性能，以4％乳脂率的牛奶做标准奶对一头牛的产奶量和乳脂率的综合评判指标。公式为FCM＝0.4M＋15F，M代表乳脂率为F的牛奶量，F代表牛奶的实际乳脂率	中卫沙毛皮	中卫山羊羔羊生后35日龄左右宰杀剥取的毛皮
前乳房指数	是度量各乳区泌乳均衡性的指标。前乳房指数＝（两个前乳区奶量/总奶量）×100％。各品种奶牛前乳房指数：德国荷斯坦43％～44％，西门塔尔42.6％～44％，丹麦荷斯坦43.5％，丹麦红牛44.4％，丹麦娟姗46.8％，瑞典红白花42.8％，瑞典荷斯坦39.1％	支纱	羊毛的细度，英制是1磅净毛可纺成512米的毛纱为1支纱，公制是1千克净毛能纺成1 000米的一段毛纱
乳蛋白率	一般应根据实际测定。在没有测定的情况下可根据乳脂率进行推算。乳蛋白率（％）＝2.36＋0.24×乳脂率。乳蛋白质总量＝产乳量×乳蛋白率	体细胞计数	一种快速、简便、准确判断乳房炎的方法。正常情况下每毫升乳汁中体细胞为5万～20万个。健康牛的体细胞应小于50万个/毫升。对参加奶牛记录体系的牛群应及时对90万个及以上的牛只进行隐性乳房炎的检测。未参加体系的牛群每年至少检测2次

资料来源：昝林森《牛生产学（第二版）》（中国农业出版社，2011），杨公社《猪生产学》（中国农业出版社，2002），赵有璋《羊生产学（第二版）》（中国农业出版社，2012）。

表 15-9　畜禽生产中有关参数的补充表

畜别	项目	参数
奶牛	隐性乳房炎检测	牛奶中体细胞 90 万个或超过 90 万个的牛只进行检测。另外，泌乳母牛在干乳前的 15 天进行检测
	体尺测定和称重	初生、6 月龄、周岁、1.5 岁、2 岁、3 岁及成年
	异性双胎不孕母犊	占 92%（不包括水牛及牦牛）
	初次配种	18～24 月龄
	产后第一次挤奶	产后 0.5～1 小时内挤奶量占总量的 1/3
	产后配种	产后 60 天（产后发情 30～72 天）
	犊牛断乳日龄	8 周（每天能吃 1 千克犊牛料即可断奶）
	酮病高发期	产后 4～6 周
	产乳高峰	4～6 周
	泌乳母牛冬季饮水	要提供 16～18℃的温水
	种公牛的穿鼻环	10～12 月龄（同肉牛）
	犊牛生后喂奶时间	1 小时后，按体重的 10%～12.5%，每天 2～3 次
	奶牛挤奶时间	7～8 分钟完成
	牛奶的脂肪蛋白比	正常的比值为 1.122～1.130
肉牛	初配年龄	16～18 月龄
	犊牛断奶	4～6 月龄
	公犊去势	4～8 月龄
	最佳育肥期结束时间	日采食量下降至正常采食量的 1/3 时
	育肥年龄	2～3 岁，最高不超过 3 岁
	牛肉的排酸	－2～4℃，经 24～48 小时冷却
羊	山羊梳绒时间	当山羊头部有绒毛脱落时开始梳绒。梳绒分两次进行，间隔 10 天
	绵羊剪毛时间	绵羊春季剪毛在 5 月下旬至 6 月上旬，高寒地区 6 月下旬至 7 月上旬，农区 4 月中旬至 5 月上旬；秋季剪毛在 9 月
	断尾和去势	生后 2～3 周龄
	泌乳期	12 周
	羔羊断奶	3～4 月龄
	药浴	治疗性药浴在春节剪毛后 7～10 日内，预防性药浴在夏末秋初

（续）

畜别	项目	参数
猪	20日泌乳量计算	20日龄全窝仔猪重＝全窝仔猪初生重×3，可代表泌乳力
	全期泌乳量	全期泌乳量＝20日泌乳量÷0.35
	引种隔离时间	隔离观察15～30天
	仔猪死胎	有70%～90%是分娩死亡
	仔猪断奶	28～35天
	初生仔猪的临界温度	35℃
	哺乳间隔	40～60分钟
	剪犬齿	生后第一天
	补水	3～5日龄
	驱虫	90日龄第一次，第二次135日龄
骆驼	骆驼饮水的有关数据	一般春秋每日一次，夏季每日1～2次，冬季隔日一次，饮水量每日50～80升（冬春20～30升）
草原	载牧量的估测	载牧量＝产草量/家畜昼夜食草量，家畜昼夜食草量：羊5～8千克，牛25～45千克，马25～35千克
蛋鸡	生理零度（临界温度）	23.9℃（肉鸡同）
	立体孵化器的适宜温度	（1～19天）37.5～37.8℃出雏时间为36.9～37.2℃（肉鸡同）
	孵化场离鸡场的距离	至少500米以上
	种蛋贮存条件	15～18℃贮存5天，相对湿度75%～80%（肉鸡同）
	雏鸡雌鉴别	肛门鉴别法，出雏后2～12小时
	断喙	蛋鸡6～10日龄精确断喙（肉用种鸡同）
	雏鸡的羽毛脱换	4～20周龄分别脱换4次羽毛
	饮水开食	开食前的2～3小时初饮。孵出后24～36小时开食
	留用种蛋的时间	鸡达25周或蛋重达50克时开始留用
	种蛋的消毒	进行3次，种蛋产下后立即进行第一次消毒，第二次孵化器内，第三次在出雏器内消毒

（续）

畜别	项目	参数
肉鸡	场址要求	离大化工厂、矿场3千米以上其他畜牧场1千米以上，离干线公路、居民区1千米以上
	对药物和添加剂的使用要求	上市前7天不准使用任何药物和添加剂
	雏鸡的运输	8～12小时运到育雏舍，长途运输，最迟不得超48小时
	第一次开食	24小时，开食前的2～3小时饮水
	种鸡产卵高峰期	36周龄
	种蛋留用	母鸡开产后3～4周的蛋才可作种蛋留用
	种公鸡的断趾切距	1日龄断趾，10～16周龄切趾
	开产日龄	连续两天产卵率达50%，而以第一天达50%作为鸡群开产龄（蛋鸡同）
	出栏要求	出栏前6～8小时停止喂饲料
	雏鸡蛋黄吸收完的时间	10～14天（蛋鸡同）
鸭、鹅	下水放牧时间	鸭3～4日龄，鹅3～7日龄，冷天10～20日龄

资料来源：杨公社《猪生产学》（中国农业出版社，2002），赵兴绪、张通《骆驼养殖与利用》（金盾出版社，2002），同禄云《畜牧兽医常用数值手册》（陕西科学技术出版社，1982），杨宁《家禽生产学》（中国农业出版社，2002）。

表15-10　家畜运输

运输类型	装车或每人徒步赶运数量	每昼夜准备饲草或饲料	每天赶运路程	备注
铁路（30吨车皮）	马8～12匹，牛、驴14～18头，羊80只、猪50～60头	马干草8～10千克，牛干草10～12千克，羊干草3～3.5千克，猪精料2～3千克	—	每昼夜饮3～4次，喂2～3次
汽车（解放牌）	马、牛横装3～4头，羊20～30只，猪30～40头	马干草8～10千克，牛干草10～12千克，羊干草3～3.5千克，猪精料2～3千克	—	横装一半头，向左一半头，向右、中间隔一横木
徒步赶运	马35～50匹，牛25～35头，羊80只，猪30～40头	最好结合放牧，无放牧条件，准备足草料	马25～30千米，牛15～20千米，猪6～8千米，羊8～10千米	3～5天休息一天，春、夏早晚多走

注：押运人员每批不得少于3人。

资料来源：沈阳农学院畜牧兽医系《畜牧生产技术手册》（1978）。

表 15-11　成年牛活重测定表

单位：千克

		躯体的斜长（厘米）														
		125	130	135	140	145	150	155	160	165	170	175	180	185	190	195
肩胛骨后的胸围（厘米）	125	164														
	130	180	187													
	135	196	203	213												
	140	216	223	231	241											
	145	232	240	250	259	268										
	150	247	256	266	277	286	296									
	155	264	274	285	295	306	317	328								
	160	282	290	301	313	324	334	347	356							
	165		310	323	334	347	358	370	381	394						
	170			342	355	368	380	393	404	417	431					
	175				374	390	403	417	429	443	457	470				
	180					414	428	443	452	471	486	500	515			
	185						449	464	478	494	508	524	540	562		
	190							492	506	522	538	555	572	585	602	
	195								531	549	566	582	600	615	633	648
	200									580	597	614	634	649	667	684
	205										626	644	662	680	699	717
	210											658	699	716	736	754
	215												734	751	773	792
	220													782	804	825
	225														834	863
	230															905

资料来源：王文三、许乃谦《畜牧兽医常用数据手册》（辽宁人民出版社，1982）。

表 15-12　犊牛活重测定表

单位：千克

	体斜长（厘米）																			
胸围（厘米）		50	54	58	62	66	70	74	78	82	86	90	94	98	102	106	110	114	118	122	126
	62	16	17	19	22																
	66	18	20	21	23	25	26														
	70	22	24	25	27	28	30	32													
	74	26	28	29	31	32	34	36	37												
	78	30	32	33	35	37	38	40	42	43											
	82		34	36	38	40	42	44	46	48	50										
	86		41	43	45	47	49	51	53	55	57										
	90				46	49	51	53	56	58	61	63	65								
	94					56	58	61	63	65	68	70	73	75							
	98						65	68	70	72	75	77	80	82	84						
	102							72	75	78	81	84	86	89	92	95					
	106								85	88	91	93	98	99	102	104	107				
	110									99	102	105	107	110	113	116	119	121			
	114										112	115	118	121	124	126	129	132	135		
	118											123	126	129	132	135	139	142	145	148	
	122												136	139	142	145	148	151	155	159	162
	126													152	155	158	161	164	168	171	176
	130														168	170	174	177	180	184	187

资料来源：王文三、许乃谦《畜牧兽医常用数据手册》（辽宁人民出版社，1982）。

表 15-13　耕牛及猪的体重估算

耕牛		小猪		大猪	
胸围（厘米）	估重（千克）	胸围（厘米）	估重（千克）	胸围（厘米）	估重（千克）
208.31	250	52.33	12.5	74.99	40
214.98	275	54.33	15	79.33	45
221.65	300	56.33	17.5	83.33	50
228.31	325	58.66	20	86.66	55
234.98	350	60.66	22.5	89.32	60

（续）

耕牛		小猪		大猪	
胸围（厘米）	估重（千克）	胸围（厘米）	估重（千克）	胸围（厘米）	估重（千克）
241.64	375	62.66	25	91.99	65
248.31	400	64.66	27.5	94.99	70
254.98	425	66.99	30	97.66	75
261.64	450	68.99	32.5	100.66	80
268.31	475	70.99	35	103.32	85
274.97	500			105.99	90
				108.66	95
				111.32	100
				113.99	105
				116.66	110
				119.32	115

资料来源：武云峰《简明畜牧手册》（内蒙古人民出版社，1974）。

表 15-14　成年马体重估算

单位：千克

胸围（厘米）	体长（厘米）												
	115	120	125	130	135	140	145	150	155	160	165	170	175
130	202.5	210	218										
135	216.5	225	233.5	242									
140		240	249.5	258.5	267.5								
145		256	265.5	275	285	295							
150			283	293.5	304	314.5	325						
155			300.5	311.5	323	334	345	356.5					
160				330.5	342.5	354.5	366	378	390				
165				350	362.5	375	388	400.5	413				
170					383.5	397	410	423.5	437	450.5			
175					405	419.5	448.5	447.5	462	476			

（续）

胸围（厘米）	体长（厘米）												
	115	120	125	130	135	140	145	150	155	160	165	170	175
180						442.5	457.5	472.5	487.5	502.5	517.5		
185						466.5	482	498	514	529.5	545.5		
190							507	524	540.5	557.5	574	590.5	
195							523	550.5	568	585.5	603.5	621	
200								578	597	615.5	634	652.5	671
205								606	625.5	645	664.5	684	703

资料来源：武云峰《简明畜牧手册》（内蒙古人民出版社，1974），作者有修改。

表 15-15　猪的体重估算查对数

大猪		小猪	
胸围（厘米）	估重（千克）	胸围（厘米）	估重（千克）
74.99	40	52.33	12.5
79.33	45	54.33	15
83.33	50	56.33	17.5
86.66	55	58.66	20
89.32	60	60.66	22.5
91.99	65	62.66	25
94.99	70	64.66	27.5
97.66	75	66.99	30
100.66	80	68.99	32.5
103.32	85	70.99	35
105.99	90		
108.66	95		
111.32	100		
113.99	105		
116.66	110		
119.32	115		

资料来源：同禄云《畜牧兽医常用数值手册》（陕西科学技术出版社，1982），作者有修改。

表 15-16 各地区气象概况表

省、自治区、直辖市	地区	气温（℃）			降水量（毫米）						蒸发量（毫米）						湿度					日照		无霜期
		年平均	极端最高	极端最低	年平均总量	月平均最高		月平均最低		年降水天数	年平均总量	月平均最高		月平均最低		一日最大蒸发量	相对湿度（%）		绝对湿度（克/米^3）			小时数	百分率（%）	
						月	降水量	月	降水量			月	蒸发量	月	蒸发量		平均	最小	平均	最大	最小			
北京		11.9	42.6	−19.6	630	7	249	12	2.3	52	1 816	6	288	1	52.0	23.2	57	4	7.70	32.40	0.22	2 698	61	150～250
上海		15.3	39.0	−11.7	1 004	9	161	12	47.2	131	1 290	8	200	2	38.0	11.5	80	4	12.58	30.00	1.34	1 872	42	211～300
天津		13.5	45.0	−22.8	521	7	181	2	2.9	76	2 135	5	349	12	43.0	18.2	62	0	8.34	30.70	0.00	2 721	61	150～250
山西	太原	10.1	41.4	−29.5	382	7	100	2	3.2	53	1 782	5	300	12	33.2	17.2	63	8	6.77	23.14	0.40	2 638	60	150～250
山东	济南	14.5	42.4	−17.6	624	7	188	1	7.0	71	2 026	6	329	1	64.6	33.2	56	7	9.56	30.08	0.64	2 668	60	150～250
河南	郑州	14.2	40.8	−12.2	620	8	240	1	4.6	44	—		—		—	—	67	9	9.57	32.50	1.08	—	—	—
辽宁	沈阳	7.3	39.3	−32.9	708	7	174	1	5.4	93	1 563	5	523	1	39.7	18.8	66	2	7.14	29.40	0.10	2 655	60	110～180

（续）

省、自治区、直辖市	地区	气温（℃）			降水量（毫米）						蒸发量（毫米）						湿度					日照		无霜期
		年平均	极端最高	极端最低	年平均总量	月平均最高		月平均最低		年降水天数	年平均总量	月平均最高		月平均最低		一日最大蒸发量	相对湿度（%）		绝对湿度（克/米³）			小时数	百分率（%）	
						月	降水量	月	降水量			月	蒸发量	月	蒸发量		平均	最小	平均	最大	最小			
吉林	长春	4.8	39.5	—36.0	636	7	173	2	5.5	107	1 274	5	208	1	23.9	25.9	67	7	6.24	29.30	0.14	2 746	62	110～180
黑龙江	哈尔滨	3.2	39.1	—41.4	576	7	164	1	4.4	108	1 208	5	206	1	19.8	17.9	71	10	6.25	25.30	0.10	2 719	61	110～180
内蒙古	呼和浩特	6.6	38.0	—36.2	—		—		—	—	1 942	6	385	12	26.0	21.7	60	10	5.53	19.99	0.15	2 962	67	120～200
陕西	西安	14.1	45.0	—19.1	566	9	120	1	4.3	86	1 407	6	274	12	35.7	18.5	68	6	9.05	29.96	0.27	1 723	39	150～250
甘肃	兰州	9.6	38.0	—23.1	325	8	90	1	1.4	70	1 950	6	340	12	22.1	22.4	58	3	5.91	21.94	0.23	2 161	49	120～200
宁夏	银川	8.5	39.1	—23.5	148	8	29	2	0.0	31	1 688	6	297	12	27.2	23.0	62	9	6.30	21.70	0.39	3 012	68	120～200
青海	西宁	6.9	32.4	—23.1	377	8	92	1	1.1	77	1 554	6	240	12	30.4	16.0	56	0	4.69	19.60	0.00	2 619	59	120～200
新疆	乌鲁木齐	5.5	37.8	—34.3	278	8	49	1	5.9	87	1 506	7	286	1	7.9	18.9	65	9	4.90	16.01	0.04	2 521	57	120～200

（续）

省、自治区、直辖市	地区	气温（℃）			降水量（毫米）						蒸发量（毫米）						湿度					日照		无霜期
		年平均	极端最高	极端最低	年平均总量	月平均最高		月平均最低		年降水天数	年平均总量	月平均最高		月平均最低		一日最大蒸发量	相对湿度（%）		绝对湿度（克/米^3）			小时数	百分率（%）	
						月	降水量	月	降水量			月	蒸发量	月	蒸发量		平均	最小	平均	最大	最小			
江苏	南京	15.4	40.2	—10.2	971	7	180	12	36.6	123	1 330	6	174	2	40.3	12.2	75	3	11.4	31.8	0.61	1 983	45	211～300
浙江	杭州	16.4	39.3	—10.1	1 482	6	231	12	60.4	160	—		—		—	—	80	19	12.6	33.4	1.49	1 783	40	211～300
安徽	合肥	17.2	38.8	—3.5	830	9	110	12	32.3	88.7	—		—		—	—	—	—	—	—	—	—	—	211～300
湖北	武汉	16.9	40.1	—10.0	1 352	7	205	12	39.7	128	1 202	7	197	12	39.4	—	76	14	12.2	35.4	0.8	1 967	45	220～350
湖南	长沙	21.7	41.5	—7.8	1 529	6	254	1	64.3	158	—		—		—	—	82	21	13.1	32.7	2.11	1 559	35	220～350
江西	南昌	17.2	39.4	—5.9	1 706	6	344	1	59.1	126	1415	7	214	2	47.1	—	83	18	13.8	29.8	2.19	—	—	211～300
福建	福州	21	38.9	—1.1	1 406	6	271	12	18.5	116	1 193	7	181	1	49.3	—	78	21	14.5	30.3	2.52	1 654	37	211～300
台湾	台北	21.7	38.6	—0.2	2 118	8	316	11	61.6	187	1 279	7	177	2	55	16.2	82	24	16.1	30.5	3.3	1 644	37	—
广东	广州	21.8	37.7	—0.3	1 662	7	270	12	35.7	144	1 310	10	146	2	61.7	8.2	78	20	16.7	34.8	2.66	1 859	42	220～350

（续）

省、自治区、直辖市	地区	气温（℃）			降水量（毫米）						蒸发量（毫米）						湿度					日照		无霜期
		年平均	极端最高	极端最低	年平均总量	月平均最高		月平均最低		年降水天数	年平均总量	月平均最高		月平均最低		一日最大蒸发量	相对湿度（%）		绝对湿度（克/米³）			小时数	百分率（%）	
						月	降水量	月	降水量			月	蒸发量	月	蒸发量		平均	最小	平均	最大	最小			
广西	南宁	22.2	38.8	1.7	1322	8	225	1	31.5	130	1 213	8	136	2	58.1	9.5	80	20	16.9	29.5	3.25	1 733	39	220～350
贵州	贵阳	15.4	39.5	－9.5	1218	6	212	1	19.8	188	—		—		—	—	79	16	11.4	34.2	1.64	1 324	30	300左右
四川	成都	17.1	40	－3.7	1 053	7	298	1	3.9	123	826	6	132	12	26	18.5	79	26	12.3	29	2.47	1 152	26	300左右
云南	昆明	15.9	32	－4.2	1 039	7	223	1	9.8	117	1 937	4	291	12	90.7	15	70	1	9.95	24.2	0.3	2 170	49	300左右
西藏	拉萨	8.8	30.5	－14.3	1 462	7	511	12	0.1	83.6	—		—		—	—	32	0	3.04	11.4	0	—	—	—
西藏	昌都	9.8	37.9	－17.6	391	6	130	1	0.4	89	—		—		—	—	58	9	5.06	13	0.66	—	—	—

说明：本表中的年平均气温、年极端最高气温、年极端最低气温，均为1958年前的数据，如果与“室外气象”表中数据出现不同时，应以“室外气象”表中的数据为准。北京的最低气温－27.4℃是1966年出现的（为了保持原表的完整性，未做改动）。

西宁的相对湿度（%）最小8年26次均为“0”，绝对湿度最小7年18次为“0.00”。

日照是年平均数，小数后四舍五入。拉萨的相对湿度最小，9年429次均为“0”，绝对湿度最小，9年674次为“0.00”。

资料来源：中央气象局《中国气温资料》《中国降水资料》《中国湿度资料》《中国日照资料》《中国蒸发资料》，农业部《农业经济资料手册》，入编于中国设计院《人民公社规划》。

表 15-17　室外气象参数表

地名	台站位置			室外计算（干球）温度（℃）						夏季室外平均每年不保证50小时的湿球温度（℃）	室外计算相对湿度（%）			风速（米/秒）		主风向及其频率				年主导风向及其频率		气压（mmHg）		日平均温度≤5℃的天数	日平均温度≤5℃期间内的平均温度（℃）	冬季日照率（%）	年平均温度（℃）	极端最低温度（℃）	极端最高温度（℃）	最大冻土深度（厘米）
																冬季		夏季												
	北纬	东经	海拔（米）	采暖	冬季通风	夏季通风	冬季空气调节	夏季空气调节	夏季空气调节日平均		冬季空气调节	最热月月平均	夏季通风	冬季	夏季	风向	频率（%）	风向	频率（%）	风向	频率（%）	冬季	夏季							
北京	39°48′	116°19′	31.3	−9	−5	30	−12	33.8	29	26.5	41	77	62	3	1.9	C，N，NNW	22，13，13	C，S，N	27，10，10	C，N，ESE	23，10，10	767	751	124	−1.3	63	11.6	−27.4	40.6	85
上海	31°10′	121°26′	4.5	−2	3	32	−4	34.0	30	28.3	73	83	67	3.2	3.0	NW，NWN，C	14，13，12	SE，SE，C	17，13，10	SE，C，SSW	10，9，8	769	754	59	3.1	45	15.7	−9.4	38.9	8
天津	39°06′	117°10′	3.3	−9	−4	30	−11	33.2	29	27.2	54	78	66	2.9	2.5	NW	9	ESE	9	SW	8	771	754	122	−1.2	63	12.3	−22.9	39.6	69
哈尔滨	45°41′	126°37′	171.7	−26	−20	26	−29	30.3	25	23.9	72	78	63	3.4	3.3	SSW，SW，SSW	15，25，10	S	14，17	S	14	751	739	176	−9.6	59	3.5	−38.1	36.4	197

（续）

地名	台站位置			室外计算(干球)温度(℃)						夏季室外平均每年不保证50小时的湿球温度(℃)	室外计算相对湿度(%)			风速(米/秒)		主风向及其频率				年主导风向及其频率		气压(mmHg)		日平均温度≤5℃的天数	日平均温度≤5℃期间内的平均温度(℃)	冬季日照率(%)	年平均温度(℃)	极端最低温度(℃)	极端最高温度(℃)	最大冻土深度(厘米)
																冬季		夏季												
	北纬	东经	海拔(米)	采暖	冬季通风	夏季通风	冬季空气调节	夏季空气调节	夏季空气调节日平均		冬季空气调节	最热月月平均	夏季通风	冬季	夏季	风向	频率(%)	风向	频率(%)	风向	频率(%)	冬季	夏季							
长春	43°54′	125°13′	236.8	−23	−17	27	−26	30.5	26	24.2	68	79	57	4.3	3.7	WSW,N	10,13	SW,SSW,S	13,18	SW	20	745	733	175	−9.8	65	4.9	−36	38.0	169
沈阳	41°46′	123°26′	41.6	−20	−13	28	−23	31.3	27	25.3	63	78	64	3.2	3.0	S,C	11,36	SSW,C	15,48	S,C	14,39	765	750	151	−6.1	60	7.8	−30.6	38.3	139
石家庄	38°04′	114°26′	81.8	−8	−3	31	−11	35.2	30	26.5	48	75	49	1.8	1.3	NNW,C	8,21	SE,C	9,26	SE,C	9,23	763	747	110	0.7	62	12.7	−26.5	42.7	53
太原	37°47′	112°33′	777.9	−12	−7	28	−15	31.8	26	23.3	46	74	51	2.7	2.1	N,C	21,53	NNW,C,SW	14,50,7	N,C	14,49	700	689	135	−3.3	64	9.4	−25.5	39.4	77

（续）

地名	台站位置			室外计算（干球）温度（℃）						夏季室外平均每年不保证50小时的湿球温度（℃）	室外计算相对湿度（%）			风速（米/秒）		主风向及其频率				年主导风向及其频率		气压（mmHg）		日平均温度≤5℃的天数	日平均温度≤5℃期间内的平均温度（℃）	冬季日照率（%）	年平均温度（℃）	极端最低温度（℃）	极端最高温度（℃）	最大冻土深度（厘米）
	北纬	东经	海拔（米）	采暖	冬季通风	夏季通风	冬季空气调节	夏季空气调节	夏季空气调节日平均		冬季空气调节	最热月月平均	夏季通风	冬季	夏季	冬季风向	冬季频率（%）	夏季风向	夏季频率（%）	风向	频率（%）	冬季	夏季							
呼和浩特	40°49′	111°41′	1 063.0	−20	−14	26	−22	29.6	25	20.8	55	64	44	1.5	1.3	NW，C，NE	10，27，13	SSW，C，NE	7，20，18	NW	8	676	667	165	−7.4	70	5.7	−32.8	37.3	120
西安	34°18′	108°56′	396.9	−5	−1	31	−9	35.6	31	26.6	63	71	46	1.9	2.2	SW，C	9，39	SW，C	10，38	NE，C	16，38	734	719	99	0.5	48	13.3	−20.6	41.7	45
银川	38°29′	106°16′	1 111.5	−15	−9	27	−18	30.5	26	22.2	57	65	42	1.7	1.6	N，C	12，45	S，C，SE	12，27，23	N，C	9，35	672	662	141	−4.5	75	8.5	−30.6	39.3	103
西宁	36°35′	101°55′	2 261.2	−13	−9	22	−15	25.4	20	16.4	46	65	44	1.7	2.0	SE，C	22，77	NW，C，E	12，51，8	SE，C	25，62	581	580	156	−4.1	73	5.6	−26.6	32.4	134

（续）

地名	台站位置			室外计算（干球）温度（℃）						夏季室外平均每年不保证50小时的湿球温度（℃）	室外计算相对湿度（%）			风速（米/秒）		主风向及其频率				年主导风向及其频率		气压（mmHg）		日平均温度≤5℃的天数	日平均温度≤5℃期间内的平均温度（℃）	冬季日照率（%）	年平均温度（℃）	极端最低温度（℃）	极端最高温度（℃）	最大冻土深度（厘米）
																冬季		夏季												
	北纬	东经	海拔（米）	采暖	冬季通风	夏季通风	冬季空气调节	夏季空气调节	夏季空气调节日平均		冬季空气调节	最热月月平均	夏季通风	冬季	夏季	风向	频率（%）	风向	频率（%）	风向	频率（%）	冬季	夏季							
兰州	36°03′	103°53′	1 517.2	−11	−7	27	−13	30.6	26	20.1	55	62	42	0.4	1.1	EN,C	5,39	EN,S	8,22	NE	7	638	632	136	−2.9	67	8.9	−21.7	39.1	103
乌鲁木齐	43°54′	87°28′	653.5	−23	−15	29	−27	33.6	30	18.7	78	38	31	1.3	3.4	S, C, SSW	15, 22, 15	N, C, SSW	13, 25, 15	S,C	19, 22	714	701	154	−8.2	55	7.3	−41.5	40.9	162
济南	36°41′	116°59′	51.6	−7	−1	31	−10	35.5	31	26.8	49	73	51	3.0	2.5	NE,C	12, 27	NE,C	10, 21	SSW,C	16, 24	765	749	99	0.0	65	14.2	−19.7	42.5	44
南京	32°00′	118°84′	8.9	−3	2	32	−6	35.2	32	28.5	71	81	62	2.5	2.3	NE, C, ENE	11, 22,9	SE,C,S	13, 12, 14	NE,C	10, 16	769	753	71	2.2	51	15.4	−14	40.7	—

（续）

地名	台站位置			室外计算（干球）温度（℃）						夏季室外平均每年不保证50小时的湿球温度（℃）	室外计算相对湿度（%）			风速（米/秒）		主风向及其频率				年主导风向及其频率		气压（mmHg）		日平均温度≤5℃的天数	日平均温度≤5℃期间内的平均温度（℃）	冬季日照率（%）	年平均温度（℃）	极端最低温度（℃）	极端最高温度（℃）	最大冻土深度（厘米）
																冬季		夏季												
	北纬	东经	海拔（米）	采暖	冬季通风	夏季通风	冬季空气调节	夏季空气调节	夏季空气调节日平均		冬季空气调节	最热月月平均	夏季通风	冬季	夏季	风向	频率（%）	风向	频率（%）	风向	频率（%）	冬季	夏季							
合肥	31°51′	117°17′	23.6	−3	2	33	−7	35.1	32	28.2	71	76	62	2.3	2.1	NW，C，NNW	7，31，10	SSE，C，E	11，35，8	ENE，C	9，32	767	751	65	2.2	52	15.8	−20.6	41.0	11
杭州	30°19′	120°12′	7.2	−1	4	35	−4	35.7	32	28.6	77	80	62	2.1	1.7	N，NNE，NNE，N	8.8，26，24	ESE，SSE，C，SW	7，7，23，11	E	7	769	754	55	3.2	43	16.2	−9.6	39.7	—
南昌	28°40′	115°58′	46.7	−1	5	34	−3	35.7	32	27.9	72	76	57	3.7	2.5	C，C	19，19	SSW，NE，SE	9，9，26	NNE，C	21，19	764	749	38	3.8	33	17.7	−7.7	40.6	—
福州	26°05′	119°17′	84.0	5	10	33	4	35.3	30	28.0	72	77	61	2.5	2.7	NW，WNW，C	13，14，13	C，C，NE	25，11，11	SE，C	15，12	760	748	2	—	36	19.6	−1.2	39.3	—

（续）

地名	台站位置			室外计算(干球)温度(℃)						夏季室外平均每年不保证50小时的湿球温度(℃)	室外计算相对湿度(%)			风速(米/秒)		主风向及其频率				年主导风向及其频率		气压(mmHg)		日平均温度≤5℃的天数	日平均温度≤5℃期间内的平均温度(℃)	冬季日照率(%)	年平均温度(℃)	极端最低温度(℃)	极端最高温度(℃)	最大冻土深度(厘米)
																冬季		夏季												
	北纬	东经	海拔(米)	采暖	冬季通风	夏季通风	冬季空气调节	夏季空气调节	夏季空气调节日平均		冬季空气调节	最热月月平均	夏季通风	冬季	夏季	风向	频率(%)	风向	频率(%)	风向	频率(%)	冬季	夏季							
郑州	34°43′	113°39′	110.4	-5	0	32	-8	36.3	21	27.9	54	73	44	3.6	2.8	NE, NNE, NE	13, 19, 12	S, SSE, C, SE	11, 10, 13, 13	NE	12	760	744	93	1.1	56	14.3	-17.9	43	18
武汉	30°38′	114°04′	23.3	-2	3	33	-5	35.2	32	28.2	75	80	62	2.8	2.6	C, N, NW, C	10, 9, 35, 24	S, C, S	13, 22, 15	NNE, NW	14, 27	768	751	59	2.0	43	16.2	-17.3	39.4	—
长沙	28°12′	113°04′	44.9	-1	5	34	-3	36.2	32	28.0	77	75	61	2.6	2.5	NNW, C, ENE	13, 28, 15	NW, C, E	12, 23, 11	C, C	23, 26	763	748	38	2.6	26	17.3	-9.5	40.6	4
南宁	22°49′	108°21′	72.2	7	13	32	5	34.5	30	27.3	72	81	64	1.9	1.9	E	14	SE, SSE, C	12, 14, 28	E, C	13, 27	759	747	0	—	29	21.6	2.1	40.4	—

（续）

地名	台站位置 北纬	台站位置 东经	台站位置 海拔（米）	室外计算（干球）温度（℃） 采暖	室外计算（干球）温度（℃） 冬季通风	室外计算（干球）温度（℃） 夏季通风	室外计算（干球）温度（℃） 冬季空气调节	室外计算（干球）温度（℃） 夏季空气调节	室外计算（干球）温度（℃） 夏季空气调节日平均	夏季室外平均每年不保证50小时的湿球温度（℃）	室外计算相对湿度（%） 冬季空气调节	室外计算相对湿度（%） 最热月月平均	室外计算相对湿度（%） 夏季通风	风速（米/秒） 冬季	风速（米/秒） 夏季	主风向及其频率 冬季 风向	主风向及其频率 冬季 频率（%）	主风向及其频率 夏季 风向	主风向及其频率 夏季 频率（%）	年主导风向及其频率 风向	年主导风向及其频率 频率（%）	气压（mmHg） 冬季	气压（mmHg） 夏季	日平均温度≤5℃的天数	日平均温度≤5℃期间内的平均温度（℃）	冬季日照率（%）	年平均温度（℃）	极端最低温度（℃）	极端最高温度（℃）	最大冻土深度（厘米）
广州	23°08′	113°19′	6.3	7	13	32	5	33.6	30	28.0	68	84	66	2.4	1.9	N, C, N,NE	33, 43, 13	SE, C, NNNE	15, 39, 9,7	N, C, NNE	19, 10, 10	765	754	0	—	39	21.8	0	38.7	—
成都	30°34′	104°01′	505.9	2	6	29	1	31.6	28	26.7	80	86	70	1.0	1.1	NE,N	11, 10	NE,SW	7,7	NE	40, 10, 10	722	711	25	—	23	16.1	−4.6	37.3	—
重庆	29°35′	106°28′	260.6	4	8	33	3	36.0	32	27.4	81	76	57	1.3	1.6	C, N, NE,C	36, 16, 21, 19	C,N,C, S	31, 10, 31, 14	C,N,C	33, 13, 24	744	730	9	—	13	18.3	−1.8	42.2	—
贵阳	26°35′	106°43′	1 071.2	−1	5	28	−3	29.9	26	22.7	76	78	60	2.3	1.9	NNE, ENE, C,SW	13, 12, 36, 26	SSW, SSE, C, SW	13, 8, 38, 15	NE,C	14, 36	673	866	43	4.0	18	15.2	−7.8	37.5	—

（续）

地名	台站位置			室外计算(干球)温度(℃)						夏季室外平均每年不保证50小时的湿球温度(℃)	室外计算相对湿度(%)			风速(米/秒)		主风向及其频率				年主导风向及其频率		气压(mmHg)		日平均温度≤5℃的天数	日平均温度≤5℃期间内的平均温度(℃)	冬季日照率(%)	年平均温度(℃)	极端最低温度(℃)	极端最高温度(℃)	最大冻土深度(厘米)
																冬季		夏季												
	北纬	东经	海拔(米)	采暖	冬季通风	夏季通风	冬季空气调节	夏季空气调节	夏季空气调节日平均		冬季空气调节	最热月月平均	夏季通风	冬季	夏季	风向	频率(%)	风向	频率(%)	风向	频率(%)	冬季	夏季							
昆明	25°01′	102°41′	1 891.4	3	8	24	1	26.8	22	19.7	69	65	48	2.4	1.7	WSW, C,E	10, 30, 16	S, C, ESE	12, 36, 16	SW,C	19, 31	609	606	12	—	72	14.5	−5.4	31.5	—
拉萨	29°24′	91°08′	3 658.0	−6	−2	19	−8	22.7	18	13.5	28	68	44	2.0	1.6	ESE	13	W	11	ESE	14	488	489	146	0.0	78	7.1	−16.5	29.4	26

注：海南、台湾两省的资料暂缺。

本表各参数的统计年份：①采暖室外计算温度、冬季空气调节室外计算温度、极端最低温度、极端最高温度为1951—1970年；②最大冻土深度一般为1951—1970年；③夏季空气调节室外干球温度、夏季空气调节室外计算日平均温度、夏季室外平均每年不保证50小时的湿球温度，北京、上海、哈尔滨、西安、南京、杭州、郑州、长沙、广州和重庆为1961—1970年，其余台站均为1954—1959和1963—1965年共9年的资料；④其余各项均为1961—1970年；⑤风向：E代表东，W代表西，S代表南，N代表北，C代表静风（风速小于2米/秒）。

资料来源：李如治《家畜环境卫生学》（中国农业出版社，2003）、摘自中国建筑工业出版社编，《暖通空调工程设计与施工规范》，（中国建筑工业出版社，1985）。

畜牧技术补充数据

一、某些畜禽特殊生理功能的有关数据

1. 反刍：反刍动物采食后 20 分钟后开始反刍，每昼夜进行 6～8 次（幼畜可达 16 次）每次持续时间为 40～50 分钟，平均每天用在反刍上的时间为 6～8 小时。羔羊生后 40 天开始反刍，犊牛生后 21 天开始反刍。

2. 家兔的食粪癖：主要是吃自己的软粪，大多在夜间进行，软粪占全部粪的 10%～16%，软粪含水量为 75%。

3. 骆驼的水囊：多数人都以为骆驼的驼峰有蓄水功能，其实不是，主要是其胃有特殊的功能，骆驼有 3 个胃，第一个胃最大，附生有 20～30 个水囊，做储水用的，故耐饥渴。骆驼夏季的日饮水量为 50～80 升。

4. 犬的交配时间：由于公犬阴茎的结构特殊，交配状态可持续 15～45 分钟，不可强行分开。

5. 公鸡的精子可在母鸡的生殖道内生存 21 天，故换种公鸡必须把前公鸡取出 3 周后，母鸡所生的蛋，才能认为是新公鸡受精的蛋。

6. 牛的子宫有 80～120 个子宫阜，产后胎衣排出较慢，易发胎衣不下。

资料来源：同禄云《畜牧兽医常用数值手册》（陕西科学技术出版社，1982），《中国养兔杂志》（1982 年第 1 期），赵兴绪、张通《骆驼养殖与利用》（金盾出版社，2002），白景煌《养犬与疾病》（吉林科学技术出版社，1990），张忠诚《家畜繁殖学（第四版）》（中国农业出版社，2004）。

二、畜牧兽医上几项指标的计算公式

1. 发病率　发病头数对饲养头数的百分比。公式：

$$\frac{\text{发病头数}}{\text{平均饲养头数}}\times 100=\text{发病率}$$

2. 患病率　为发病头日对饲养头日的百分比。公式：

$$\frac{\text{发病日数}\times\text{发病头数}}{\text{饲养日数}\times\text{平均饲养头数}}\times 100=\text{患病率}$$

3. 治愈率　为治愈头次对发病头次的百分比。公式：

$$\frac{\text{治愈头次}}{\text{发病头次}}\times 100=\text{治愈率}$$

4. 死亡率　为饲养家畜总死亡头数对平均饲养家畜头数的百分比。公式：

$$\frac{\text{总死亡头数}}{\text{平均饲养家畜头数}}\times 100=\text{死亡率}$$

5. 预防注射率　为预防注射头数对畜禽总头数的百分比。公式：

$$\frac{\text{预防注射头数}}{\text{畜禽总头数}}\times 100=\text{预防注射率}$$

6. 妊娠率　经妊娠诊断确诊的妊娠头数对全群可繁殖母畜头数的百分比。公式：

$$\frac{\text{妊娠诊断确定受胎数}}{\text{全群可繁殖母畜头数}}\times 100=\text{妊娠率}$$

7. 流产率　流产之母畜数对确定妊娠母畜数的百分比。公式：

$$\frac{\text{流产母畜头数}}{\text{确定妊娠母畜头数}}\times 100=\text{流产率}$$

8. 产仔率　为安全产仔数对正常分娩母畜数之百分比。公式：

$$\frac{\text{安全产仔数}}{\text{正常分娩母畜数}}\times 100=\text{产仔率}$$

9. 成活率　为断乳时（马 6 月龄、牛 6 月龄、羊 4 月龄、猪 2 月龄）的仔畜数对安全产仔畜数的百分比。公式：

$$\frac{\text{断乳时的仔畜数}}{\text{安全产仔畜数}}\times 100=\text{成活率}$$

10. 育成率　为转入成畜群时（公、母马 36 月龄，公、母牛 18 月龄，公、母羊 18 月龄，公猪 12 月龄，母猪 10 月龄）之育成的畜数对断乳之幼畜数的百分比。公式：

$$\frac{\text{转群时之育成畜数}}{\text{断乳时之幼畜数}}\times 100=\text{育成率}$$

资料来源：王文三、许乃谦《畜牧兽医常用数据手册》（辽宁人民出版社，1982）。

三、家畜体重估算法

1. 马的体重估算法

$$\text{马的体重（千克）}=\frac{\text{胸围（厘米）}^2\times\text{体长（厘米）}}{10\ 800}+25$$

上述公式适用于三周岁以上的马，对不满三岁的马驹，可将公式中的常数“25”改为“15”。

2. 牛的体重估算法

$$\text{牛的体重（千克）}=\frac{\text{胸围（厘米）}\times\text{体长（厘米）}}{50}$$

注：胸围是由鬐甲之后，经过肘头后方一掌处，用卷尺绕胸一周的长度；体长是自肩端至臀端斜的直线长度；体直长是用卷尺从鬐甲量到尾根的长度。

3. 猪的体重估算法

上等膘情的肥猪（体长×肩胛骨后胸围）÷142＝体重（千克）

中等膘情的肥猪（体长×肩胛骨后胸围）÷156＝体重（千克）

下等膘情的肥猪（体长×肩胛骨后胸围）÷162＝体重（千克）

注：体长是从两耳根间连线的中点起，沿背至尾根的长（厘米）；肩胛骨后胸围，是用卷尺沿肩胛骨后角绕胸一周的长度（厘米）。

4. 驴的体重估算法

体重（千克）＝胸围（厘米）×3.3－222

体重（千克）＝胸围（米）×体长（米）×55＋100

5. 羊的体重估算法

$$羊的体重（千克）=\frac{胸围（厘米）^2\times体长（厘米）}{300}$$

资料来源：沈阳农学院畜牧兽医系《畜牧生产技术手册》(1978)，王文三、许乃谦《畜牧兽医常用数据手册》（辽宁人民出版社，1982)，同禄云《畜牧兽医常用数值手册》（陕西科学技术出版社，1982)。

参 考 文 献

蔡宝祥，等．2001. 家畜传染病学．北京：中国农业出版社．
陈杖榴，等．2010. 兽医药理学．北京：中国农业出版社．
李如治，等．2003. 家畜环境卫生学．北京：中国农业出版社．
娄玉杰，姚军虎，等．2009. 家畜饲养学．北京：中国农业出版社．
同禄云．1982. 畜牧兽医常用数值手册．西安：陕西科技出版社．
王庆镐，等．1981. 家畜环境卫生学．北京：农业出版社．
王文三，许乃谦．1982. 畜牧兽医常用数据手册．沈阳：辽宁人民出版社．
许振英，等．1979. 家畜饲养学．北京：农业出版社．
杨公社，等．2007. 猪生产学．北京：中国农业出版社．
杨宁，等．2002. 家畜生产学．北京：中国农业出版社．
昝林森，等．2007. 牛生产学．北京：中国农业出版社．
张长兴，杜垒，等．2008. 猪标准化生产技术．北京：金盾出版社．
张忠诚．2004. 家畜繁殖学．北京：中国农业出版社．
赵有璋．2002. 羊生产学．北京：中国农业出版社．